涡轮机械与推进系统出版项目
航空发动机技术出版工程

航空发动机飞行试验

丁凯峰　屈霁云　马明明　编著

科学出版社
北京

内 容 简 介

本书较为系统地阐述了航空发动机飞行试验的有关知识和经验总结。首先介绍了航空发动机飞行试验的特点和作用、飞行试验流程、试飞测试；其次，按照试飞科目分别介绍了航空发动机性能试飞、工作特性试飞、结构强度试飞、航空动力装置附件及系统试飞、螺旋桨系统试飞、航空发动机环境适应性试飞；作为补充，介绍了航空发动机试验载机、试飞保障；为了便于理解，介绍了国外几种典型发动机试飞案例；最后介绍了航空发动机试飞发展趋势。

本书可供从事航空发动机设计、制造、试验的工程技术人员和其他相关人员学习参考，也可作为航空院校航空发动机专业师生的参考书。

图书在版编目(CIP)数据

航空发动机飞行试验 / 丁凯峰，屈霁云，马明明编著. —北京：科学出版社，2022.10
（航空发动机技术出版工程）
国家出版基金项目　涡轮机械与推进系统出版项目
ISBN 978-7-03-073190-6

Ⅰ. ①航… Ⅱ. ①丁… ②屈… ③马… Ⅲ. ①航空发动机-飞行试验 Ⅳ. ①V23

中国版本图书馆 CIP 数据核字(2022)第 172712 号

责任编辑：徐杨峰 / 责任校对：谭宏宇
责任印制：黄晓鸣 / 封面设计：殷　靓

科学出版社 出版
北京东黄城根北街16号
邮政编码：100717
http://www.sciencep.com

南京展望文化发展有限公司排版
广东虎彩云印刷有限公司印刷
科学出版社发行　各地新华书店经销

*

2022年10月第 一 版　开本：B5(720×1000)
2025年 7月第六次印刷　印张：16 1/2
字数：325 000

定价：**130.00元**
（如有印装质量问题，我社负责调换）

涡轮机械与推进系统出版项目
顾问委员会

主任委员

张彦仲

委 员

(以姓名笔画为序)

尹泽勇　乐嘉陵　朱　荻　刘大响　杜善义
李应红　张　泽　张立同　张彦仲　陈十一
陈懋章　闻雪友　宣益民　徐建中

航空发动机技术出版工程
专家委员会

主任委员
曹建国

副主任委员
李方勇　尹泽勇

委　员
（以姓名笔画为序）

王之林　尹泽勇　甘晓华　向　巧　刘大响
孙　聪　李方勇　李宏新　杨　伟　杨　锐
吴光辉　吴希明　陈少洋　陈祥宝　陈懋章
赵振业　唐　斌　唐长红　曹建国　曹春晓

航空发动机技术出版工程
编写委员会

主任委员

尹泽勇

副主任委员

李应红　刘廷毅

委　员

（以姓名笔画为序）

丁水汀	王太明	王占学	王健平	尤延铖
尹泽勇	帅　永	宁　勇	朱俊强	向传国
刘　建	刘廷毅	杜朝辉	李应红	李建榕
杨　晖	杨鲁峰	吴文生	吴施志	吴联合
吴锦武	何国强	宋迎东	张　健	张玉金
张利明	陈保东	陈雪峰	叔　伟	周　明
郑　耀	夏峥嵘	徐超群	郭　昕	凌文辉
陶　智	崔海涛	曾海军	戴圣龙	

秘书组

组　长　朱大明

成　员　晏武英　沙绍智

航空发动机技术出版工程
试验系列
编写委员会

主 编

郭 昕

副主编

徐朋飞　艾克波　崔海涛

委 员

（以姓名笔画为序）

丁凯峰　王永明　王振华　王晓东　艾克波
江　平　吴法勇　张志学　陆海鹰　侯敏杰
姚　华　徐　国　徐友良　徐华胜　徐朋飞
郭　昕　崔海涛　梁宝逵

涡轮机械与推进系统出版项目
序

  涡轮机械与推进系统涉及航空发动机、航天推进系统、燃气轮机等高端装备。其中每一种装备技术的突破都令国人激动、振奋,但是由于技术上的鸿沟,使得国人一直为之魂牵梦绕。对于所有从事该领域的工作者,如何跨越技术鸿沟,这是历史赋予的使命和挑战。

  动力系统作为航空、航天、舰船和能源工业的"心脏",是一个国家科技、工业和国防实力的重要标志。我国也从最初的跟随仿制,向着独立设计制造发展。其中有些技术已与国外先进水平相当,但由于受到基础研究和条件等种种限制,在某些领域与世界先进水平仍有一定的差距。在此背景下,出版一套反映国际先进水平、体现国内最新研究成果的丛书,既切合国家发展战略,又有益于我国涡轮机械与推进系统基础研究和学术水平的提升。"涡轮机械与推进系统出版项目"主要涉及航空发动机、航天推进系统、燃气轮机以及相应的基础研究。图书种类分为专著、译著、教材和工具书等,内容包括领域内专家目前所应用的理论方法和取得的技术成果,也包括来自一线设计人员的实践成果。

  "涡轮机械与推进系统出版项目"分为四个方向:航空发动机技术、航天推进技术、燃气轮机技术和基础研究。出版项目分别由科学出版社和浙江大学出版社出版。

  出版项目凝结了国内外该领域科研与教学人员的智慧和成果,具有较强的系统性、实用性、前沿性,既可作为实际工作的指导用书,也可作为相关专业人员的参考用书。希望出版项目能够促进该领域的人才培养和技术发展,特别是为航空发动机及燃气轮机的研究提供借鉴。

张彦仲

2019 年 3 月

航空发动机技术出版工程
序

航空发动机被誉称为工业皇冠之明珠,实乃科技强国之重器。

几十年来,我国航空发动机技术、产品及产业经历了从无到有、从小到大的艰难发展历程,取得了显著成绩。在世界新一轮科技革命、产业变革同我国转变发展方式的历史交汇期,国家决策进一步大力加强航空发动机事业发展,产学研用各界无不为之振奋。

迄今,科学出版社于2019年、2024年两次申请国家出版基金,安排了"航空发动机技术出版工程",确为明智之举。

本出版工程旨在总结、推广近期及之前工作中工程、科研、教学的优秀成果,侧重于满足航空发动机工程技术人员的需求,尤其是从学生到工程师过渡阶段的需求,借此也为扩大我国航空发动机卓越工程师队伍略尽绵力。本出版工程包括设计、试验、基础与综合、前沿技术、制造、运营及服务保障六个系列,2019年启动的前三个系列近五十册任务已完成;后三个系列近三十册任务则于2024年启动。对于本出版工程,各级领导十分关注,专家委员会不时指导,编委会成员尽心尽力,出版社诸君敬业把关,各位作者更是日无暇晷、研教著述。同道中人共同努力,方使本出版工程得以顺利开展、如期完成。

希望本出版工程对我国航空发动机自主创新发展有所裨益。受能力及时间所限,当有疏误,恭请斧正。

2024 年 10 月修订

前　言

　　一型航空发动机要成为成熟产品投入使用，必须经过设计、制造、试验过程。试验可按不同标准分类，按性质可分为科学研究试验、型号研制试验和批生产试验，按形式可分为零部件试验、成附件试验、系统试验和整机试验，按使用环境又可分为地面试验和飞行试验。无论怎么分类，都反映出一个事实，这就是试验的重要性。

　　由于航空发动机是为飞行器提供动力，因而飞行试验的重要性不言而喻。有统计表明：研制成功一型航空发动机需要用 10~20 台，个别多达 50~60 台发动机，进行 10 000~20 000 小时的地面整机试验（其中包括 2 000~4 000 小时的地面模拟高空试验）和 4 000~5 000 小时的飞行试验。

　　纵观人类航空发展史，从莱特兄弟 1903 年 12 月 17 日第一次实现有动力飞行，飞行试验就一直伴随着航空发展的各个阶段。从这个意义上讲，飞机飞行试验也是航空工业一个传统的领域。通常认为，飞行试验是集科学性、实践性、风险性于一体，投资巨大，技术复杂的系统工程。而航空发动机被誉为"工业之花"，是一个国家工业基础、综合国力和科技水平的集中体现。其研发具有技术难度大、风险高、耗资多、周期长的特点。航空发动机飞行试验综合了航空发动机和飞行试验的特点，高风险无疑成为最突出的特点。这不难理解，航空发动机为飞机提供动力，是飞机的"心脏"，而航空发动机飞行试验专门对"心脏"进行试验，一旦试验过程中出现问题往往危及飞行安全。实际飞行试验过程中，为了充分试验发动机的性能、功能，需要创造各种苛刻条件，检查发动机的工作情况。例如：为了试验发动机的空中起动性能，需要将发动机在空中人为关车，然后在规定的速度、高度点进行空中起动，即便是单发飞机也是这样；为了试验发动机的防喘系统功能，有时需要在进气道安装插板或模拟网，使发动机进口流场发生畸变，从而诱发发动机喘振；为了试验发动机的防冰系统功能，需要寻找自然结冰大气条件，并在该条件大气中飞行。新型航空发动机研制中会存在这样那样的问题，试验不总是成功的。在航空发动机飞行试验中，有大量失败的案例，严重者如发动机起火、单发飞机发动机起动失败迫降。发现并解决问题，这也是飞行试验的重要价值所在。有时候需要通过飞行试验摸索出发动机的工作边界,如起动边界、加力接通边界等。有时候要人为设置一些故障,考察发动机对故障的反应及在故障情况下的工作能力。

正是由于航空发动机飞行试验具有高风险这一显著特点,航空发动机飞行试验历来都是极具专业性的工作。这一专业性既是发动机飞行试验技术的要求,更是降低风险的安全需求。也是由于这一原因,使航空发动机飞行试验蒙上了一层神秘的色彩。

航空发动机飞行试验虽然是一个传统行业,但它也随着航空发动机技术、材料技术、信息技术、测试技术等的发展而不断发展。航空发动机飞行试验正朝着试验及测试更精准、试验效率更高、试验更贴近使用、试验更安全的方向发展。随着越来越多新概念发动机的出现,以及越来越多的新技术应用于航空发动机,未来新概念发动机、发动机新技术演示验证试飞所占比例会越来越高。

工作期间,作者与航空界包括航空发动机领域很多学者、工程技术人员、管理人员进行过交流,普遍感到大家对航空发动机飞行试验了解不够深入,很多人有一种想当然的认识,认为只要将发动机装上飞机飞就行,就像汽车发动机装上汽车开就行,全然不可想象航空发动机飞行试验所具有的高度的风险性、专业性,需要从发动机研制初期就开始飞行试验的策划和顶层设计,研制过程中又不断地根据试飞情况改进设计。这也情有可原,我们航空院校没有设置这方面的专业,也没开设这方面课程,甚至公开出版的书籍中,也少有航空发动机飞行试验方面的专著,要想对航空发动机飞行试验有所了解,真不是件非常容易的事情。

借助"航空发动机技术出版工程"试验系列的出版机会,我们组织编写了这本书籍,希望能比较系统地对航空发动机飞行试验进行介绍,一方面满足感兴趣读者的需要,弥补目前出版物的空缺,另一方面也算是对这个专业的一个宣传。因为处于一个急于整体提高航空动力水平现状的时代,任何一项工作都是不可或缺的。

本书第1章从技术层面介绍了航空发动机飞行试验的特点,指出工作条件的真实性、装机环境的真实性、试验的风险性、测试的困难性是航空发动机飞行试验具有的特点;强调了航空发动机飞行试验的重要作用,指出飞行试验是新型军用发动机鉴定(定型)必不可少的环节,是民用发动机取证及型号合格审定必经的阶段,是促进发动机新技术发展并向工程化转化最有效的途径,是发动机研制初期方案对比确定选型、研制过程故障排除效果验证最直接的手段。帮助读者对航空发动机飞行试验有一个宏观的认识。接着在第2章通过对试验设计、试验实施、试验总结三阶段的阐述,对航空发动机飞行试验流程进行介绍,帮助读者从整体上了解航空发动机飞行试验工作过程。航空发动机飞行试验最重要、最直接的输出是获得反映发动机工作状况的准确试飞数据,这就涉及试飞测试,因而在第3章介绍了航空发动机基本参数和特种参数的测试方法。第4~9章,按照航空发动机飞行试验科目分别介绍了航空发动机性能试飞、航空发动机工作特性试飞、航空发动机结构强度试飞、航空动力装置附件及系统试飞、螺旋桨系统试飞、航空发动机环境适应性试验,这是航空发动机飞行试验执行层面的技术内容,每个科目里又有若干子科目,基本上按照试验目的、试验方法和要求、评定方法、注意事项的方式进行介绍。航空发动机飞行试验离不开载机平台,因而第10章分别从飞行台、专用试验机、原型机三个方面介绍了航空发动机试验载机。航空发动机飞行试验的顺利进行,需要一些地面设备、设施等硬件保障及软件保障,第11章介绍了航空发动机试飞保障。为了帮助读者更好地理解航空发动机飞行试验,第12章介绍了国外F119、T700、CF43-10A、TP400四种典型的航空发动机试飞实例。第13章介绍了航空发动机试飞发展趋势,并介绍了几个重点研究方向。

参与本书编写的人员还有申世才、李密、潘鹏飞、张强、刘涛、牛宏伟、任瑞冬、郭斌、马争胜、张晓飞、王玉梅、马燕荣、赵海刚、王俊琦、王定奇、郭政波、汪涛等。梁言参与了书籍素材的搜集和整理工作。中国飞行试验研究院的领导和同事对本书的编制和出版提供了大力帮助,在此一并表示衷心感谢!

由于编者技术水平、认识及经验有限,书中难免会有不足之处,请读者及时批评,并不吝赐教,我们定会诚恳接受,予以改正。

作者

2022年2月于西安

目 录

涡轮机械与推进系统出版项目·序
航空发动机技术出版工程·序
前　言

第 1 章　绪　论

1.1 航空发动机飞行试验的特点 ·· 001
  1.1.1 工作条件的真实性 ·· 002
  1.1.2 装机环境的真实性 ·· 002
  1.1.3 试验的风险性 ·· 002
  1.1.4 测试的困难性 ·· 003
1.2 航空发动机飞行试验的作用 ·· 004
  1.2.1 飞行试验是新型军用发动机鉴定(定型)必不可少的
     环节 ·· 004
  1.2.2 飞行试验是民用发动机取证及型号合格审定必经的
     阶段 ·· 009
  1.2.3 飞行试验是促进发动机新技术发展并向工程化转化
     最有效的途径 ·· 013
  1.2.4 飞行试验是发动机研制初期方案对比确定选型、
     研制过程故障排除效果验证最直接的手段 ················ 016
1.3 国内航空发动机飞行试验历史沿革 ·· 018
  1.3.1 修理和仿制飞机出厂试飞阶段 ·································· 018
  1.3.2 飞行试验创业和起步阶段 ·· 019
  1.3.3 飞行试验成熟和发展阶段 ·· 019

1.3.4 飞行试验跨越发展阶段 …………………………………………… 020
1.4 国内航空发动机飞行试验现状和能力 ………………………………… 020
参考文献 ……………………………………………………………………… 021

第 2 章　航空发动机飞行试验流程

2.1 试验设计 …………………………………………………………………… 024
　　2.1.1 试验顶层设计 ………………………………………………………… 024
　　2.1.2 试验科目设计 ………………………………………………………… 025
　　2.1.3 试验点设计 …………………………………………………………… 026
　　2.1.4 测试改装设计 ………………………………………………………… 027
2.2 试验实施 …………………………………………………………………… 028
　　2.2.1 实施前准备 …………………………………………………………… 028
　　2.2.2 地面试验 ……………………………………………………………… 031
　　2.2.3 滑行试验 ……………………………………………………………… 033
　　2.2.4 飞行试验 ……………………………………………………………… 033
2.3 试验总结 …………………………………………………………………… 036
参考文献 ……………………………………………………………………… 037

第 3 章　航空发动机试飞测试

3.1 航空发动机测试参数 …………………………………………………… 038
3.2 航空发动机测量截面标识 ……………………………………………… 040
3.3 特种参数的测试方法 …………………………………………………… 041
　　3.3.1 旋转件应力测试方法 ………………………………………………… 041
　　3.3.2 涡轮叶尖间隙测试方法 ……………………………………………… 044
　　3.3.3 螺旋桨桨叶角测试方法 ……………………………………………… 045
3.4 测试受感部设计要求 …………………………………………………… 046
3.5 参数测试不确定度分析 ………………………………………………… 047
　　3.5.1 不确定度的基本概念 ………………………………………………… 047
　　3.5.2 试验前不确定度预估 ………………………………………………… 049
　　3.5.3 试验后不确定度分析 ………………………………………………… 052

- 3.6 新型试飞测试技术的发展及应用 ⋯⋯⋯⋯⋯⋯⋯⋯⋯⋯⋯⋯⋯⋯⋯⋯ 054
  - 3.6.1 TDLAS 技术在发动机试验测试中的应用 ⋯⋯⋯⋯⋯⋯⋯⋯ 054
  - 3.6.2 气路静电测量技术在发动机试验测试的应用 ⋯⋯⋯⋯⋯⋯ 056
  - 3.6.3 红外辐射测温技术在发动机试验测试中的应用 ⋯⋯⋯⋯⋯ 057
- 参考文献 ⋯⋯⋯⋯⋯⋯⋯⋯⋯⋯⋯⋯⋯⋯⋯⋯⋯⋯⋯⋯⋯⋯⋯⋯⋯⋯⋯ 059

第 4 章　航空发动机性能试飞

- 4.1 发动机推力确定 ⋯⋯⋯⋯⋯⋯⋯⋯⋯⋯⋯⋯⋯⋯⋯⋯⋯⋯⋯⋯⋯ 060
  - 4.1.1 总体性能法 ⋯⋯⋯⋯⋯⋯⋯⋯⋯⋯⋯⋯⋯⋯⋯⋯⋯⋯⋯ 061
  - 4.1.2 燃气发生器法 ⋯⋯⋯⋯⋯⋯⋯⋯⋯⋯⋯⋯⋯⋯⋯⋯⋯⋯ 063
  - 4.1.3 简化总推法 ⋯⋯⋯⋯⋯⋯⋯⋯⋯⋯⋯⋯⋯⋯⋯⋯⋯⋯⋯ 066
  - 4.1.4 安装节推力测量法 ⋯⋯⋯⋯⋯⋯⋯⋯⋯⋯⋯⋯⋯⋯⋯⋯ 067
  - 4.1.5 摆动耙法 ⋯⋯⋯⋯⋯⋯⋯⋯⋯⋯⋯⋯⋯⋯⋯⋯⋯⋯⋯⋯ 068
- 4.2 进口空气流量确定方法 ⋯⋯⋯⋯⋯⋯⋯⋯⋯⋯⋯⋯⋯⋯⋯⋯⋯ 068
  - 4.2.1 进气道直接测量法 ⋯⋯⋯⋯⋯⋯⋯⋯⋯⋯⋯⋯⋯⋯⋯⋯ 068
  - 4.2.2 风扇特性法 ⋯⋯⋯⋯⋯⋯⋯⋯⋯⋯⋯⋯⋯⋯⋯⋯⋯⋯⋯ 069
  - 4.2.3 高压涡轮导向器法 ⋯⋯⋯⋯⋯⋯⋯⋯⋯⋯⋯⋯⋯⋯⋯⋯ 069
  - 4.2.4 尾喷管喉道流量特性法 ⋯⋯⋯⋯⋯⋯⋯⋯⋯⋯⋯⋯⋯⋯ 071
- 4.3 螺旋桨拉力确定方法 ⋯⋯⋯⋯⋯⋯⋯⋯⋯⋯⋯⋯⋯⋯⋯⋯⋯⋯ 071
  - 4.3.1 桨叶角法 ⋯⋯⋯⋯⋯⋯⋯⋯⋯⋯⋯⋯⋯⋯⋯⋯⋯⋯⋯⋯ 072
  - 4.3.2 "J"方法 ⋯⋯⋯⋯⋯⋯⋯⋯⋯⋯⋯⋯⋯⋯⋯⋯⋯⋯⋯⋯ 073
  - 4.3.3 CFD 计算法 ⋯⋯⋯⋯⋯⋯⋯⋯⋯⋯⋯⋯⋯⋯⋯⋯⋯⋯⋯ 074
- 4.4 航空发动机性能试飞方法及要求 ⋯⋯⋯⋯⋯⋯⋯⋯⋯⋯⋯⋯⋯ 074
  - 4.4.1 飞行试验要求 ⋯⋯⋯⋯⋯⋯⋯⋯⋯⋯⋯⋯⋯⋯⋯⋯⋯⋯ 075
  - 4.4.2 试验数据处理 ⋯⋯⋯⋯⋯⋯⋯⋯⋯⋯⋯⋯⋯⋯⋯⋯⋯⋯ 076
- 4.5 航空发动机性能试飞安排 ⋯⋯⋯⋯⋯⋯⋯⋯⋯⋯⋯⋯⋯⋯⋯⋯ 077
  - 4.5.1 前置试验和试飞准备阶段 ⋯⋯⋯⋯⋯⋯⋯⋯⋯⋯⋯⋯⋯ 078
  - 4.5.2 飞行试验实施阶段 ⋯⋯⋯⋯⋯⋯⋯⋯⋯⋯⋯⋯⋯⋯⋯⋯ 082
  - 4.5.3 试飞数据分析处理阶段 ⋯⋯⋯⋯⋯⋯⋯⋯⋯⋯⋯⋯⋯⋯ 082
- 参考文献 ⋯⋯⋯⋯⋯⋯⋯⋯⋯⋯⋯⋯⋯⋯⋯⋯⋯⋯⋯⋯⋯⋯⋯⋯⋯⋯⋯ 084

第5章　航空发动机工作特性试飞

5.1 发动机工作参数测定及工作稳定性试飞 …………………… 086
  5.1.1 试验目的 …………………………………………… 086
  5.1.2 试验方法及要求 …………………………………… 087
  5.1.3 评定方法 …………………………………………… 088
  5.1.4 注意事项 …………………………………………… 088
5.2 发动机风车状态及起动性能试飞 …………………………… 089
  5.2.1 试验目的 …………………………………………… 090
  5.2.2 试验方法及要求 …………………………………… 090
  5.2.3 评定方法 …………………………………………… 092
  5.2.4 注意事项 …………………………………………… 092
5.3 发动机加速性和减速性试飞 ………………………………… 093
  5.3.1 试验目的 …………………………………………… 094
  5.3.2 试验方法及要求 …………………………………… 094
  5.3.3 评定方法 …………………………………………… 095
  5.3.4 注意事项 …………………………………………… 096
5.4 发动机加力燃烧室工作质量试飞 …………………………… 096
  5.4.1 试验目的 …………………………………………… 097
  5.4.2 试验方法及要求 …………………………………… 097
  5.4.3 评定方法 …………………………………………… 098
  5.4.4 注意事项 …………………………………………… 099
5.5 武器发射时发动机工作质量试飞 …………………………… 099
  5.5.1 试验目的 …………………………………………… 099
  5.5.2 试验方法及要求 …………………………………… 100
  5.5.3 评定方法 …………………………………………… 101
  5.5.4 注意事项 …………………………………………… 101
5.6 发动机气动稳定性(稳定裕度)试飞 ………………………… 101
  5.6.1 试验目的 …………………………………………… 102
  5.6.2 试验方法及要求 …………………………………… 102
  5.6.3 评定方法 …………………………………………… 104
  5.6.4 注意事项 …………………………………………… 104
5.7 发动机控制系统工作质量试飞 ……………………………… 105

		5.7.1	试验目的 ···	105
		5.7.2	试验方法及要求 ································	105
		5.7.3	评定方法 ···	106
		5.7.4	注意事项 ···	107
	5.8	滑油系统工作质量试飞 ······································		108
		5.8.1	试验目的 ···	108
		5.8.2	试验方法及要求 ································	108
		5.8.3	评定方法 ···	110
		5.8.4	注意事项 ···	110
	5.9	发动机结冰和防冰试飞 ······································		110
		5.9.1	试验目的 ···	111
		5.9.2	试验方法及要求 ································	111
		5.9.3	评定方法 ···	113
		5.9.4	注意事项 ···	113
	5.10	矢量喷管工作质量试飞 ······································		114
		5.10.1	试验目的 ···	114
		5.10.2	试验方法及要求 ································	114
		5.10.3	评定方法 ···	115
		5.10.4	注意事项 ···	116
	参考文献 ··			116

第6章 航空发动机结构强度试飞

6.1	发动机振动特性试飞测量与评定 ·····························			118
		6.1.1	试验目的 ···	118
		6.1.2	试验方法及要求 ································	118
		6.1.3	评定方法 ···	121
		6.1.4	注意事项 ···	121
6.2	发动机载荷测量试飞 ···			121
		6.2.1	试验目的 ···	121
		6.2.2	试验方法及要求 ································	122
		6.2.3	评定方法 ···	124
		6.2.4	注意事项 ···	124

6.3 发动机飞行载荷谱试飞 ··· 125
　　6.3.1 试验目的 ··· 125
　　6.3.2 试验方法及要求 ··· 125
　　6.3.3 评定方法 ··· 127
参考文献 ·· 128

第 7 章　航空动力装置附件及系统试飞

7.1 进气道与发动机相容性试飞 ··· 129
7.2 动力装置冷却通风系统试飞 ··· 136
7.3 反推力装置试飞 ·· 138
7.4 操纵系统和指示系统试飞 ·· 141
参考文献 ·· 143

第 8 章　螺旋桨系统试飞

8.1 螺旋桨振动应力/1P 载荷试飞 ·· 144
　　8.1.1 试验目的 ··· 144
　　8.1.2 试验方法及要求 ··· 146
　　8.1.3 评定方法 ··· 149
　　8.1.4 注意事项 ··· 149
8.2 螺旋桨防冰系统试飞 ·· 150
　　8.2.1 试验目的 ··· 150
　　8.2.2 试验方法及要求 ··· 151
　　8.2.3 评定方法 ··· 153
　　8.2.4 注意事项 ··· 153
8.3 螺旋桨控制系统试飞 ·· 153
　　8.3.1 试验目的 ··· 153
　　8.3.2 试验方法及要求 ··· 154
　　8.3.3 评定方法 ··· 155
　　8.3.4 注意事项 ··· 155
参考文献 ·· 156

第 9 章　航空发动机环境适应性试验

9.1　高温试验 ··· 157
　　9.1.1　试验目的 ·· 158
　　9.1.2　试验方法及要求 ·· 158
　　9.1.3　评定方法 ·· 158
9.2　高寒试验 ··· 158
　　9.2.1　试验目的 ·· 159
　　9.2.2　试验方法及要求 ·· 159
　　9.2.3　评定方法 ·· 159
9.3　高原试验 ··· 160
　　9.3.1　试验目的 ·· 160
　　9.3.2　试验方法及要求 ·· 160
　　9.3.3　评定方法 ·· 160
9.4　侧风试验 ··· 161
　　9.4.1　试验目的 ·· 161
　　9.4.2　试验方法及要求 ·· 161
　　9.4.3　评定方法 ·· 162
9.5　电磁兼容性试验 ·· 162
　　9.5.1　试验目的 ·· 162
　　9.5.2　试验方法及要求 ·· 162
　　9.5.3　评定方法 ·· 163

第 10 章　航空发动机试验载机

10.1　航空发动机试验载机分类 ······································ 164
　　10.1.1　飞行台 ·· 164
　　10.1.2　专用试验机 ·· 165
　　10.1.3　原型机 ·· 166
10.2　航空发动机飞行台 ·· 166
　　10.2.1　飞行台的作用 ·· 166
　　10.2.2　国外飞行台的使用情况 ································ 169
　　10.2.3　我国飞行台的发展历史及贡献 ····················· 175

参考文献 ………………………………………………………………………… 176

第 11 章 航空发动机试飞保障

11.1 地面试车台 …………………………………………………………… 177
11.2 专业实验室 …………………………………………………………… 179
11.3 建模与仿真 …………………………………………………………… 181
11.4 试飞安全 ……………………………………………………………… 185
  11.4.1 危险源识别 ……………………………………………………… 185
  11.4.2 风险评估 ………………………………………………………… 186
  11.4.3 控制措施 ………………………………………………………… 188
参考文献 ………………………………………………………………………… 191

第 12 章 国外典型航空发动机试飞

12.1 F119 发动机试飞 ……………………………………………………… 192
  12.1.1 发动机简介 ……………………………………………………… 192
  12.1.2 研制试验历程 …………………………………………………… 193
  12.1.3 试飞过程及结果 ………………………………………………… 198
  12.1.4 出现的问题 ……………………………………………………… 203
12.2 T700 发动机试飞 ……………………………………………………… 203
  12.2.1 发动机简介 ……………………………………………………… 203
  12.2.2 研制试验历程 …………………………………………………… 205
  12.2.3 试飞过程及结果 ………………………………………………… 209
  12.2.4 出现的问题 ……………………………………………………… 214
12.3 CF34-10A 发动机试飞 ……………………………………………… 215
  12.3.1 发动机简介 ……………………………………………………… 215
  12.3.2 研制试验历程 …………………………………………………… 216
  12.3.3 试飞过程及结果 ………………………………………………… 217
  12.3.4 出现的问题 ……………………………………………………… 222
12.4 TP400 发动机试飞 …………………………………………………… 222
  12.4.1 发动机简介 ……………………………………………………… 222
  12.4.2 研制试验历程 …………………………………………………… 223

12.4.3　试飞过程及结果 ………………………………………… 225

　　12.4.4　试飞及问题 …………………………………………… 227

参考文献 …………………………………………………………… 227

第13章　航空发动机试飞发展趋势

13.1　基于试飞数据的航空发动机仿真技术 …………………………… 229

13.2　航空发动机试飞故障诊断技术 ………………………………… 230

13.3　航空发动机试飞预测与健康管理技术 …………………………… 231

13.4　预测→试飞→比较的试飞模式 ………………………………… 234

参考文献 …………………………………………………………… 239

第1章
绪　论

航空发动机是航空器的"心脏",是在高温、高压、高速和高负荷的恶劣环境下长时间反复循环运行的热力机械,为航空器提供推力/功率,对航空器的性能、安全性和可靠性等具有极其重要的作用[1]。

以1903年美国莱特兄弟进行第一次有动力飞行为标志,一百多年来,航空发动机的发展主要经历了两个大的阶段[2,3]:第一个阶段是1903年到20世纪40年代前期,活塞式内燃机占统治地位;第二个阶段是20世纪40年代后期至今,发动机迈入喷气式时代,燃气涡轮发动机取代了活塞式发动机。燃气涡轮发动机可分为涡轮喷气发动机、涡轮风扇发动机、涡轮螺旋桨发动机、涡轮轴发动机和桨扇发动机。燃气涡轮发动机目前占据着航空动力的主导地位,是应用最广泛的航空动力形式,而且在可预见的相当长的一段时期内,还没有任何其他动力形式可完全取代它。

航空发动机的研制具有费用高、周期长、难度大、风险多等特点[4],包含设计、制造、试验、试飞等主要过程。航空发动机飞行试验是将全尺寸发动机搭载或配装在选定的飞机/直升机平台上,在真实飞行条件下对发动机进行验证和鉴定的科学试验,是发动机新技术探索和研究的有效手段,是发动机研制过程的重要环节和必经阶段。发动机飞行试验集科学性、工程性、风险性、探索性于一体,是一项复杂的系统工程。

1.1　航空发动机飞行试验的特点

航空发动机飞行试验的目的是:获得发动机在飞行中的试验数据,对发动机的性能、工作特性(功能)、强度、可靠性、安全性及对飞机/直升机的适应性进行验证评估和考核,明确使用要求和限制数据,表明与设计指标、研制总要求或适航条款等的符合性,为技术验证、鉴定验收、交付使用及进一步修改完善设计、改进改型发展提供依据。

地面台架试验、高空模拟试验(高空台试验)和飞行试验是发动机全尺寸整机试验的三大手段,在发动机研制中发挥着不同的作用。航空发动机飞行试验有其自身鲜明的特点。

1.1.1 工作条件的真实性

地面台架试验主要考核发动机在地面大气条件下的工作状况,包括航空发动机新技术验证,性能、匹配性、可靠性、耐久性、环境适应性、吞咽能力等鉴定试验,以及发动机故障排除验证试验等,试验涉及项目多,可监测参数种类多、数量大[5],是发动机全尺寸整机试验的重要和关键试验手段。但相对于发动机宽广的高度-速度使用包线来讲,地面台架试验仅是对发动机一个试验点的试验。高空台试验是将发动机安装于高空试验舱内,在地面通过供/抽气、增/降温等手段控制试验舱进气条件和环境压力、温度等,以模拟发动机工作时的飞行高度、速度及吸入的高空空气条件[6],在整个(或绝大部分)飞行包线范围内对发动机开展的试验。试验模拟的逼真度、准确度与试验设备、模拟方法的发展水平息息相关,且直接影响试验结果的有效性和精度。

飞行试验是在完全真实的飞行条件下对发动机进行的试验和研究。发动机工作的进口和环境条件受飞机/直升机飞行状态、飞行姿态、外界大气紊流、机动/过载条件、短舱内流等的影响,只有在实际飞行过程中才会遇到如此真实的条件。工作条件的真实性是飞行试验独有的优势。在真实工作条件下开展的发动机试验和研究,其结果最准确、可信、有效。

1.1.2 装机环境的真实性

发动机最终是要安装在航空器上并为航空器提供动力。安装后,必然涉及与进气道的气动相容性、与机体的结构相容性、与飞机/直升机系统(如操纵系统、飞控系统、用户功率提取系统、电源系统等)相容性等问题。这些相容性问题是否设计合理、匹配良好、满足需求,只有经过装机后的飞行试验才能得到验证。

例如,美国 TF30 发动机装在 F-111A 飞机后动态压力畸变造成的发动机喘振[7];英国 RB199 发动机装在狂风战斗机后旋流畸变造成的发动机喘振甚至空中停车[8];某发动机装机后暴露的发动机排气与尾部天线罩气动干涉问题;ARJ21-700 飞机滑跑过程中有发油门杆在正慢车位置时发动机反推力意外打开问题;某飞机引气功率提取状态下发动机减速过程中停车问题;某飞机飞行中暴露的因机上设备干扰导致发动机控制器报故问题。这些问题都是在真实的装机环境下才暴露的,也是在装机环境下解决的。

1.1.3 试验的风险性

发动机是航空器的动力来源,用于产生飞行所需的推力或功率,并通过传动附件,为航空器提供液压、引气及电源等。一旦出现故障,势必危及飞行安全,尤其是以单台发动机作为动力的载机更是如此。另外,处于飞行试验阶段的发动机,其技术状态尚未完全固化、技术成熟度尚不高、关键系统和关键技术尚需进一步验证和优化、故障率仍处于较高水平。因此,发动机飞行试验历来都具有较高的风险性。

美国 F404-GE-400 发动机在全尺寸发展阶段试飞中,发生了低压涡轮盘故障,该故障导致损失了一架 F/A-18 试验机[9]。1987 年 4 月,俄罗斯 РД-33 发动机配装于米格-29 飞机上,在进行航炮发射飞行试验时,航炮产生的废气被吸入发动机,引起发动机空中停车,导致飞机失去动力坠毁[10]。美国 F101DFE 发动机在 F-16 战斗机上进行研制试飞时,发动机铝制燃油接头断裂,导致空中停车,出现险情[11]。某发动机配装飞机开展研制试飞,发动机在高空喘振,连续执行切油程序后超温、停车,后转子卡滞,无法起动,飞机单发着陆。某单发飞机起飞后不久,发动机轴承失效,低压涡轮轴断裂,发动机空中停车,试飞员、地面指挥员协同工作、冷静处置,迫降成功,飞机局部受损。某双发飞机试飞中,在高空超声速状态下,因双发高压可调导叶卡滞导致双发同时喘振、超温,飞行员被迫拉停双发,后经多次空中起动尝试,双发起动成功,飞机才安全着陆。

1.1.4 测试的困难性

通过测试获取飞行试验中发动机工作的定性及定量信息和数据,可以实现对发动机性能、特性、强度等的准确评估和考核。为此,开展飞行试验前必须进行大量的测试改装。测试的参数包括飞行参数、发动机的温度/压力/位移/转速/燃油流量等参数、表征发动机状态和故障的开关量参数等。一般来说,一台新发动机的试飞测试参数达数千个,其中,需在发动机及短舱内加装测试受感部、传感器等,多则数百个,少则一百多个。

对于工作在高温、高压、高速环境下的航空发动机的测试,尤其是对其流道参数的测试,从来都不是容易的事情。在受到飞机及发动机结构、空间严格限制的条件下,受感部及传感器的设计、加工和安装必须兼顾准确性与安全性的要求,测试系统还不应该对原机的正常工作造成影响,这就对发动机的测试提出了很高的要求。例如,采用目前较为先进和可靠的无线电近距遥测技术进行发动机转子叶片动应力测量中,需在发动机转子叶片不同位置上粘贴数十个应变片,数据信号经加装的遥测盘、转/静子天线、射频信号放大器、接收机等一系列设备传输处理,最终由采集记录器采集存储。其中,应变片、遥测盘、转子天线等在发动机装配期间实施改装,均安装于发动机转子上,并需完成相关的动平衡试验、旋转试验和防护胶黏接力试验等,以保证装机试验的可靠性和安全性。

总之,工作条件、装机环境的真实性决定了发动机飞行试验是其他任何试验手段都无法代替的。尽管测试改装复杂困难,又具有较高的风险性,但在发动机研制中,飞行试验始终都是最重要的试验手段。只有经过飞行试验的验证,发动机上采用的新技术才能逐步成熟并进入实用阶段,只有通过飞行试验的考核,新型发动机才能交付使用。

1.2 航空发动机飞行试验的作用

飞行试验在航空发动机的研制中起着非常重要的作用,世界各国在发动机的研制和发展中都十分重视飞行试验环节。航空发动机飞行试验的作用主要体现在以下方面。

1.2.1 飞行试验是新型军用发动机鉴定(定型)必不可少的环节

某型军用发动机能否通过鉴定并投入使用,除了按照规范要求完成大量的零部件试验、成附件试验、系统试验、地面台架试验、高空台试验,还必须开展飞行试验验证和考核,这点在世界各国的发动机研制规范中都有明确的规定。

1951年美国就针对航空发动机的研制颁布了 MIL-E-5007A《航空发动机通用规范》,之后随着发动机设计、试验技术的进步,发动机型号不断增多,规范的版本不断更新。从 MIL-E-5007 系列到 MIL-E-87231 系列再到 JSSG-2007 *Joint Service Specification Guide*: *Engines*, *Aircraft*, *Turbine* 系列,通过规定的高空试验都是发动机研制试验阶段完成的重要标志,而飞行试验作为重要的验证手段始终贯穿于航空发动机的整个研制周期。

从 MIL-E-5007D《航空发动机通用规范》开始将发动机研制试验划分为初始飞行规定试验(preliminary flight rating test, PFRT)和鉴定试验(qulification test, QT),并在 PFRT 和 QT 中对高空试验(altitude test)做出了详细要求。高空试验可以在高空台、飞行台或原型飞机上完成。MIL-E-87231《航空涡喷涡扇发动机军用规范》将航空发动机研制试验划分为4个阶段:初始飞行许可(initial flight release, IFR)、全面飞行许可(full flight release, FFR)、初始使用许可(initial service release, ISR)、工作能力许可(operational capability release, OCR)。这4个阶段均包括两类试验:耐久性试验和高空试验。MIL-E-87231 中关于4个阶段研制试验的定义见表1.1。

表 1.1 MIL-E-87231 中发动机研制试验阶段的定义

试验阶段	试验阶段的定义
初始飞行许可(IFR)	是一系列试验的总和,验证发动机在飞行包线的一个指定的区域内的安全飞行能力。具体来说,是验证保证试飞安全所需的气动、热力、气动弹性和结构特性
全面飞行许可(FFR)	是一系列试验的总和,验证发动机在整个飞行包线内的工作能力和性能。本阶段,保证经济生产、外场使用和维修所需的气动和热力性能以及重要部件的低周疲劳寿命都已经得到验证

续 表

试验阶段	试验阶段的定义
初始使用许可（ISR）	是一系列试验的总和,验证发动机是否适合于小批量生产。在小批量生产前,发动机组件或单元体的翻修寿命和最长工作寿命以及零件的寿命已得到验证,保证发动机以最大状态（如最高工作温度、最大引气量和最大功率提取）工作时耐久性不会过多地降低,并满足型号规范所有性能要求
工作能力许可（OCR）	是一系列试验的总和,验证发动机是否适合于大批量生产。本阶段,试验用发动机采用批生产工装制造,保证批生产发动机投入使用后的可靠性和耐久性问题减到最少,达到高的生产率,同时满足型号规范规定的所有性能和功能要求

最新的 JSSG-2007A《航空发动机联合使用规范指南》中,继续沿用了4个研制阶段的划分方式,并对发动机飞行试验项目做出了详细要求。需要开展飞行试验的主要项目见表1.2。

表1.2 JSSG-2007A 中要求开展的飞行试验项目(节选)

章节号	章节标题	IFR	FFR	ISR
4	验证和合格鉴定			
4.1.1.3	界面载荷	E	F	
4.1.1.6	子系统接口	D,E	F	
4.1.8.4	可燃液体的排放	A,I,E	A,E,F	
4.2.2.1	工作包线	A,E	A,E,F	
4.2.2.2	工作姿态和条件	A,E	A,E,F	
4.2.2.5.2	无负载条件	E	E,F	
4.2.2.7.2	推力下降	D,E	E,F	
4.3.2.6	吸入武器排气		E,F	
4.3.3.2	系统内电磁兼容性	E	F	
4.3.3.3	系统间电磁兼容性	E	F	
4.6.1.2	红外辐射特征		I,A,F,S	A,E
4.6.1.3	排烟		D,F	A,E
4.6.1.5	燃油流和油气团的喷出		F	A,E
4.6.1.6	水蒸气凝结尾流		F	A
4.7.2.1.1	备用控制器	E	F	D
4.7.10	尾喷管系统	I,E	F	
4.7.10.1	尾喷管外部不对称气压载荷	C,De	F	
4.7.10.2	矢量喷管	E	F	

续表

章节号	章节标题	IFR	FFR	ISR
4.7.10.2.1	矢量喷管角度和回转速率	E	F	
4.7.10.2.2	矢量喷管故障调节	E	F	
4.7.11	加力系统	E	F	

注：I-检查；A-分析；S-模拟/建模；D-演示；De-研制试验；C-附件试验；E-发动机系统地面试验；F-飞行试验。

俄罗斯发动机的研制过程的试验包括调整试验和国家试验，试验在地面台架、高空台、飞行台及确定安装此发动机的试验飞机上开展[12]。俄罗斯试飞指南《飞机和直升机燃气涡轮发动机的飞行试验》规定：新研制的航空发动机的飞行试验包括五个阶段，即飞行台试飞、工厂试飞（飞行台和试验飞机同步开展）、国家试飞、使用试飞和改进改型试飞，如图1.1所示。其中，飞行台试飞和工厂试飞属于发动机调整试验，其余属于国家试验。

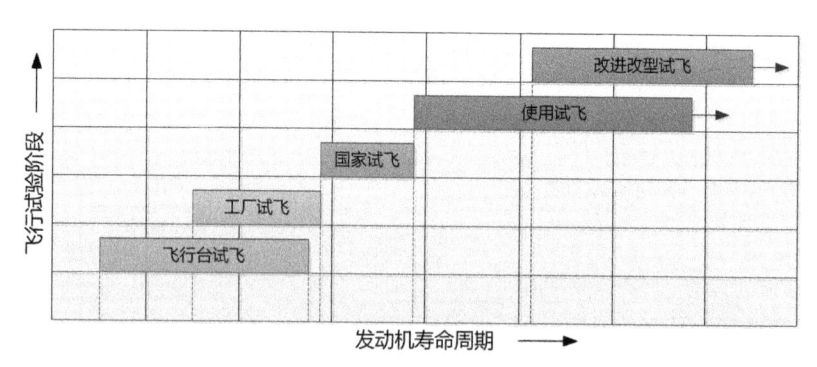

图1.1 俄罗斯试飞指南规定的新研发动机飞行试验的五个阶段

飞行台试飞是整个飞行试验的第一阶段，与地面台架试验平行进行，其基本任务是对发动机进行飞行调整，一般不等首台发动机台架调整试验结束，就从第一批试验发动机中安排一台发动机在飞行台上飞行调整，并且要限制寿命，以及限制最大推力、转速、燃气温度等参数；目的是尽早暴露问题，确保试验飞机首飞安全，以及发动机在试验飞机试飞中有足够的工作能力、可靠性和使用寿命。

飞行试验的第二阶段是工厂试飞，包括在飞行台和试验飞机同时进行的两部分试飞。试验飞机试飞的任务是在各种飞行状态，包括大迎角和侧滑角、大过载和其他对发动机来说最严重的飞行条件下，试验发动机的所有特性。此时，飞行台试飞的任务是借助该试验设施和手段，专门解决需要飞行调整和改善飞行特性的最复杂的发动机问题。

飞行试验的第三阶段是国家试飞，主要任务是确定发动机所有特性、性能等是否符合采购方的技术要求。对于军用发动机应完成发动机的定型试飞,对于民用发动机取证试验则贯穿于发动机地面台架试验、飞行台试飞和试验飞机试飞,直到确认发动机满足民用飞机适航标准的要求。

飞行试验的第四阶段是使用试飞,即采用批生产发动机在批生产飞机/直升机使用过程中进行试飞。主要任务是检验在之前飞行试验过程中暴露出来的发动机缺陷、批生产和大量使用过程中出现的发动机缺陷是否改进,并验证采取的措施是否合适。同时,还要对投入批生产发动机为逐年增加寿命而采取的措施进行检查验证。

飞行试验的第五阶段是改进改型试飞,主要任务是对所做的改进和改型的有效性做出鉴定,并对改型发动机是否投入批生产和在试验飞机上使用提供决策建议。

我国的 GJB 241A—2010《航空涡轮喷气和涡轮风扇发动机通用规范》中明确规定在初始飞行前规定试验、设计定型试验均应进行"高空试验",明确规定"高空试验应在高空台或飞行台进行";在设计定型试验阶段还应开展"飞行试验","应在拟配装的飞机或其他同类飞机上进行","试飞项目、方法、架次和评定标准按 GJB 243 的规定进行"。GJB 241A—2010 中规定的发动机试验项目包括高空规定点性能、瞬态工作、功能试验、进气畸变、起动和再起动、空中风车试验等,详见表 1.3。

表 1.3 GJB 241A—2010 中规定的试验项目和试验方法(节选)

序号	试验项目	鉴定检验阶段 初始飞行前	鉴定检验阶段 设计定型	鉴定检验阶段 生产定型	要求章节号	试验方法 高空试验	试验方法 飞行试验
1	质量惯性矩	√			3.1.3.5	√	√
2	外部作用力	√	√		3.1.3.6	√	√
3	发动机安装节	√	√		3.1.3.7	√	√
4	发动机地面吊装安装节	√			3.1.3.8	√	√
5	发动机进气系统	√	√		3.1.3.13	√	√
6	性能曲线	√	√	√	3.2.2.4	√	√
7	性能保持和验证要求	√	√		3.2.3	√	√
8	工作包线	√	√	√	3.2.4.2	√	√
9	燃油流量极限	√	√		3.2.4.6	√	√
10	滑油压力和温度极限	√	√		3.2.4.7	√	√
11	滑油消耗极限	√	√		3.2.4.8	√	√
12	工作姿态和工作条件		√		3.2.5.1	√	√
13	稳定性	√	√	√	3.2.5.5	√	√

续　表

序号	试验项目	鉴定检验阶段			要求章节号	试验方法	
		初始飞行前	设计定型	生产定型		高空试验	飞行试验
14	推力瞬变	√	√	√	3.2.5.6	√	√
15	发动机风车运转能力	√	√	√	3.2.5.7	√	√
16	反推力	√	√	√	3.2.5.8	√	√
17	矢量推力	√	√	√	3.2.5.9	√	√
18	材料和工艺	√	√	√	3.3.1.1		
19	紧固件	√	√	√	3.3.1.2		
20	蠕变		√	√	3.3.2.2.3		
21	叶片和轮盘变形		√	√	3.3.2.3.3		
22	强度和寿命分析	√	√	√	3.3.2.4		
23	损伤容限	√	√	√	3.3.2.5		
24	振动	√	√	√	3.3.2.7	√	√
25	燃油系统	√	√	√	3.7.3		√
26	气动系统	√	√	√	3.7.8.2		√
27	尾喷管系统	√	√	√	3.7.10		√
28	反推力系统	√	√	√	3.7.11		√
29	喷水系统	√	√	√	3.7.12		√
30	冲洗系统	√	√	√	3.7.13		√

GJB 243A—2004《航空燃气涡轮动力装置飞行试验要求》是发动机飞行试验验证和考核的依据标准,规定了发动机飞行试验的目的、试验载机类型、试验发动机应具备的条件、测试改装等一般要求,以及具体的试验项目、内容和方法、结果评定标准等详细要求,适用于航空燃气涡轮发动机鉴定试飞。标准规定"新型号发动机鉴定试飞,应验证其性能特性、工作特性与批准的战术技术指标和使用要求的符合性,对可靠性和维修性等通用质量特性进行评估,并考核随机工具、设备、备件和资料的适用性,为新型号的鉴定提供依据。"GJB 243A—2004 中规定的发动机试飞项目包括工作特性、性能特性、动力装置附件及系统、螺旋桨系统、结构强度、环境适应性、通用质量特性等,详见表1.4。

表1.4　GJB 243A—2004 中规定的发动机试飞项目(节选)

章节号	章　节　标　题
5.1	发动机工作特性鉴定试验
5.1.1	发动机工作参数测定和发动机在地面和空中工作稳定性鉴定试验

续 表

章节号	章 节 标 题
5.1.2	发动机风车状态工作检查以及地面和空中起动性能的鉴定试验
5.1.3	发动机加速性和减速性鉴定试验
5.1.4	发动机操纵系统、指示系统的鉴定试验
5.1.5	动力装置控制系统的工作质量鉴定试验
5.1.6	发动机工作稳定性(喘振裕度)的鉴定试验
5.1.7	加力燃烧室工作质量的鉴定试验
5.1.8	发动机振动测定试验
……	……
5.2	发动机性能特性鉴定试验
5.2.1	发动机性能特性检查及性能修正系数测定试验
5.2.2	发动机高度-速度特性鉴定试验
5.2.3	涡轮螺桨和涡轮轴发动机地面温度特性鉴定试验
6.1	进气道与发动机相容性鉴定试验
6.2	排气系统与发动机相容性鉴定试验
6.3	发动机炽热部位的温度测量和动力装置冷却通风系统鉴定试验
6.4	涡轮轴发动机减速装置的鉴定试验
6.5	飞机螺旋桨系统鉴定试验
6.5.1	螺旋桨振动应力测量试验
6.5.2	螺旋桨1P力矩测量试验
6.5.3	螺旋桨防冰系统鉴定试验
6.5.4	螺旋桨控制系统鉴定试验
6.7	发动机状态监视系统的鉴定试验
……	……

可以看出,在美、俄等航空强国及我国的发动机研制规范中,都明确地将发动机飞行试验纳入了研制流程,并规定了飞行试验项目及相关要求。鉴定(定型)试飞是新发动机研制必不可少的环节。

1.2.2　飞行试验是民用发动机取证及型号合格审定必经的阶段

美国联邦航空管理局(Federal Aeronautics Administration, FAA)民用航空规章《运输类飞机适航标准》(FAR-25)第25.903条中规定"每型发动机必须有型号合格证"。发动机型号合格取证按民用航空规章《航空发动机适航规定》(FAR-33)进行。

发动机适航取证试飞分为两步：首先取型号合格证，开展飞行验证的条款由具体型号的审定基础和符合性方法表规定，然后发动机装机随飞机取 FAR-25 的适航合格证。

FAR-33 适航规章是民用发动机研制的依据，按照第 33.28 条（发动机电气和电子控制系统）、第 33.65 条（喘振和失速特性）、第 33.68 条（进气系统的结冰）、第 33.69 条（点火系统）、第 33.74 条（持续转动）、第 33.89 条（工作试验）等条款要求，发动机在取得型号合格证前，必须进行相关飞行试验，验证在真实环境中发动机运行条件下和条款的符合性。表 1.5 是通用电气（General Electric，GE）公司某型民用涡扇发动机取证需要验证的条款和审定方法。

表 1.5　GE 公司某型民用涡扇发动机型号合格取证试验的条款和审定方法

条文编号	审定清单	审定方法
33.3	概述	D
33.4	持续适航文件	D
33.5	发动机安装和使用说明手册	D
33.7	发动机额定值和使用限制	D
33.8	发动机功率额定值的选定	D
33.14	起动-停车循环应力（低循环疲劳）	A,ST,RT,D
33.15	材料	A,ST,E,D,I
33.17	防火	S,ST,E,D
33.19	耐受性	A,RT
33.21	发动机冷却	A,D
33.23	发动机的安装构件和结构	A,S,ST,D
33.25	附件连接装置	RT,A,S
33.27	涡轮、压气机和转子结构完整性	A,CT
33.28	发动机电气和电子控制系统	S,A,RT,ET,FT,D
33.29	仪表连接	D,I,S
33.62	应力分析	A,ST
33.63	振动	RT,CT,ET,FT
33.65	喘振和失速特性	A,CT,ET,FT
33.66	引气系统	A,S,ET,FT
33.68	进气系统的结冰	A,RT
33.69	点火系统	ET,FT,A
33.71	润滑系统	A,RT,ET
33.72	液压作动系统	A,I,RT,ET

续 表

条文编号	审定清单	审定方法
33.73	功率响应	S,ET
33.74	持续转动	A,RT,FT
33.75	安全分析	A
33.77	外物吸入——冰	S,A 或 ET
33.78	吸雨和吸雹	S,A,ET
33.83	振动试验	A,ET
33.85	校准试验	ET
33.87	持久试验	ET
33.88	发动机超温试验	A,ET
33.89	工作试验	A,ET,FT
33.90	初次维修检查	A,ET
33.91	发动机部件试验	A,CT,D
33.93	分解检查	I,D,ST
33.94	叶片包容性和转子不平衡试验	RT,A
33.97	反推力	ET
33.99	台架试验的一般实施	D

注：I-检查；ST-取样验证；RT-实验台试验；CT-部件试验；ET-整机试验；D-说明性文件；S-类比；A-分析；FT-飞行试验；E-使用经验。

图 1.2 是美国 GE 公司研制的 CF34-10E 发动机在型号合格取证阶段利用波音-747 飞行台进行的飞行试验项目，主要包括发动机性能飞行试验、发动机瞬态

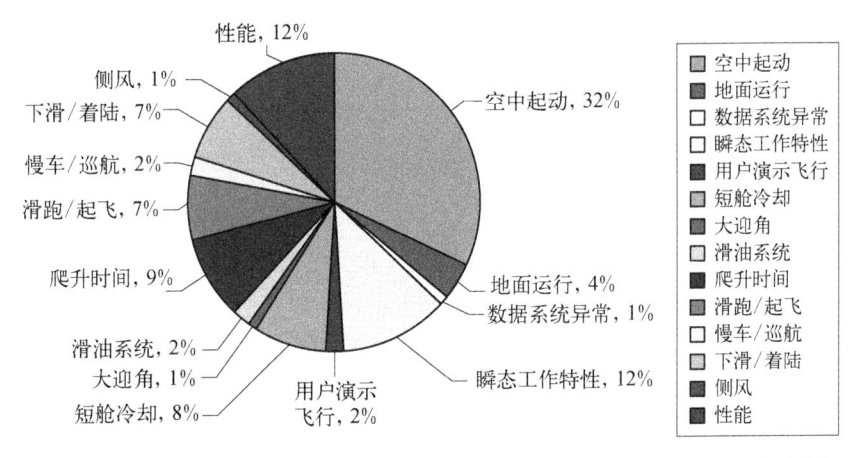

图 1.2　CF34-10E 发动机在型号合格取证阶段的飞行台试飞项目及时间比例

工作特性飞行试验、短舱冷却飞行试验、滑油系统飞行试验、空中起动飞行试验、滑跑/起飞/下降/着陆等阶段的工作特性试验。此外，还进行了客户演示飞行试验。

按 FAR-25 规定，发动机随飞机取 FAR-25 适航合格证过程中试飞验证的条款涉及 E 分部、B 分部、F 分部等，相关条款与对应的发动机考核项目对照详见表 1.6。

表 1.6 取 FAR-25 适航合格证过程中发动机试飞验证的条款（节选）

序号	条款号	条款名称	对应的发动机考核项目
1	25.101	B 分部 飞行-性能-总则	发动机性能试飞
2	25.901	E 分部 动力装置-总则-安装	发动机工作特性试飞 发动机控制与操纵试飞
3	25.903	E 分部 动力装置-总则-发动机	发动机工作特性试飞 发动机控制与操纵试飞 发动机振动及 EVMU 功能试飞
4	25.904	E 分部 动力装置-总则-起飞推力自动控制系统	发动机控制与操纵试飞
5	25.933	E 分部 动力装置-总则-反推力系统	发动机反推力装置试飞
6	25.939	E 分部 动力装置-总则-涡轮发动机工作特性	发动机工作特性试飞 发动机控制与操纵试飞 发动机进气畸变试飞
7	25.943	E 分部 动力装置-总则-负加速度	发动机工作特性试飞
8	25.1011	E 分部 动力装置-滑油系统-总则	短舱内冷却通风试飞
9	25.1041	E 分部 动力装置-冷却-总则	短舱内冷却通风试飞
10	25.1043	E 分部 动力装置-冷却-冷却试验	短舱内冷却通风试飞
11	25.1045	E 分部 动力装置-冷却-冷却试验程序	短舱内冷却通风试飞
12	25.1091	E 分部 动力装置-进气系统-进气	发动机进气畸变试飞 自然结冰条件下短舱防冰
13	25.1121	E 分部 动力装置-排气系统-总则	发动机排气
14	25.1301	F 分部 设备-总则-功能与安装	发动机工作特性试飞 发动机振动及 EVMU 功能 自然结冰条件下短舱防冰
15	25.1309	F 分部 设备-总则-设备、系统及安装	发动机工作特性试飞 发动机控制与操纵试飞 发动机振动及 EVMU 功能 自然结冰条件下短舱防冰

我国民用航空规章《运输类飞机适航标准》（CCAR-25）和《航空发动机适航规定》（CCAR-33）是参照美国民用航空规章制定的，相关规定和要求与 FAA 是一致的。

我国自主研发的 ARJ21－700 飞机选用美国 GE 公司研制的 CF34－10A 发动机。自 2008 年 11 月 28 日首飞至 2014 年 12 月 31 日颁发飞机型号合格证,按照 CCAR－25 条款规定,完成了发动机性能试飞、工作特性试飞、空中起动试飞、发动机自动起飞推力控制系统验证试飞、负加速度试飞、发动机排气、控制与操纵试飞、振动及振动监控功能试飞、进气畸变试飞、反推力装置试飞、短舱内冷却通风试飞、自然结冰条件下短舱防冰试飞等试飞项目。

综上,按照民用航空规章,民用航空发动机在型号合格取证和适航取证阶段都需要开展飞行试验。飞行试验是民用发动机取证及型号合格审定必经的阶段。

1.2.3 飞行试验是促进发动机新技术发展并向工程化转化最有效的途径

自从 20 世纪 30 年代末诞生以来,喷气式发动机作为飞机/直升机的主要动力装置,取得了飞速的发展,也极大地推动了世界航空工业的发展。

(1) 军用发动机领域:推重比为 8 一级的第三代发动机已趋于完善成熟并大量装备,推重比为 10 一级的第四代发动机已投入使用。第四代发动机典型的技术特点包括:采用小涵道比加力涡扇发动机,推重比达 10,使得飞机具有不加力超声速巡航能力;采用推力矢量喷管,使得飞机具有短距起降和过失速机动能力;具有良好的红外和雷达隐身能力;采用双余度全权限数字电子控制。与推重比为 8 的第三代发动机相比,第四代发动机零件数量减少 40%～60%,可靠性提高一倍,耐久性提高两倍,寿命期费用降低 25%～30%,具有更高性能、更低油耗、更高的可靠性、更高的耐久性、更低的信号特征、更低的寿命期成本等典型特点。

(2) 民用发动机领域:关注的重点在于推力大、可靠性高、寿命长、安全性好、油耗、污染排放和噪声水平低、价格优惠及使用成本低等。发动机普遍采用大涵道比涡扇发动机,为现代民用飞机提供了既绿色环保又经济实惠的飞行动力。GE9X 是目前世界上最大的民用航空发动机,推力可达 470 kN,涵道比为 10,该发动机拥有新一代压比达 27 的 11 级高压压气机、高效率和低排放的第三代 TAPSIII 燃烧室,以及采用陶瓷基复合材料的燃烧室和涡轮。

发动机综合能力的提升和进步依赖于新设计、新材料、新结构、新工艺、新控制、新试验等技术的不断发展和应用。

美国多年来雄居世界航空发动机之巅,与其开展的大量新技术研究与飞行试验验证息息相关。20 世纪 60 年代至 90 年代末期,美国国家航空航天局(National Aeronautics and Space Administration, NASA)德莱顿飞行研究中心和美国国防部、工业部门、FAA 等机构合作开展了多项推进系统飞行试验研究[13],分别以 XB－70、F－111A、F－111E、YF－12、Jet Star、B－720、MD－11、F－15、F－104、HIMAT、F－14、F/A－18、SR－71、X－15 为试验载机,对进气道流场和控制特性、飞行中推力计算、推进系统综合控制、进气道和尾部阻力、风洞试验与飞行试验的对比、发动机数字控制系统、先进发动机优化控制、发动机声学测量、防雾化煤油研究、飞行中升力和阻力、油门响应准则及推力矢量技术进行了大量飞行试验研究(图1.3)。

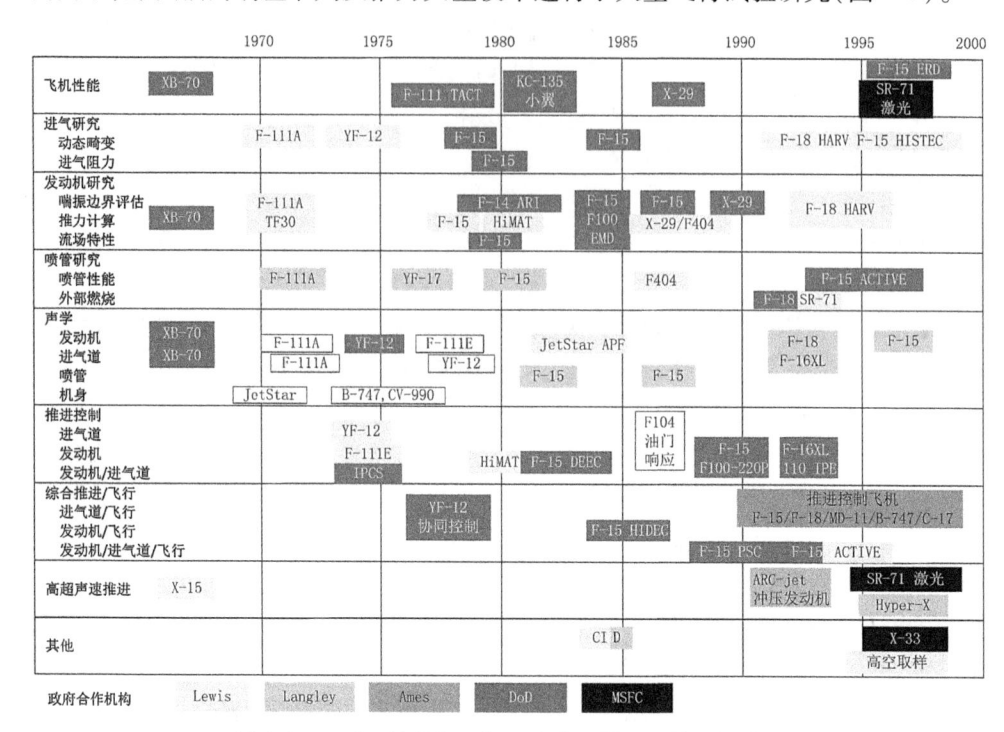

图 1.3 NASA 德莱顿飞行研究中心推进系统飞行试验

推力矢量技术是第四代飞机及发动机显著的技术特点之一。美国于20世纪70年代开始大规模地进行基础研究和方案论证,于80年代开始推力矢量技术的飞行试验研究和验证,实施了多项飞行试验计划并一直进行到90年代中期[14-17]。具有代表性的计划有: F-15 短距起降/机动性技术验证机(short take-off and landing/maneuver technology demonstrator, STOL/MTD)、F-15 先进飞行器综合控制技术验证机(advanced control technology for integrated vehicles, ACTIVE)、F-16 多轴推力矢量验证机(multi-axis thrust vectoring, MATV)、F-18 大迎角气动特性验证机(high alpha research vehicle, HARV)、YF-22/YF-23 型号验证机以及美国和德国合作的 X-31 增强战斗机机动性验证机(enhanced fighter maneuverability demonstrator, EFMD),如图1.4~图1.9所示。这些计划验证了俯仰/反推力二元矢量喷管(two-dimensional/convergent-divergent, 2-D/C-D)、轴对称矢量喷管(axial-symmetric vectoring exhaust nozzle, AVEN)、燃气舵等推力矢量技术,验证了各种推力矢量技术的偏转角、偏转角速度等性能特性,研究了大迎角及过失速机动特性、精确进场接地和短距起降特性、飞行/推进综合控制系统等推力矢量关键技术。基于以上大量的飞行试验研究,20世纪90年代后期以后,推力矢量技术在F-

119、F-135 发动机及配装的第四代战斗机 F-22、F-35 上获得了工程应用,使得飞机的性能、机动性、敏捷性、隐身能力和作战效能得到了很大的提升。

图 1.4 F-15 短距起降/机动性技术验证机

图 1.5 F-15 先进飞行器综合控制技术验证机

图 1.6 F-16 多轴推力矢量验证机

图 1.7 F-18 大迎角气动特性验证机

图 1.8 YF-22 型号验证机

图 1.9 X-31 增强战斗机机动性验证机

俄罗斯从 1980 年开始研究推力矢量技术,1985 年留里卡"土星"科研生产联合体开始二元和轴对称推力矢量喷管的研究试验工作。1989 年,这两种推力矢量喷管同时开始飞行试验。一架苏-27 UBLL-PS装一个平直的二元矢量喷管和一个常规喷管。另一架苏-27 LMK-2405装一个轴对称矢量喷管和一个常规喷管。经过比较后,认为轴对称矢量喷管较有希望,于是便集中精力发展轴对称矢量喷管。1996年4月,装两台轴对称推力矢量发动机AL-37FU的苏-37飞机开始工程研制试验,苏-37飞机成为世界上第一种实用的轴对称推力矢量战斗机。可以说,俄罗斯正是通过推力矢量技术飞行试验研究确定了自身的发展路线。

国内也重视发动机新技术的飞行试验研究和验证,并取得了很好的效果。例如,2000年开展的发动机全权限数字电子控制系统演示验证试飞[18],考核了控制系统的功能和性能、控制系统与发动机及飞机的兼容性,评估了控制系统对飞机和发动机性能及操纵性的改善程度,为全权限数字电子控制系统在型号上应用的可行性给出了评价结论。试飞中也发现和暴露了一些问题,如地面电源与机上电源转换时电子控制器不能正常工作、空中起动软件设置范围不合理等设计缺陷,并进行了改进。发动机全权限数字电子控制系统试飞演示验证的成功,加速了其在国产发动机上的应用步伐。

总之,航空发动机新技术开发和应用效果必须通过飞行试验进行验证,飞行试验是促进发动机新技术发展并向工程化转化最有效的途径。

1.2.4 飞行试验是发动机研制初期方案对比确定选型、研制过程故障排除效果验证最直接的手段

发动机研制初期,可能存在多个设计方案,其优劣好坏很难权衡。引入竞争机制,通过飞行试验展示各自能力,暴露相关问题,进行对比"裁决",确定选型,是降低工程研制风险的重要方式。飞行试验是发动机研制初期状态对比确定选型的最直接手段。

20世纪80年代初,美国启动了先进战术战斗机(advanced tactical fighter,ATF)和联合先进战斗机发动机(joint advanced fighter engine,JAFE),开启了第四代战斗机及其发动机的型号研制历程。1983年5月,美国空军向普惠公司、通用电气公司和艾利森公司发布了JAFE项目的招标书,艾利森公司未提交应征方案退出竞争后,普惠公司和通用电气公司展开了激烈的竞争。1986年2月,美国空军决定在ATF战斗机上安装发动机进行飞行演示/验证(demonstration/validation,D/V)。用于飞行试验的普惠公司的YF119发动机和通用电气公司的YF120于1990年安装于ATF战斗机上,开展了对比飞行验证评估,验证内容包括发动机的可靠性、维修性、工作特性、性能特性以及机身/发动机/发动机控制系统的匹配性。经过对比,普惠公司的YF119表现为技术成熟、试验结果满意、易于维护,可以"较低的成本向空军提供了真正有价值的东西"[19]。美国空军遂于1991年8月授予了普惠公司发动机的工程研制阶段(engineering and manufacturing development,EMD)的研制

合同。通过飞行试验对 YF119 发动机和 YF120 发动机的状态进行对比,确定选择 YF119 发动机为 ATF 战斗机的动力装置。

我国某发动机在研制初期,也曾存在 A、B 两种具有差异的设计方案,利用飞行台进行对比验证试飞,对比了两种方案发动机的性能、特性等,最终确定了工程研制阶段发动机的技术方案。

发动机在鉴定(定型)试飞或使用期间,经常会暴露故障,如果不能及时排除,或者影响鉴定(定型)的进程,或者影响部队的正常使用。故障攻关措施的贯彻往往伴随着飞行试验的验证,排故措施的有效性只有经过飞行试验才能得到可靠地验证。

1981~1983 年,采用数字电子发动机控制(digital electronic engine control, DEEC)的 F100 发动机,配装 F-15 飞机开展飞行试验[20],其试飞目的是验证和评价 DEEC 系统,如图 1.10 和图 1.11 所示。试飞第二阶段,开展发动机加力系统试

图 1.10 采用 DEEC 的 F100 发动机配装 F-15 飞机开展飞行试验

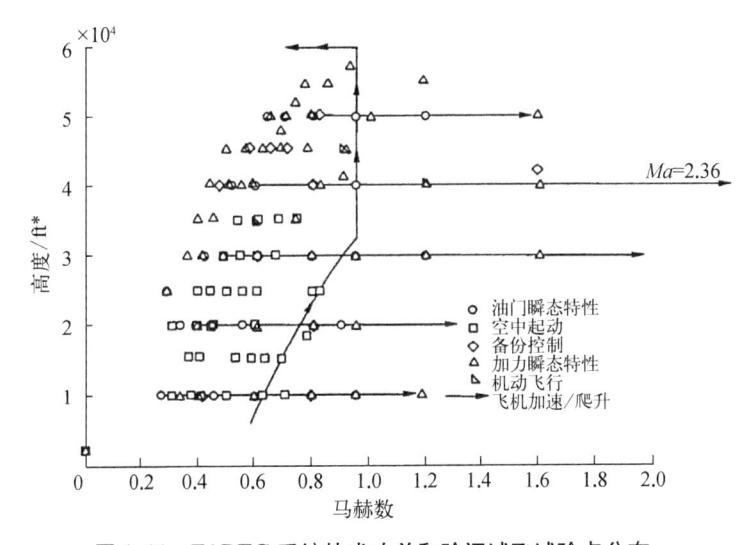

图 1.11 FADEC 系统技术攻关和验证试飞试验点分布

* 1 ft = 0.304 8 m。

飞,特别是飞行包线左上角的加力接通性能检查评价,试飞12架次,加力接通过程中发生了加力振荡(至少8次)、加力熄火、尾喷管工作不稳定及风扇失速等故障。通过分析故障原因,采取了改进加力控制软件逻辑、更换更好阻尼特性传感器、更换火焰稳定器等措施。排故措施在第三阶段试飞进行了验证,以评价 DEEC 系统软件和硬件更改对加力接通特性的影响,试飞7架次,加力成功接通边界上移了近1 524 m(5 000 ft),未再出现加力振荡和尾喷管不稳定的问题,加力熄火和风扇失速故障也得以极大改善。

我国某型飞机工厂试飞中频频发生升限停车并由此引发一次严重事故,为此曾发文暂时禁止该机升限飞行。事故发生后,通过攻关试飞,从发动机参数优化、调整和驾驶技术上探索研究,最终找出了原因及应对措施,解除了升限禁飞规定。另外,装配某发动机的飞机在低空大表速飞行时,发动机喘振,并造成中介机匣分流环撕裂,落实改进措施后,经过13架次的飞行试验,验证了故障原因定位的准确性和排故措施的有效性。

1.3　国内航空发动机飞行试验历史沿革

我国飞机飞行试验的起步与航空工业息息相关。

中华人民共和国建立前,我国几乎没有自己的航空工业。中华人民共和国的建立,给我国航空工业带来了生机,也开创了中国飞行试验历史的新篇章。20世纪50年代初,对航空工厂修理和组装飞机的检飞与验收,应该是我国飞行试验事业的前奏;50年代末,中国飞行试验研究院成立,其主要职责是承担军机设计定型试飞、民机适航审定试飞和科学技术研究试飞,同时引领全行业试飞技术的发展,从此我国飞机飞行试验开始进入系统、规范阶段。

20世纪50年代初至今,我国飞行试验发展历史大体可分为四个阶段[21]。

1.3.1　修理和仿制飞机出厂试飞阶段

20世纪50年代,是我国修理和仿制飞机出厂试飞阶段。这一阶段,试飞对象是生产型飞机,不特意加装复杂的试飞测试设备,试飞的状态和科目主要是飞机常规性能和系统工作状态的检查,试飞的结果和结论主要是试飞员的主观评定和有限的座舱仪表显示,承担出厂试飞的责任单位是相关的飞机制造工厂,作为飞机生产例行工作程序安排。这一阶段的试飞虽然相对简单,但它是我国飞行试验的开始,特别是在飞行组织、飞行驾驶和维护保障等方面,为飞行试验事业的发展积累了经验。

这个阶段,发动机飞行试验的性质属于仿制发动机在原配国外飞机/仿制飞机上的适应性试飞。重点在于发动机与飞机的相容性、发动机的使用检查以及燃/滑油、操纵和发动机冷却等相关系统的飞行试验。同时,仿制型号的批量生产要求承制厂作为一个生产程序对成批的产品进行"工厂试飞"。

1.3.2　飞行试验创业和起步阶段

20世纪60~70年代,是我国飞行试验的创业和起步阶段。在这个阶段,我国从苏联引进了一套飞行试验指南以及若干传感器、自记器和光学示波器等测试设备,这些为我国飞行试验的开展奠定了最初的技术和物质基础。我国在苏联飞行试验指南的基础上,逐步掌握了飞行试验的基本程序和方法。20世纪70年代末总结整理出的《飞机飞行试验手册》反映了当时飞行试验专业技术的状况,反映了对苏联飞行试验指南的理解、应用和扩展。在这个阶段,我国较好地完成了当时新型飞机、发动机等的研制和定型试飞,其典型代表是强-5飞机、歼-8飞机、涡喷-7发动机和涡喷-8发动机等。

这个阶段,在发动机飞行试验方面,通过对苏联飞行试验指南进行学习,结合型号试飞任务,初步掌握了苏联发动机试飞指南中的试飞科目、程序和方法。我国开始研制第一代发动机飞行台(由轰-6轰炸机改装而来),该飞行台于1976年开始投入使用。我国建设支持飞行试验的地面专用试验台和实验室,包括飞机全机推力测量台、涡轮喷气和涡轮风扇发动机试车台等。另外,我国设计和制造了一系列发动机试飞专用气动力探头和测试装置,如发动机进气整流支板空气流量测量耙、发动机喷口固定式推力测量耙等。

1.3.3　飞行试验成熟和发展阶段

20世纪80~90年代,是我国飞行试验的成熟和发展阶段。在这个阶段,试飞各类依据文件,包括规范要求和标准判据,逐渐由以苏联体系为主转化为苏联和欧美体系相融合。在参考相关依据的基础上,形成了我国自己的各类飞行试验规范和标准,如军用飞机验证要求、飞行性能、动力装置、航空电子和武器火控系统以及试飞测试等标准和规范。各类型号试飞任务全面开展,试飞能力和试飞效率大大提高。民用飞机开始按照适航条例进行验证试飞,包括运-12、运-7系列等,开创了中国民机适航取证试飞的先河。

这个阶段,在发动机飞行试验方面,完成了涡喷-13、涡喷-7乙(02)等多型发动机定型鉴定试飞,在总结多年发动机飞行试验经验和消化国外资料的基础上,编写了GJB 243—87《航空燃气涡轮动力装置飞行试验规范》。对比和借鉴国外的经验,逐步认识到研究性试飞的重要性,开展了歼-6和歼-7飞机极曲线飞行测量、某飞机进/发匹配试飞等一批探索性研究项目,轰-6飞行台先后承担9种型号发动机飞行试验,为我国航空发动机的研制和改进做出了重大贡献,该飞行台于1996年退役。

1.3.4 飞行试验跨越发展阶段

21世纪至今的20多年,是我国飞行试验的跨越发展阶段。在这一阶段,试飞理念、试飞技术、条件建设、预先研究等方面得到了跨越式发展。此阶段试飞对象的特征是种类齐全、技术先进,其典型代表是第三代战斗机及其发动机、新型运输机及其发动机、新型直升机及其发动机、ARJ21-700民用飞机合格审定试飞等。"预测-飞行-比较"的新的试飞模式正在形成,联合试飞的组织和管理得以加强。试飞安全体系和试飞保障能力更加完善。机载试飞测试和地面监控能力较以往有数量级的提高,磁、遥、视结合和空地一体化试飞测试模式已经形成。

这个阶段,在发动机飞行试验方面,基于对GJB 243—87使用经验的总结、完善和对标国外先进标准规范,完成了GJB 243A—2004《航空燃气涡轮动力装置飞行试验要求》的编制,指导了该阶段第三代大、中等推力/功率各种类型发动机的飞行试验。以伊尔-76飞机为载机平台,建设了我国第二代发动机飞行台,承担了多型第三代发动机的技术验证和研制试飞,攻克了多项关键技术;同时,建设了较为齐全完整的发动机飞行试验支持设施设备,如涡轴发动机试车台、大推力发动机试车台、全机推力试车台和振动试验台等。基于发动机试验试飞数据,开展了大量的试飞模型建立和应用验证工作,提升了试飞安全保障能力,推动了向"预测-飞行-比较"试飞模式的转型升级探索。

60多年来,我国航空发动机飞行试验主要在中国飞行试验研究院开展,已经完成了40多种发动机的定型(鉴定)试飞和多项研制试飞及领先使用试飞,获得省部级以上成果奖近百项,相继建成了包括飞行台、地面试车台、系统试验台等在内的试飞支持硬件设备。在航空发动机的试飞方法、测试技术、数据处理与分析、试飞结果的评判标准等方面已经形成了一套较为完善的飞行试验体系,为我国航空发动机的研制和发展做出了重要贡献。

1.4 国内航空发动机飞行试验现状和能力

目前,我国具备对飞机/直升机等配装的各型发动机的性能、工作特性、结构强度、控制系统、燃油系统、滑油系统等,以及进气道/发动机相容性、冷却通风系统、反推力系统等的试飞能力,从试验设计、测试改装、地面试验、飞行实施、数据处理、分析评估到试验保障和试验管理等,形成了一套完备的发动机飞行试验体系[22,23],同时具备以下能力:

(1) 具备涡喷、涡扇、涡轴、涡桨等多型发动机通用和专用飞行台系统设计及试验任务系统构建能力,可为发动机新技术演示验证、型号研制试飞等提供平台,促进发动机技术成熟,加快发动机研制进度,降低原型飞机试飞风险。

(2) 具备各型试车台的建设和技术升级能力,掌握各型发动机台架试验技术,具有完备的全尺寸发动机地面试验能力,具备航空发动机吞鸟、侧风、吸雨、吸雹等特种环境和吞咽试验能力,以及发动机红外辐射特性测量试验能力,能够为发动机研制与鉴定提供配套地面试验手段。

(3) 掌握了发动机空中起动、空中性能确定、进气道溅水试验、反推力试验、侧风试验、发动机短舱防冰和风扇冰积聚试飞等民用发动机试验试飞关键技术,已成功应用于ARJ21-700飞机合格审定试验试飞中。

(4) 具备发动机装机用特种测试受感部、高温区域流场测试装置、尾气采集装置等非标设备的研制能力,以及旋转件应力测量、振动测量、间隙测量、高温载荷测量等能力。

(5) 具备动力装置进气/排气系统、动力装置/飞机全三维流场、发动机结构部件载荷、飞机燃油系统、发动机控制系统、动力舱通风冷却系统数值仿真能力。

(6) 掌握了发动机稳态和过渡态关键参数模型的建立方法,具备从海量数据挖掘和呈现参数特征能力,能够实现发动机转速、温度、滑油、振动等参数的实时趋势监控及故障智能预报,突破了发动机参数全过程、全包线的建模方法,提高了试飞安全保障能力。

参考文献

[1] 张伟.航空发动机[M].北京:航空工业出版社,2008.
[2] 刘大响,程荣辉.世界航空动力技术的现状及发展动向[J].北京航空航天大学学报,2002,28(5):490-496.
[3] 方昌德.航空发动机百年回顾[J].燃气涡轮试验与研究,2003,16(4):1-5.
[4] 吴大观.我国航空发动机研制过程中的主要经验教训[J].燃气涡轮试验与研究,2001,14(4):1-6.
[5] 张宝诚,陈本柱,盛元生.航空发动机试验技术[M].北京:航空工业出版社,1989.
[6] 侯敏杰.高空模拟试验技术[M].北京:航空工业出版社,2014.
[7] Van Deusen E A, Mardoc V R. Distortion and turbulence interaction, a method for evaluating engine/inlet compatibility[C]. San Diego: AIAA 6th Propulsion Joint Specialist Conference, 1970.
[8] SAE. A methodology for assessing inlet swirl distortion[S]. SAE-AIR-5686, 2010.
[9] Shields E R. F/A-18 flight test program overview[R]. AIAA-81-2351, 1981.
[10] 刘选民,李凡.国外现代战斗机飞行事故[M].北京:航空工业出版社,2011.
[11] 刘永泉.国外战斗机发动机的发展与研究[M].北京:航空工业出版社,2016.
[12] 周自全.飞行试验工程[M].北京:航空工业出版社,2010.
[13] Burcham F W, Ray R J, Conners T R, et al. Propulsion flight research at NASA Dryden from 1967 to 1997[R]. AIAA-98-3712, 1998.
[14] 赵景芸,金婕.推力矢量技术的研究与发展[J].燃气涡轮试验与研究,1999(1):51-54.
[15] Rusbarsky G J. F-15 STOL and maneuver technology demonstrator flight test progress report [R]. AIAA-90-1269, 1990.

[16] Smolka J W, Walker L A. F-15 ACTIVE flight research program[R]. FS-1998-06-048-DFRC,1998.
[17] 晁祥林,陈琪.推力转向技术及其飞行试验验证[R].西安:中国飞行试验研究院,1998.
[18] 周云涛,丁凯峰,李冬兰,等.航空发动机全权限数控系统飞行演示试验及分析[J].燃气涡轮试验与研究,2007,20(2):49-52.
[19] Neville W E, Flarity S M. Flight testing the prototype advanced tactical fighter engine[R]. AIAA-92-1036,1992.
[20] Barrett W J, Rembold J P. Flight test of a full authority digital electronic engine control system in an F-15 aircraft[R]. AIAA-81-1501,1981.
[21] 周自全.中国飞行试验史[R].西安:中国飞行试验研究院,2011.
[22] 丁凯峰,颜智峰.航空动力装置飞行试验展望[J].航空发动机,2003,29(4):45-47.
[23] 丁凯峰.航空动力装置飞行试验技术新进展及发展展望[C].绵阳:航空发动机试验与测试工程技术论坛,2018.

第 2 章
航空发动机飞行试验流程

航空发动机飞行试验大体上分为试验设计、试验实施、试验总结三个阶段,这三个阶段不是严格意义上的时间前后顺序关系。实际上,试验实施前不可能完成所有的试验设计,很多试验都是边设计、边实施,原因是有些试验设计文件需要根据前面的试验情况及结果进行编写。

试验单位基于试验性质和试验目的,依据国家和行业军用飞行试验标准、规范或民用适航标准、规范等,开展飞行试验的设计。飞行试验设计中最重要的顶层设计文件是试飞大纲,该大纲是整个试飞的纲领性文件,大纲中要对试飞计划、试飞科目、试飞方法、试验点、试飞资源配置、试飞组织、试飞质量安全控制等进行全面的筹划。试飞大纲编制主要以有关国军标、适航标准为依据,必要时发动机研制单位也将其关注的试验内容以飞行试验任务书的形式提供给试验单位,作为试飞大纲编制的参考。试飞大纲编写完成后,应征询发动机研制单位、使用部门或机构的意见,并根据反馈意见进行合理的修正、完善。试飞大纲编制完成后,应报主管部门批准。

批准后的试飞大纲即可作为飞行试验实施的依据文件,由试验单位组织试飞员、试飞工程师、测试工程师、改装工程师、机务维护人员、场务保障人员等,依据试飞大纲规定的内容,按照飞行组织程序准备和开展飞行试验相关工作,如飞机和发动机测试改装工作、必要的测试设备和传感器的研制工作及组织飞行等。发动机研制单位在整个试飞阶段,都需要提供必要的技术支持和保障。对于民用航空发动机表明符合性试飞,在部分飞行试验科目执行过程中,通常还需适航当局代表的现场目击认证。

完成试飞大纲规定的全部试验内容后,应由试验单位组织编写飞行试验报告,基于试验数据的处理、分析和使用、维护评述等,评估发动机的运行和表现是否满足设计和使用要求,为后续的设计改进或投入使用提供依据。飞行试验报告通常需要经过多方、多轮的讨论和质询,并根据反馈意见补充数据等支撑材料及完善试验结论。

2.1 试验设计

2.1.1 试验顶层设计

航空发动机飞行试验作为发动机研制过程的关键环节,是连接设计和使用的纽带,虽处于整个研制过程的末端,但对其规划最早可追溯至发动机研制论证阶段。一般地,在研制论证阶段,试验单位联合发动机/飞机研制单位及使用方进行试验的顶层规划和设计,主要包括以下方面。

(1) 飞行试验计划和节点的制定。航空发动机的飞行试验是一项具有高风险特征的复杂系统工程,不仅包括试验单位需要开展的各项工作,还与发动机/飞机研制单位的试验对象、平台等的研制和交付关系密切。在发动机的研制规划或试验总案等顶层设计文件中,应依据发动机的研制计划和进度,制定相匹配的飞行试验计划和控制节点,包括关键技术的演示验证试飞、为提高发动机整机技术成熟度的各类科研试飞、以考核与研制总要求技术指标符合性和暴露使用问题为目的鉴定试飞等的试飞周期和总架次的规划,以及科研试飞转入鉴定或定型试飞的控制节点等。

(2) 关键试飞技术的攻关。新型发动机的研制过程中往往采用新技术、新材料和新工艺等,随之而来的是,原有的试验技术难以满足新型发动机飞行试验的需求,其中包括为测试发动机新的系统或新的功能而需要开发的新的测试测量技术、评估技术以及安全风险控制技术等,如推力矢量发动机相比于常规发动机需要测量发动机产生的矢量力。在发动机的研制规划或试验总案等顶层设计文件中,应明确新型发动机飞行试验采用的关键试飞技术以及其解决途径,为试验单位开展相应的技术攻关提供依据,避免由于试验技术储备不充分,使得试验难以开展,难以获得需要的结果或难以对试验结果进行科学评判。

(3) 试验保障资源的统筹规划。试验保障资源包括用于发动机性能标定的地面露天标准试车台,配装发动机的试验载机平台或改装试验舱的飞行试验台,测量进气道流场总压、总温畸变的测量耙等试验设备,高原、高温、高寒、大侧风、自然结冰等特殊试验所需试验场机场及其空域等。在发动机的研制规划或试验总案等顶层设计文件中,应明确试验保障资源明细以及经费来源,试验单位依据发动机飞行试验的计划和节点,制订相匹配的试验资源保障计划,确保在相应试验开展前尽可能早地确定并达到满足试验要求的状态。

发动机飞行试验的相关规划在发动机的研制规划或试验总案等顶层设计文件明确以后,试验单位接到飞行试验任务或合同,组建由试飞员、试飞工程师、测试工程师、改装工程师、机务维护人员、场务保障人员等组成的试飞团队,试飞团队将根据试验性质和试验目的,开展飞行试验的详细设计。

2.1.2 试验科目设计

飞行试验的性质和目的不同,试验内容的设计依据也不同。各类科研过程试飞或研发性试飞,其主要目的是验证发动机采用的新技术、新材料和新工艺,解决发动机研制的关键技术问题。鉴定试飞或适航审定试飞,主要目的是考核发动机实际飞行条件下所呈现的技术指标与规定的技术指标之间的符合性,并获取发动机的运行规律和使用特性。

无论是哪种目的的飞行试验,试验单位开展飞行试验设计,其主要依据都是以GJB 243A—2004《航空燃气涡轮动力装置飞行试验要求》为主的军用航空发动机飞行试验标准、规范或以《航空发动机适航规定》(CCAR-33)为主的民用航空发动机适航标准、规范。发动机研制单位提出的试飞要求在各类科研过程试飞或研发性试飞中通常作为依据文件,而在鉴定试飞或适航审定试飞中,通常作为参考性文件。

在明确飞行试验的性质和目的后,围绕GJB 243A—2004或CCAR-33等标准、规范开展试飞科目的设计。以GJB 243A—2004(其是军用航空发动机装机状态进行地面和飞行试验考核的依据)为例,对发动机工作特性、发动机性能、进气系统/发动机/排气系统相容性、动力装置冷却通风系统、螺旋桨系统、动力装置环境适应性等试验提出了具体要求。

发动机的试验科目和要求,需要结合具体型号发动机的设计特点,对GJB 243A—2004及其他相关标准规定的试飞科目和要求进行剪裁。例如,对非推力矢量发动机的飞行试验,发动机推力矢量喷管工作质量检查的飞行试验科目就不适用。需要说明的是,由于技术的快速发展,以及标准、规范的更新修订相对滞后,对于新型发动机具有的新功能或新系统,标准、规范中尚未涉及,应制定专项考核内容进行飞行试验。

通常,在飞行试验大纲中,应列出飞行试验科目的明细表,并备注说明剪裁或新增的原因。某型涡扇发动机飞行试验科目设计见表2.1。

表2.1 某型涡扇发动机飞行试验科目表

序号	GJB 243A—2004 飞行试验规定项目	试飞安排	说 明
1	5.1.1 发动机工作参数测定和发动机在地面和空中工作稳定性鉴定试验	适用	
2	5.1.2 发动机风车状态工作检查以及地面和空中起动性能的鉴定试验	适用	
3	5.1.3 发动机加速性和减速性鉴定试验	适用	
4	5.1.4 发动机操纵系统、指示系统的鉴定试验	适用	
5	5.1.5 动力装置控制系统的工作质量鉴定试验	适用	
6	5.1.6 发动机工作稳定性(喘振裕度)鉴定试验	裁剪	不具备条件

续表

序号	GJB 243A—2004 飞行试验规定项目	试飞安排	说明
7	5.1.7 加力燃烧室工作质量鉴定试验	适用	
8	5.1.8 动力装置滑油系统工作质量鉴定试验	适用	
9	5.1.9 发动机振动测定试验	适用	
10	5.1.10 发动机数字电子控制系统的鉴定试验	适用	
11	5.1.11 发动机推力矢量喷管的鉴定试验	裁剪	不具备功能
12	5.1.12 发动机防冰系统的鉴定试验	适用	
13	5.1.13 飞机、直升机武器发射时发动机工作质量鉴定试验	适用	
14	5.1.14 发动机红外线辐射测量试验	裁剪	
15	5.1.15 发动机可靠性和维修性的试验	适用	
16	5.2 发动机性能特性鉴定试验	适用	
17	6.1 进气道与发动机相容性鉴定试验	适用	
18	6.2 排气系统与发动机相容性鉴定试验	适用	
19	6.3 发动机炽热部位的温度测量和动力装置冷却通风系统鉴定试验	适用	
20	6.4 涡轮轴发动机减速装置的鉴定试验	裁剪	不具备该系统
21	6.5 飞机螺旋桨系统鉴定试验	裁剪	不具备该系统
22	6.6 辅助动力装置和应急动力装置的鉴定试验	裁剪	已鉴定
23	6.7 发动机状态监视系统的鉴定试验	适用	
24	7 飞机、直升机燃油系统鉴定试验	裁剪	已鉴定
25	8 动力装置环境适应性试验	适用	

2.1.3 试验点设计

航空发动机的运行和使用环境,不仅包括由大气温度、大气压力、风速/风向、雨雪冰雹等构成的自然环境,还包括由飞行过载、飞行迎角/侧滑角、引气、功率提取等构成的装机环境。

确定飞行试验科目之后,更为重要的是确定飞行试验点,这也是飞行试验设计中最为关键的环节。航空发动机飞行试验点的设计是基于上述自然环境、装机环境对发动机运行和使用的影响,分解或组合自然环境、装机环境下的诸多要素,构成飞行试验点,形成试验点列表。自然环境、装机环境下的诸多要素也称为试验可控输入变量,其中,可控是指试验输入变量具备可测量、可量化、可重复的特征,这是试验最基本的要求。由试验可控输入变量构成的试验点,具有以下两个基本设计要求。

(1) 试验点要具有代表性,是指通过该试验点获得的结论,在该试验点所能辐射的区域内具有普遍适用性,或者该结论能够线性或按照设计方和使用方认可的规律扩展至一定的区域。代表性的试验点可优化试飞架次,提高飞行试验的效率。

(2)试验点要具有特殊性,通常是指特殊的环境、控制规律切换或转折点、边界点以及极限条件下的试验点,试验点的结论难以按照线性或者一定规律扩展,或者扩展的方向不具有唯一性。特殊性的试验点是飞行试验不可或缺的组成部分,是飞行试验结论严谨性和科学性的重要支撑。

在试验点设计过程中,还应考虑试验点的综合问题。在飞行试验的设计过程中,鼓励不同试飞科目的试验点开展综合设计。在不影响试飞目的和评估的前提下,针对不同的试飞科目,在试飞约束条件相同或相近的条件下组合设计试飞试验点,综合利用试验设施、试验资源等,共享试飞数据,支持不同试飞科目的独立分析、评估,可以获得更高的试飞效率,减少经费并缩短进度。

除了以上试验点的设计要求,还应指出的是在试验点设计过程中,航空发动机的飞行试验并不是纯粹的黑箱辨识过程,飞行试验前的仿真模拟试验、部件试验、地面整机试验、高空模拟试验等积累了大量的数据信息,试验点设计时要充分地利用这些先验知识,以进一步优化、迭代试验点设计。

2.1.4 测试改装设计

通过对发动机及载机平台进行测试改装,提取发动机及其相关系统的运行信息,利用获取的信息评价或验证发动机所具备的能力和存在的缺陷。测试改装设计首先需要确定测试参数需求,而测试参数需求来源于通过试飞科目要评价或验证的发动机所具备的能力。航空发动机的能力通常在发动机的研制总要求或型号规范中通过技术指标等形式量化。

除了试验评估所需的测试参数,为了保障飞行试验的安全,还应测量试飞载机平台、发动机及相关系统的工作参数,测试参数可分为以下几类。

(1)试验评估所必需的测试参数。包括大气压力、大气温度、风速风向等外界条件类测试参数,气压高度、飞行表速、纵向过载、法向过载、侧向过载、飞行迎角、侧滑角、滚转角等试验平台类参数,发动机转速、涡轮后温度、空气流量、燃烧室供油量、沿流程截面压力/温度等被试对象类测试参数。这些测试参数是航空发动机飞行试验必需的测试参数,参数的缺失将影响对被试对象的评估,或是影响试验结论的严谨性。

(2)飞行安全类测试参数。包括试验机平台、发动机及其相关系统运行的告警类测试参数,燃油调节系统的燃油压力、作动系统的燃油压力等发动机控制系统的过程控制类测试参数等。这些测试参数,在发动机正常工作时,仅作为试验发动机的状态信息,便于试飞工程师掌握发动机的工作状态;但若试验平台、试验发动机及其相关系统出现故障或问题,则体现出这些参数的价值,其存在利于快速准确地分析和定位故障或问题。

（3）其他测试参数。包括为增加测试参数冗余裕度、监视加装的测试系统运行状态的参数等实现特殊目的的测试参数。例如，受发动机舱内高低温的变化以及装机振动等环境因素的影响，传感器可能损坏，但装机状态不可更换，为避免从飞机上脱离发动机所带来的额外工作量，可增加此类参数的冗余裕度。

在上述确定测试参数的程序之外，还必须考虑装机条件的影响。相比于地面整机试验、高空模拟试验，装机条件下由于测试改装的空间有限，且可能出现与试验平台相关系统干涉的情况，某些测试参数可能无法实施测试改装。因此，测试改装设计过程中，先期利用数字样机的虚拟测试改装技术显得尤为重要。通常由试验单位提供传感器、受感部的三维数模，发动机/飞机研制单位在其数字样机上进行虚拟的测试改装，以确定安装的位置、方式和管路、导线的铺设路径，对于不具备改装实施条件的反馈至试验单位，由试验单位进行传感器、受感部的结构尺寸优化或与研制单位协商决策进一步的解决方案。

确定测试参数之后，还需要确定测试参数的精度。在试验或测量计算过程中，往往所获得的结果是由若干个测试参数通过一定的公式计算而来的，如空气流量，是由总压p^*、静压p、总温T^*和气动截面面积A四个参数计算得来的[1]。在结果计算或确定的过程中，受感部引起的测量误差、传感器的精度、采集处理系统误差以及随机误差等，使得结果带有一定的误差。因此，试验结果由名义值和误差（或不确定度）组成，缺少误差的试验结果不具有可信度。根据试验结果的误差范围要求，通过试验结果计算所需参数和参数各自的敏感系数，可确定测试参数的精度，对于敏感系数较大的测量参数可提高其精度要求，反之可降低测量参数的精度要求。其中，对测试参数进行敏感性分析，是误差分析不可或缺的组成部分，对测量方案的制定、测量误差的分配、误差的预估计和误差的控制具有重要的意义。

另外，需要说明的是，根据GJB 243A—2004的规定，在发动机气流通道内加装的测试受感部，不应对发动机工作产生不良影响。通常，在装机改装前，需要在地面标准试车台试车，对比证实加装的受感部不会对发动机工作产生不良影响。

2.2 试验实施

2.2.1 实施前准备

在航空发动机试飞设计完成之后，进入航空发动机试飞实施阶段。在首次升空飞行和风险科目飞行之前，试验单位按照飞行准备和审查程序，组织开展、完成飞行前的准备工作。

1. 风险分析、评估和控制

航空发动机是飞机、直升机的推进动力源，发动机的运行故障或问题直接威胁飞行安全,其飞行试验尤其是新型航空发动机的飞行试验,存在高风险也是客观事实。主要原因来源于以下三个方面。

(1) 发动机及相关系统的技术成熟度低、可靠性差等客观因素的存在,使得飞行试验过程中出现故障或问题的概率,相比于成熟发动机的使用大大增加。试验过程中,发动机可能出现气动稳定性、结构强度和振动以及传动润滑等方面的故障或问题。

(2) 探索极限、摸清能力边界和性能底数,是飞行试验的宗旨之一。飞行包线边界试验点、大过载/大迎角等极端使用条件下试验点以及高原/高寒/高温等极端环境条件下的试验点,是航空发动机无可回避的试验内容。而在这些试验点,发动机的运行接近熄火边界、喘振边界等能力极限,容易出现熄火、失速/喘振等故障或问题。

(3) 其他方面,包括人为、组织以及其他不可控因素的影响。飞行试验需要试飞员、试飞工程师、机务维护人员等各个专业领域的人员协同工作,实际组织执行过程中存在木桶效应,单一环节的差错可能导致事故或问题的发生;另外,地面试验、滑跑以及起飞过程中飞鸟、砂石等外来物的吸入,往往导致发动机出现结构性损伤(图2.1和图2.2),也是导致事故的重要原因。

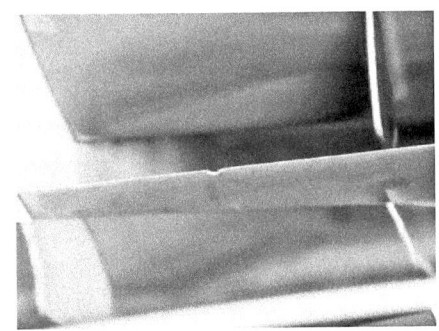

图 2.1　外来物吸入后打伤风扇叶片　　图 2.2　外来物吸入后压气机叶片划痕

配装双发或多发的试验平台,由于常采用成熟的发动机作为陪试发动机,试验发动机出现故障或问题后,飞机或直升机可以依靠陪试发动机提供的动力返航降落,事件的后果严重性大大降低。而对于单发试验平台,试验发动机出现故障尤其是停车之后,只能依靠空中再起动能力重新恢复工作,或依靠飞机的空滑性能、直升机的自转下滑性能返场降落,一旦丧失空中再起动能力(如转子卡滞)或距离机场较远,事件的后果将可能是灾难性的。

因此,飞行试验前必须识别试验过程中可能存在的危险源,然后进行后果严重性评估,并按照风险等级制定应急预案。

2. 测试系统联试

按照测试改装设计,完成试验平台和发动机的测试改装之后,应进行地面联试,这是首飞前必要的程序。测试系统的联试的主要目的包括以下三个方面。

（1）检查测试系统与试验平台和发动机的兼容性。测试系统通、断电以及工作时,不应影响试验平台和发动机的正常工作,不应出现电磁兼容性问题；同时,应保证测试系统的正常工作,不受试验平台和发动机的影响,即测试系统与试验平台和发动机之间互不影响。

（2）检查测试参数的正确性。按照获取途径,测试参数一般分为加装参数、抽引参数和总线参数。加装参数是指通过加装受感部、传感器获取的参数数据,通过参数测量的初值、极值和变化趋势,可以检查参数测量的正确性；抽引参数是指采用并线的方式,提取发动机上原有传感器的模拟信号（通常是电压信号）,通过与发动机上已有参数（如总线参数）的对比,可检查参数的正确性；总线参数是指直接提取发动机控制器通信总线的参数,只要按照总线的通信协议进行正确解析即可。

（3）检查实时监控系统的有效性。实时监控系统,是指通过在试验平台加装的遥测系统,将飞行中实时采集、记录到的测试数据从试验平台传输到地面监控平台（方舱或专用厅室）,以供地面监控人员实时掌握试验平台和被试对象的运行信息与工作状态,以便为飞行员的操纵提供及时的建议和决策。地面实时监控系统已成为飞行试验不可或缺的测试设备。通过联试,可以检查地面实时监控系统的可靠性、实时监控画面的合理性以及空地协同的质量。

测试系统的联试,需要测试工程师和改装工程师以及机务维护人员与试飞工程师协同工作；可以由试飞工程师负责分析测试数据,发现和提出测试系统的相关问题,由测试工程师、改装工程师及机务维护人员负责解决问题。由于不可避免地会出现测试问题,通常需要进行不止一次的联试试验,以保证测试系统的有效性和工作质量。

3. 放飞审查

飞行试验前的准备工作细致而烦琐,放飞审查是首飞和风险科目飞行前的最后一道程序。通常,由试验单位邀请经验丰富的专家组成审查组,对各项准备工作和形成的技术文件等进行讨论、质询和评审,主要包括以下几个方面。

（1）审查飞行员健康状态以及对飞行任务的掌握程度。由具有资质的医疗机构,出具飞行员身体和心理状况评估报告,以证明飞行员具备执行飞行任务的健康条件；通过了解飞行员对飞行任务内容和操纵程序的掌握程度,证明飞行员具备执行飞行任务的能力。

（2）审查试验平台和试验发动机的工作状态。由试飞团队出具试验报告,通过地面试验获取的试验数据,分析和评估试验平台与试验发动机的工作是否正常,以及出现的故障或问题的归零情况。若需要,也可由研制单位进行相关情况的补充说明。

（3）审查测试改装情况。由试飞团队出具测试改装工作报告,包括测试改装实施情况、测试系统的工作情况以及测试改装问题的归零情况等；若存在遗留问题,则需说明对后续飞行试验的影响。

(4) 审查风险评估和控制情况。由试飞团队出具风险分析、评估和控制报告,包括飞行过程中可能出现的故障或问题,按照风险评估程序给出风险等级,并按照风险等级给出相应的控制措施和应急处置程序;若出现最高风险等级的风险源,则在飞行前必须采取一定的措施降低风险等级。

(5) 审查首飞或风险科目飞行内容。由试飞团队出具飞行试验任务单,包括飞行剖面、试验点和相应的操纵程序。通常,试验发动机的首次升空飞行,其飞行时间较短,飞行剖面较为安全,操纵程序较为简单,目的是降低首飞的风险。

审查组对上述各项准备工作进行审查后,出具审查建议,给出是否可以放飞的结论。对于审查建议,试飞团队需逐条进行归零。

2.2.2 地面试验

航空发动机飞行试验的大部分试验科目都包括地面试验的要求,主要包括发动机工作参数测定及稳定性试验、加减速性试验、装机状态地面起动试验、模拟空中起动试验、发动机控制系统降级试验、电磁兼容性试验,以及可预期如高温、低温、高原、盐雾、高湿、沙尘、霉菌等各种特殊使用环境下的试验。

根据试验发动机的工作和使用特点,飞行试验大纲中规定了需要进行的各类地面试验,基于不同的试验目的,地面试验可划分为以下三类。

(1) 性能标定试验。该项试验属于非装机状态的标准地面试车台试验。GJB 243A—2004规定"应在经标定合格的地面试车台上,使用经校验合格的测试设备进行发动机性能特性检查和性能修正系数测定试验",其中经标定合格的地面试车台即标准地面试车台,图2.3为发动机露天试车台。该项试验需要在飞行试验开

图 2.3 发动机露天试车台

始前和全部结束后各进行一次,目的是在标准地面试车台上测定发动机的性能特性,确定其性能基准、性能衰减程度以及与发动机型号规范规定值的符合性。在军用航空发动机鉴定试飞中,地面试车台性能标定试验是必须进行的一项试验,性能标定合格的发动机才具备开展鉴定试飞的资格。

(2) 前置地面试验。该类试验是指在进行某项飞行试验之前,为检查和验证相关的逻辑或功能,降低飞行试验的风险,保障飞行试验的安全,先期在地面进行相关的试验。例如,空中起动试飞前在地面进行模拟空中起动试验,通过模拟设备使得试验发动机"认为"飞机或直升机处于空中状态,进而进行起动试验,试验发动机及其相关系统将执行空中起动程序。试验并不强调发动机能够起动成功,重点在于检查空中起动的点火、供油规律以及与辅助动力系统等相关系统的交联控制逻辑。其他如发动机控制系统降级地面试验、地面模拟武器发射试验等均属于前置地面试验。前置地面试验通过之后,确认无故障和无问题存在,才允许进行相关的飞行试验。

(3) 装机地面试验。该类试验是指在试验发动机可预期的各种地面运行和使用条件或环境下,录取发动机的地面装机性能、工作特性等,检查试验发动机的地面使用特性以及与发动机型号规范规定值的符合性,为该型发动机的设计优化或投入使用提供数据支持。试验主要包括:发动机地面工作参数测定及稳定性试验、地面加减速性试验等常规地面试验;高温、低温、高原等特殊使用环境下的地面试验,以及需要利用特殊试验设施的如全机推力台试验、矢量发动机偏转试验、舰载发动机偏流板试验等地面试验。其中,全机推力台试验需要将配装试验发动机的飞机固定在地面全机推力台上,如图 2.4 所示,可测定发动机装机状态的可用推力,为飞机发动机的一体化设计提供数据支持。

图 2.4　某飞机全机推力台试验

若地面试验涉及的参试单位和参试人员较多,试验技术较为复杂,具有较大的安全风险,则属于重大地面试验,如发动机性能标定试验、全机推力台试验、大侧风试验等均为重大地面试验。重大地面试验需要经过如2.2.1小节所述的实施前的各项准备工作。

需要说明的是,大部分地面试验必须安排在首飞前开展,这是保证首飞安全的需要。有些地面试验可以安排在首飞后开展,但在开展相应科目试飞前,必须完成地面试验。

2.2.3　滑行试验

滑行试验是指飞机在不离开地面、在跑道进行的滑行,是飞机/发动机由静态到动态的开始,是首飞前必须进行的验证试验。一般来说,地面滑行试验分为低速滑行、中速滑行和高速滑行三大类。为保证试验安全,地面滑行从低速、中速到高速滑行,这是一个循序渐进的过程。

地面滑行试验的主要作用包括:① 检查飞机、发动机及相关系统的工作,如飞行控制系统、起落架系统、刹车系统、发动机油门操纵系统、发动机响应特性等;② 进一步检查机上测试改装系统在动态过程中的工作质量;③ 进一步检查飞机/发动机与地面相关系统如遥测监控系统、测试系统等的匹配性、协调性等。

2.2.4　飞行试验

JSSG-2007A中规定了性能和工作特性、环境条件、完整性、可靠性和维修性、战斗生存力、子系统等多个方面的试验项目及每项试验项目的验证方法,大多数试验项目的验证方法包括分析、地面试验、高空台试验和飞行试验。其中,还强调吸入武器排气、吸入水蒸气、发动机健康管理系统、润滑系统等试验项目必须通过飞行试验验证的要求。GJB 243A—2004中规定了发动机性能特性、发动机工作特性、动力装置附件及系统、动力装置环境适应性等试验科目及要求。下面简单介绍发动机性能特性、工作特性、动力装置附件及系统等试验和实施要求,有关试验的详细情况见后续相关章节。

1. 发动机性能试飞

发动机性能飞行试验是指测定发动机的高度-速度特性(图2.5),检查其与发动机研制要求、型号规范规定值的符合性,评定发动机性能是否达到设计和使用要求。

(1) 该项试验需在试验前,通过计算及地面标准试车台试验或高空台试验,获取试验发动机尾喷管的推力系数、流量系数等喷管特性,并沿发动机流道安装专用的受感部测试所需的不同发动机截面的气流压力、温度等参数。

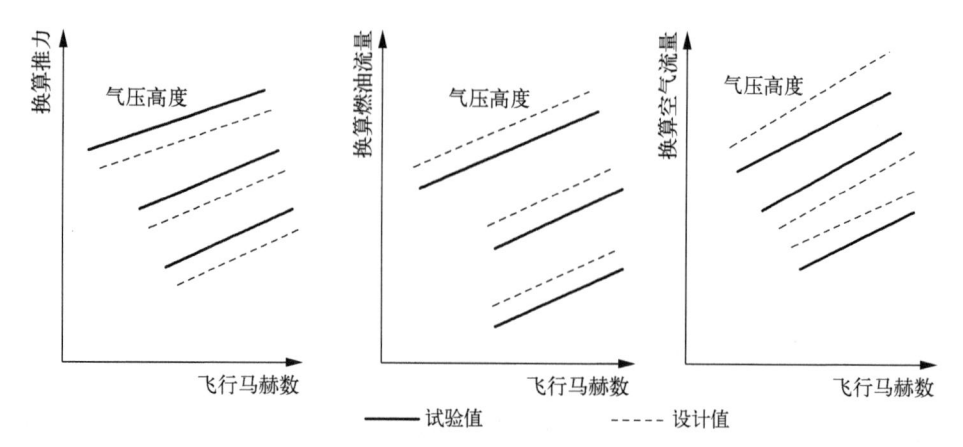

图 2.5　涡扇-涡喷发动机高度-速度特性线

(2) 每个试验点应保持足够的稳定工作时间,通常要求发动机能够达到热平衡状态,并且要求飞行员保持稳定平飞的高度、速度偏差不能超出限定的要求,以保证所录取的测试数据为发动机稳态条件下的性能数据。

(3) 性能特性试飞科目应当在其他所有发动机试飞科目开始前完成,以尽量减少试验发动机的使用时间,避免试验结果受到试验发动机性能衰减的影响。通常情况下,由发动机研制单位给出发动机性能飞行试验的建议小时数,例如,CF34-10A 发动机性能试飞期间,GE 公司建议在 50 个飞行小时内完成所有飞行试验。

(4) 除使用标准大气条件下的高度-速度特性曲线形式评估发动机的稳态性能外,还应使用发动机性能模型来评定稳态性能。欧美等航空发动机强国,均使用经试验数据修订并满足精度要求的发动机性能模型,来评定航空发动机的性能指标。

2. 发动机工作特性试飞

航空发动机工作特性飞行试验包括发动机工作参数测定及地面和空中工作稳定性、风车状态工作检查及地面和空中起动性能、加速性和减速性、加力燃烧室工作质量等多个科目的试飞。

(1) 发动机工作参数测定及地面和空中工作稳定性试飞。试验是在试验输入变量不变或缓慢变化时,如飞行高度、飞行速度不变或发动机保持慢车状态、飞机以等表速下滑等,固定发动机的油门杆位置,测定发动机典型工作状态如慢车、中间、节流、加力等的工作参数,检查和验证发动机状态参数的变化规律和发动机的工作稳定性。

(2) 发动机风车状态工作检查及地面和空中起动性能试飞。主动使发动机空中停车后,按操作程序执行惯性起动、风车起动或辅助起动等不同方式的空中起动,使发动机恢复至停车前的工作状态,检查和验证发动机的空中起动性能及与相关系统的匹配性,对于双发或者多发飞机还可测定发动机停车期间,由于发动机进口气流流动带动转子转动,从而使发动机进入风车状态时其转子变化规律,也就是风车特性。

(3) 发动机加速性和减速性试飞。试验是在不同的油门杆起止位置,以不同的速率移动油门杆,使发动机执行加速和减速程序,检查和验证发动机的加减速时间与型号技术指标的符合性,以及加减速过程的工作稳定性。该项试验要求在发动机地面和空中起动性能试飞完成之后进行。

(4) 发动机加力燃烧室工作质量试飞。试验是在不同的状态接通、切断加力,以及在加力域内进行应急切断和加力推力变换,检查和验证发动机加力接通、切断、推力可调及稳定工作的能力。试验还包括在特殊的飞行条件下检查加力燃烧室的受压强度,该项试验可能导致发动机损伤,需要在其他所有飞行试验科目结束后进行。

(5) 武器发射时发动机工作质量试飞。试验主要针对战斗机用航空发动机,在发射如航炮、火箭弹、导弹等武器时,高温废气或尾流的吸入,可能导致发动机失速或喘振。通过该项试验,检查和验证发动机的工作稳定性,以及防喘系统和消喘系统工作的可靠性和有效性。

3. 动力装置附件及系统试飞

动力装置附件及系统试飞包括进气道与发动机相容性、发动机炽热部位的温度测量和动力装置冷却通风系统、反推力装置、发动机操纵和指示系统等多个科目的试飞。

(1) 进气道与发动机相容性试飞。试验是在不同飞行工况、不同气象条件和发动机状态条件下测定进气道出口流场品质、流量以及进气道调节规律,检查和验证飞机进气道性能、调节规律,以及对发动机的稳定裕度和性能的影响,评定进气道性能、调节规律及进气道/发动机相容性是否满足飞机、发动机型号规范的要求。试验通常需要加装进气道测量耙,测取发动机进气压力和温度。

(2) 发动机炽热部位的温度测量和动力装置冷却通风系统试飞。试验是在各种飞行和地面工作条件下,尤其是在外界高温条件下,测定发动机炽热部位及附件的壁面温度、环境温度,以及发动机外通道的冷却通风流量,检查和验证发动机舱冷却通风系统的设计是否能够保证上述温度在安全运行范围内。

(3) 反推力装置试飞。试验是在飞机所有允许的不同的机场跑道、规定的侧风条件、反推装置允许使用的速度范围、正常着陆使用及应急使用等条件下,验证反推装置的功能及使用特性。

(4) 发动机操纵和指示系统试飞。试验是从使用和人机交互的角度评定飞机座舱内油门杆操纵系统、发动机相关的操作开关/按钮是否操纵简便,以及显示屏、指示仪表上显示的发动机状态参数等是否易于确定和判读。

2.3 试 验 总 结

完成航空发动机飞行试验大纲规定的全部试飞内容之后，试验单位依据试验过程中获取的试验数据、阶段报告、故障报告等，组织编写飞行试验报告。试验报告主要内容包括采用航空发动机飞行试验标准、规范要求的或经设计单位、使用单位等普遍认可的评定准则和方法，首先分别给出各科目的试验结果、飞行员使用评述和机务维护评述以及试验过程中出现的故障和问题及归零情况等，然后综合各项结论给出总的飞行试验结论，最后针对遗留问题提出相应的建议。

1. 各科目试验结果

科目试验结果包括地面试验和飞行试验的试验结果，每部分应至少包括试验目的、试验环境和条件、试验方法和试验结果等几个方面的内容。其中，试验目的是编写飞行试验大纲时，依据飞行试验标准、规范要求确定，在飞行试验报告中，可直接引用飞行试验大纲中相应科目的试验目的；试验环境和条件是依据实际实施过程中的试验环境和条件整理形成的，包括试验过程中实际的气象条件、使用的试验设备和设施等；试验方法是完成试验科目和内容采用的方法，包括飞机、发动机及相关系统的操纵方法；试验结果是根据实际完成的试验内容，以图、表格或其他形式呈现试验数据或信息，采用相应的评价准则和方法，给出试验结论。

2. 飞行员评述

飞行员评述由飞行机组依据每架次飞行过程中的感受、记录的数据，以及在飞行后对飞行参数及相关数据的研判，整理、编写形成，是飞行机组对试验发动机以及试验平台的操纵和响应做出的主观和客观的评价。评述至少应包括每个试验科目的操作程序的合理性或者对操作程序修改的建议[2]，以及试验发动机和试验平台的响应特性、使用缺陷或者达到其期望要求的建议。

3. 机务维护评述

机务维护评述由机务维护团队依据每架次飞行前后的准备工作和记录飞行过程的飞参数据，以及日常的发动机定检、故障和问题的处理等的整理、分析、计算、编写形成。评述至少包括试验发动机的安全性、可靠性、维修性、测试性和保障性等通用质量特性的评价，以及对试验发动机外场使用维护工具、设备和技术文件资料的完整性、实用性或者改进、完善的意见。

4. 试验过程中出现的故障和问题

试验的目的之一就是发现发动机设计和使用的问题与缺陷。对于试验过程中出现的试验发动机故障和问题，应完整、翔实地记录。对于试验过程中出现的故障和问题等事件，试验单位应联合发动机研制单位，就事件的现象、原因等进行分析、研究，提出合理的解决方案并经试验验证。若暂时未能解决的，应分析其对后续试验的影响，必要时采取临时限制措施，最后形成故障和问题报告，记录、留证，并作为飞行试验报告编写的支撑材料。在飞行试验报告中，除事件的现象、原因、解决方案、试验验证情况外，还应就事件的归零情况做出说明。

5. 试验结论

试验结论是综合各试验科目结论、飞行员评述、机务维护评述以及故障和问题归零情况，就试验发动机的工作和表现是否满足设计和使用要求，做出全面的客观评价。主要包括试验发动机工作特性、推力和耗油率等性能特性、全包线范围的稳定性、进/发/排匹配性、控制系统的功能和性能、结构完整性和振动特性、通用质量特性等。

6. 遗留问题和建议

试验过程中出现的故障和问题、飞行员提出的使用建议或意见、机务维护人员提出的改进、完善意见等，若未解决的，整理、编写形成遗留问题和建议项，作为设计单位对试验发动机的优化、改进或论证开展专项试验的依据。在发动机鉴定或定型之前，遗留问题和建议应全部归零。

飞行试验报告通过评审之后，试验单位应就试验过程中形成的飞行试验大纲、测试任务书、任务单等技术文件，以及产生的试验数据、视频、音频等进行归档、留证，以备查证，为其他发动机飞行试验提供参考。

参考文献

[1] 赵海刚,申世才,张晓飞,等.涡扇发动机空气流量测量飞行试验[J].航空动力学报，2012,27(8)：1778-1784.
[2] 张立功,党怀义.飞行试验工程导论[Z].西安：中国飞行试验研究院,2012.

第3章
航空发动机试飞测试

航空发动机飞行试验最重要、最直接的输出是获取能反映发动机工作状况的准确试飞数据,只有建立在详细准确试飞数据基础上的结论才是科学和合理的。本章对发动机试飞中需要测量哪些参数,对发动机的特种参数如何进行测试,如何保证测试参数的精度作了阐述,并介绍了一些测试新技术在发动机试飞中的应用。

3.1 航空发动机测试参数

航空发动机试飞测试是在真实的飞行条件下,在飞机/直升机上开展的发动机参数测量工作,是航空发动机飞行试验的基础和关键环节之一。航空科学技术的发展对发动机试验测试提出了越来越高的要求,主要包括以下方面。

(1) 测试内容越来越复杂。按试验要求的不同,可分为发动机稳态、瞬态和动态性能参数测试,以及系统匹配性试验测试及结构完整性试验测试等。

(2) 测试参数种类越来越多。一个新型发动机试飞时,测量参数类型较多,包括各种非电量参数(如各种压力、温度、高度、速度、角度、应变等)、各种电量参数(如电压、电流、频率等)、各种航空总线参数(如 ARINC429 总线、1553B 总线)等。

(3) 测试参数容量大,测量采样率高,测试精度要求高。飞行试验中,一次测量达 1 000~2 000 个参数,采样频率最高达几十千赫兹,系统测试总精度要求压力达±0.1%F.S.*,温度达±0.5%左右。

(4) 测量参数变化动态范围宽,工作环境较恶劣。飞行试验中,环境温度为 −60~150℃,压力为 2.48~110 kPa,相对湿度变化为 20%~100%,有水滴,且有一定的干扰和振动。

飞行试验中,航空发动机测试参数一般包括以下方面[1]:

---

* F.S. 表示满量程(full scale)。

(1) 大气环境参数,包括环境压力、大气温度、风速、风向等;
(2) 飞行参数,包括飞行高度、飞行速度、飞机姿态角、飞机过载等;
(3) 发动机基本参数,如发动机转速、排气温度、流道内气流压力和温度、燃/滑油的压力和温度、振动参数等;
(4) 发动机状态和故障信号参数,包括起动信号、加力信号、防冰信号、喘振信号、超温信号、超转信号等;
(5) 发动机特种参数,如发动机风扇转子叶片应力、涡轮叶尖间隙、螺旋桨桨叶角等,在发动机装配过程中或飞行试验前加装。

航空发动机试验中常见的测量需求主要包括:① 部件性能,特别是效率、质量流量和喘振裕度等的评估;② 阻力和气动损失的研究;③ 喷管系数的测试;④ 燃气速度和马赫数的测试;⑤ 气流空间分布的测量,如边界层厚度、气流分离[2]。

常需要测量的压力参数类型包括流道内不同截面处的总压、流道中及壁面静压、用于计算气流角度和流速的总静压差、评价气流脉动及紊流度的脉动压力等。燃气温度测量通常是总温/滞止温度,有些情况下也需要对静温进行测量,此时可供选择的直接测量静温的方法有相干反斯托克斯拉曼散射、可调谐半导体激光吸收光谱等,一般而言这类技术可同时得到气体密度和成分。

压力和温度的测量方法若要成功应用于航空发动机的研究中,需要对测量过程进行明确的定义,建立测量的主要目标,并用于指导测头/测量耙以及测量系统的设计。一般而言,测量系统设计时需要考虑的主要内容包括以下方面。

(1) 明确对试验发动机开展试验的测量设施特性,如试验设施的气动特性、所使用的数据采集系统构成及特性、试验发动机的控制系统特性等。
(2) 需要明确数据应用的具体目标,如部件级间损失、损失的空间分布、流量系数的确定等。
(3) 是否需要绝对结果,或者主要目标是评估确定变化的影响,如基线压气机与改进设计的压气机间的比较。
(4) 应制定合适的精度要求,指定的测试精度越高,试验的成本就越高。另外,在一个不确定性很大的试验中,如果不能对测试结果进行精确的解释,试验值就没有什么价值,并且有时会造成错误的认识。
(5) 必须选择合适的测量截面位置,并且在每个截面都需要布置足够的采样点。最困难的问题通常是,需要选择足够多的测点满足试验目标,但是太多的点又可能导致探头对气流堵塞,影响被测发动机的性能,因此只能在两者之间进行平衡。
(6) 必须对试验前检验、在线数据挑选、显示处理等进行规定。每个试验,都应为操作人员提供预测结果,并建立一个数据验证准则,以便对人员或设备出现的错误进行预警。

3.2 航空发动机测量截面标识

在航空发动机试验测试中,需要遵循行业惯例建立一致的、清晰的试验参数及测试截面标识,以便于在不用试验结果对比中消除理解偏差。对于气路参数测试,常见的测量参数包括总压、静压、压差、温度等。发动机主流路从进气道至发动机尾喷管出口常用的截面编号见表 3.1。除了主流路,如涡扇发动机等带有额外的涵道气流截面编号采用第二位数字进行标识。典型构型的发动机截面编号如图 3.1~图 3.3 所示。

表 3.1 发动机典型截面编号及其物理意义

截面编号	物理意义
0	自由流大气条件
1	进气道/发动机交界面
2	第一级压气机进口截面
3	最后一级压气机出口截面
4	燃烧室出口截面
5	最后一级涡轮出口截面
6	存在混合器、加力燃烧室等部件时使用
7	发动机/尾喷管交界面
8	尾喷管喉部截面
9	尾喷管出口截面

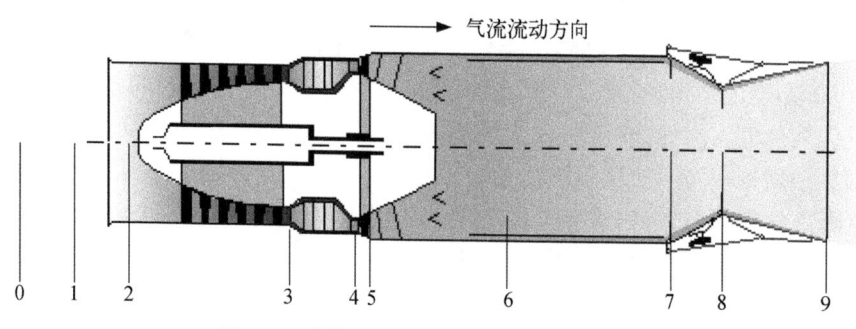

图 3.1 单轴加力式涡喷发动机典型截面编号

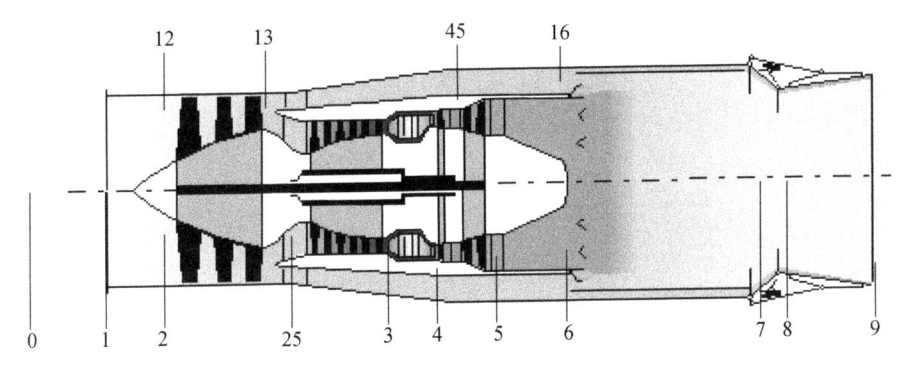

图 3.2 加力式混合排气涡扇发动机典型截面编号

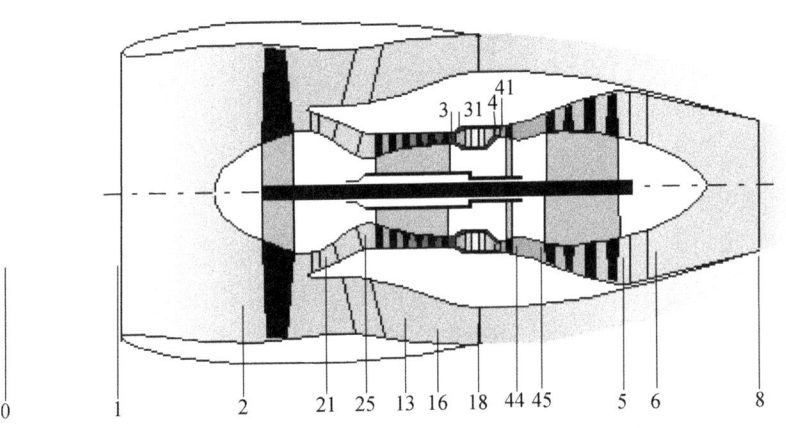

图 3.3 大涵道比分开排气涡扇发动机典型截面编号

3.3 特种参数的测试方法

出于评定或者研究的目的,有时需要测量一些特殊的参数,下面介绍几种特殊参数的测试方法。

3.3.1 旋转件应力测试方法

对发动机压气机、涡轮叶片以及螺旋桨桨叶等旋转部件的应力测量,一般采用应变片电测法将部件应力转化为电信号,然后通过遥测发射系统进行记录[3]。

1. 应变片的选用

应变片应具备以下特性:① 具备高温下的耐久性,保证一定时间的正常工作;② 应变片具有足够的柔性,满足涡轮叶片背弧面的大弧度要求;③ 能承受较大的离心过载;④ 安装表面平滑,气动影响小。

应变片可承受的工作温度范围受到其基底和安装方法的影响,不同基底应变片的工作特性比较见表 3.2。测量压气机和涡轮叶片表面应力时,一般使用点焊和陶瓷喷涂安装方法,保证安装牢靠。目前,应变电测技术发展很快,粘贴安装方法也适用于高温应变片。金属陶瓷粘贴剂的工作温度可达 600℃。

表 3.2 应变片工作特性

基 底	安装方法	应变片尺寸	柔性	温度范围	所需设备
复合材料	粘贴	小	高	低(大约 300℃)	烘干炉/自然固化
金属	点焊	大	低	高(可达 650℃)	点焊枪
临时基底	陶瓷喷涂	小	高	高(可达 1 300℃)	喷涂器

应变片选择时应重点考虑应变片工作环境温度范围和线膨胀系数。金属材料的电阻随温度变化,当环境温度变化较大时,会产生较大的误差。因此,在高温环境中应变片本身阻值变化很大,静应变不易测准,一般只测量动应变。应变片栅丝材料的线膨胀系数最好和被测材料的线膨胀系数相同或接近。

2. 应变片改装方法

压气机和涡轮叶片应力测量时,应变片要承受巨大的离心力和气流冲刷,涡轮叶片表面温度很高,因此改装应变片时要采用特殊的工艺,保证应变片在试验过程中粘贴牢靠,又不破坏叶片的气动外形。涡轮叶片应力测量中一般使用高温喷涂技术安装应变片。

热喷涂是利用某种热源,如电弧、等离子弧、燃烧火焰等将粉末状或丝状的金属和非金属涂层材料加热到熔融或半熔融状态,然后借助焰流本身的动力或外加的高速气流雾化并以一定的速度喷射到经过预处理的基体材料表面,与基体材料结合而形成具有各种功能的表面覆盖涂层的一种技术。

目前,耐高温陶瓷材料有足够高的熔点(2 030℃)和极好的抗高温氧化性等,工作温度可达 1 700℃,是优良的抗高温氧化涂层,同时又耐无机酸和熔融金属的侵蚀,可作为航空燃气涡轮的高温部件涂层材料,因此是最新的研究热点。

3. 旋转部件应变信号传输

无线电遥测系统一般由发射机、发射/接收天线、接收机和电源等组成,发射机部分包括信号调理、采集、信号混频和发射功能。无线电遥测系统的工作原理是:传感器和发射机安装在旋转部件上,接收机和记录系统安装在飞机上固定位置。传感器信号由发射机发射,被接收机接收,再引入记录设备进行记录。其工作原理如图 3.4 所示。

目前,无线电近距遥测设备可分为数字式和模拟式两种。数字式遥测系统是在采集发射模块中,将模拟信号转换为 PCM 数字流,再通过近距耦合系统传输到接收设备。模拟式遥测系统是直接发射和接收模拟信号,不进行数字转换。

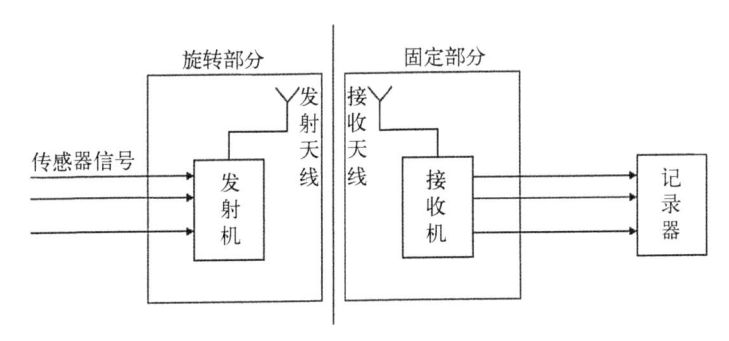

图 3.4 遥测系统原理

欧洲的 EJ200 发动机在飞行试验中开展了压气机叶片应力测试,采用应变计测量的无线电近距遥测系统进行信号传输。EJ200 发动机压气机叶片动应力测试方案如图 3.5 所示。

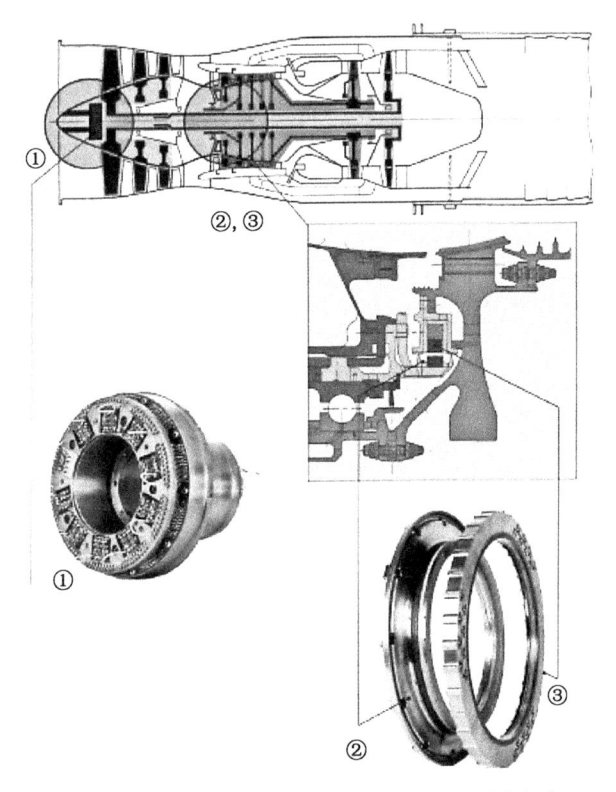

图 3.5 EJ200 发动机压气机叶片动应力测试方案
① 测盘;② 感应电源/天线静环;③ 感应电源/天线动环

欧洲大型军用运输机 A400M 飞机配装的发动机为 TP400 涡桨发动机,在其试飞时开展了螺旋桨叶片动应力测量试验,图 3.6 为配装 TP400 涡桨发动机开展飞行试验的 A400M 运输机。TP400 螺旋桨动应力测量采用的是应变测量无线电遥测系统,安装在桨罩内(图 3.7)。遥测系统组件如图 3.8 所示。

图 3.6　A400M 运输机

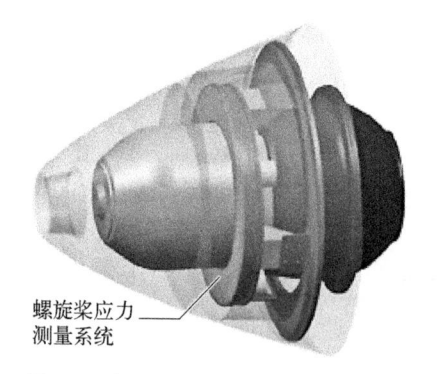

图 3.7　螺旋桨应力测量系统安装位置

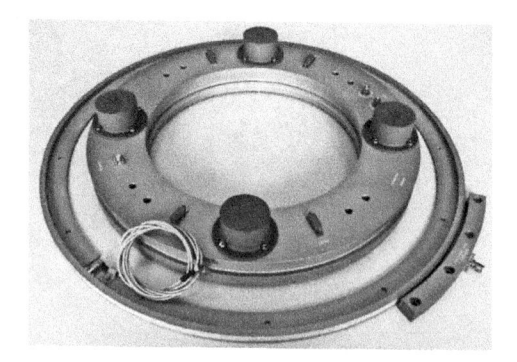

图 3.8　遥测系统组件

3.3.2　涡轮叶尖间隙测试方法

涡轮叶尖间隙测量方法有火花放电法、电容法、超声波法、光学测量法等。在发动机飞行试验中应用较为成熟和广泛的是电容法和光学测量法。

电容式测量系统的工作原理是基于测量探头和叶片顶端间的电容,通过预先校准,能够建立电容与间隙之间的关系[4,5]。测量探头固定在叶片顶端的机匣中,构成电容的一个极,发动机叶片叶尖构成电容的另一个极。测量的电容是电极几何形状、电极距离及极间介质的函数。若电极几何形状和极间介质为常数,则电容大小为极间距离的函数。探头与叶尖距离和重叠面积都很小,产生的电容也很小,电容量级为 10^{-2} 级皮法。为了精确测量如此小的电容,将该电容并入一个振荡器,电容的改变将导致振荡器自振频率的改变,通过测量频率变化可获得叶尖间隙。

调频式电容测量系统的原理图如图 3.9 所示。

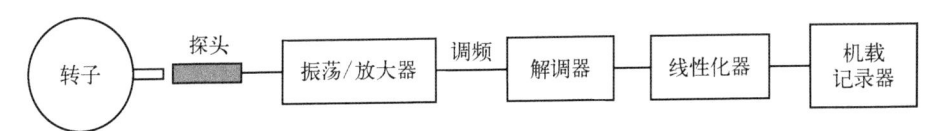

图 3.9 调频电容式叶尖间隙测量原理

电容式测量系统比较成熟,探头工作温度范围高,最高可达 1 300℃;体积小、重量轻,系统响应速度快。在罗·罗公司、通用电气公司、普惠公司、NASA 等被大量用于发动机叶尖间隙测量,调频电容式叶尖间隙测量系统被作为罗·罗公司的间隙测量标准技术。但是电容式测量系统只能测量铁性材料的叶片,复合材料叶片不能使用。

目前,可获得典型的电容式叶尖间隙测量产品,如 FOGALE 的 CAPABLADE 系统,其系统配置框图如图 3.10 所示。

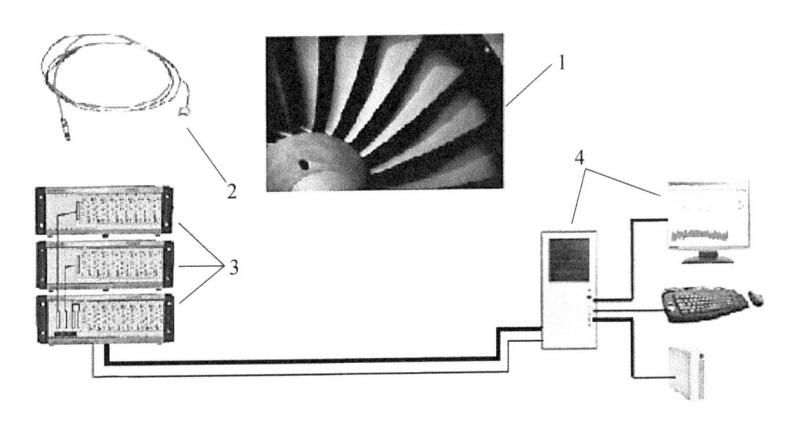

图 3.10 电容式叶尖间隙测量系统配置

1-发动机转子;2-电容传感器;3-调理模块机箱;4-采集/记录/显示系统

3.3.3 螺旋桨桨叶角测试方法

螺旋桨属于旋转件,可使用电位计式桨叶角传感器实现桨叶角信号的感知,通过无线近距离遥测系统来实现信号的传输和接收。测试系统原理如图 3.11 所示。

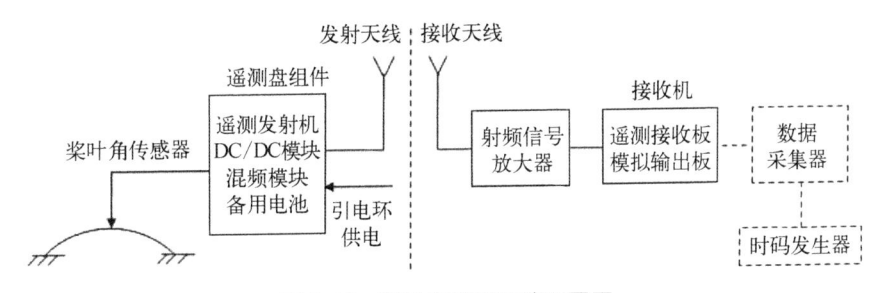

图 3.11 桨叶角测量系统配置图

系统由两大部分组成，转动部件主要包括桨叶角传感器、遥测发射机和发射天线，静止部分主要包括接收天线、射频信号放大器、接收机和数据采集器。桨叶角传感器感受的角度信号通过发射机调理放大后，转换为数字信号，通过发射天线进行发射。信号经过接收天线接收后通过射频信号放大器进行放大，进入接收机进行解调和输出。接收机可输出数字信号或者模拟信号，作为数据采集器的输入，也可通过局域网进入主控计算机，进行数据记录和监视。通过远程控制器和图形化的控制软件，可对发射机和接收机的工作特性进行设置。

桨叶角传感器的设计采用电位计工作原理，利用螺旋桨桨叶根部与桨轴之间的相对角位移，测量桨叶的转动角度并将其转化为电位计的电压。桨叶角传感器安装在桨毂上，其参考外形如图 3.12 所示。

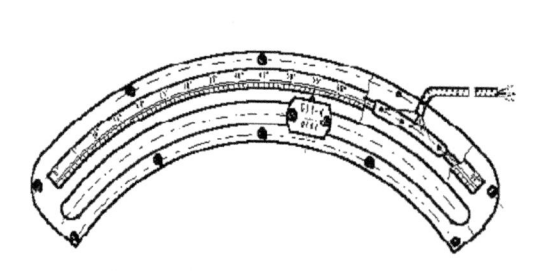

图 3.12　参考桨叶角传感器外形　　　图 3.13　桨叶角传感器的加装

桨叶角传感器在桨毂上的安装形式如图 3.13 所示。利用一个"Ω"形卡环，其两端安装在桨毂上的桨帽支撑盘固定支柱与桨毂间的连接螺栓上。桨叶角传感器的滑块组件通过固定在螺旋桨桨叶根部夹紧箍上的拨杆来带动。依靠这种特殊设计的桨叶角传感器可以达到测量桨叶角的目的。

3.4　测试受感部设计要求

航空发动机是典型的高温、高压、高转速的高负荷复杂流体机械系统，其内流温度、压力等气动参数是反映其性能和技术水平的重要参数。发动机内流气动参数的测量十分困难，主要难点在于：① 发动机内流复杂，气流温度高、压力高，受感部工作环境恶劣，在循环载荷及外部激励作用下，易于产生低频共振现象；② 发动机通道尺寸小，受感部易对内流产生干扰，受感部结构小型化设计与可靠性存在矛盾；③ 受感部要求有一定的寿命和极高的可靠性，因为受感部一旦发生断裂，碎片将会打坏发动机叶片，直接危及发动机及飞行安全。因此，受感部的气动、强度和可靠性问题是其设计过程中必须考虑的关键问题。

受感部是航空发动机等流体机械内流参数测量的主要测量装置，通常为支杆主体伸入流道、根部固定于试验件机匣的悬臂梁约束形式的长杆形结构，支杆通常为圆管或平椭圆形管，支杆前缘开有若干小孔并与插入的整流罩或不锈钢测压管焊接，典型的受感部结构如图 3.14 所示。

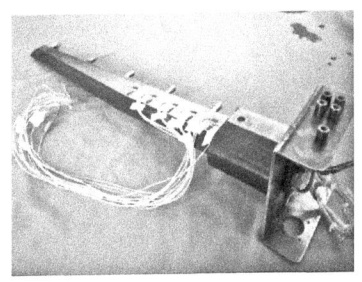

(a) 用于发动机进口流场测试的测量耙　　(b) 用于加力燃烧室温度测试的高温测头　　(c) 用于叶片动应力测试的应变片

图 3.14　测试受感部

以压力受感部为例，其设计的基本准则包括总压损失小、不敏感角度范围大、足够的强度和刚性、测点数量满足要求、对流道的堵塞影响尽可能小、自振频率远离发动机的常用特征频率等。

3.5　参数测试不确定度分析

3.5.1　不确定度的基本概念

测量参数的不确定性估计是发动机飞行试验最基本的环节之一。在试验方案设计阶段，需要进行基于参数的敏感性分析，比较各测试方案，并选取能够满足项目需求和资源限制的最合适的方案。试验结束后需使用不确定性分析理论对试验结果与预期结果进行符合性检验。

由于测量仪器、试验条件、环境等不同因素的限制，测量不可能完全精确，测量值与客观存在的"真实值"总会存在一定的差异，这种差异就是测量误差。测量误差是对测量结果的一种理想情况下的评价手段，其前提是已知真值，但由于测量误差是不可避免的，所以获取任何物理量的"真实值"都是不可能的。

飞行试验中所有的测量参数变量值均存在误差。首先需要明确"误差"(error)和"不确定度"(uncertainty)之间的区别。测量不确定度则是与测试结果直接相关的一种参数，表征的是测量值的分散程度。值得注意的是，该参数可以是标准偏差或者对应一定置信度水平的分布间隔。通常所说的"偏差"(bias)在物理意义上等同于系统偏差，表示由固定误差源引起的测量值与真实值之间的偏差。"精确度"表示的是对同一测量参数进行反复测量,其测量结果的重合度,物理意义上等同于随机误差。按照目前国内外通行的处理方法,误差可以分为系统误差(β_j)和随机误差(ε_j)两类,总误差(δ_j)是两者之和,三者之间的关系如图 3.15 所示。

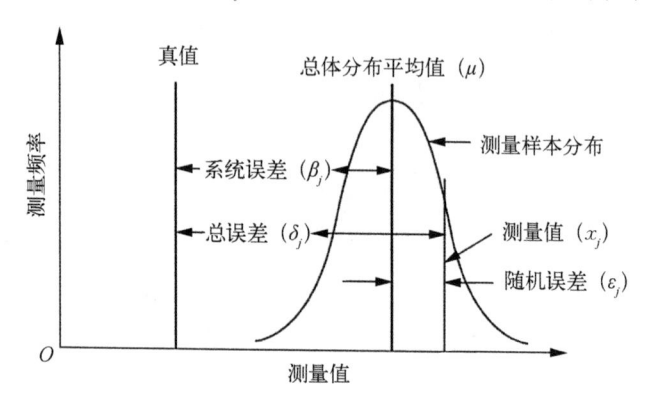

图 3.15 系统误差、随机误差以及总误差的关系示意图

为了解决这一问题,根据测量误差的不确定性,使用不确定度作为衡量误差(或者真值)可能范围的一种分析手段。不确定度用于表示由于存在测量误差而使被测量不能肯定的程度,它的大小表征测量结果的可信程度。按误差性质,不确定度可分为系统分量的不确定度和随机分量的不确定度;按估计方法,不确定度可分为用统计方法(A 类评定方法)估计和用其他方法(B 类评定方法)估计两类,如图 3.16 所示。

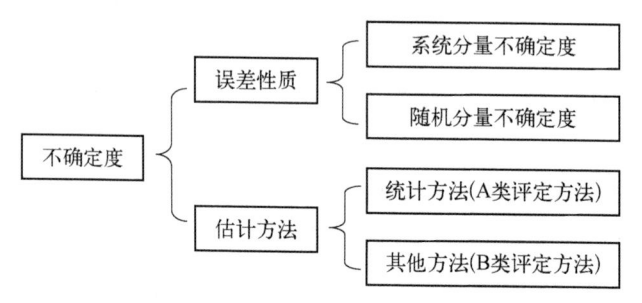

图 3.16 不确定度的分类

由于方差或标准差反映了测量结果(或测量误差)可能取值的分散程度,因此方差或标准差可作为测量不确定性的表征参数。在实际应用中则使用修正的样本标准差作为不确定度的表征参数。为能统一地评价测量结果的质量,1963 年原美国国家标准局(National Bureau of Standards, NBS)的数理统计专家埃森哈特首次提出了测量不确定度的概念。1979 年,NBS 进一步提出了不确定度的定量表示方法。1980 年国际计量局在征求了 32 个国家计量院以及 5 个国际组织的意见后,形成了推荐采用测量不确定度来评定测量结果的建议书,即 INC – 1(1980)。1993 年,7 个国际组织联合发布《测量不确定度表示指南》(*Guide to the Expression of Uncertainty in*

Measurement）。2011年，美国汽车工程师学会（Society of Automotive Engineers, SAE）发布了SAE-AIR-1678B《飞行推力确定中的不确定度分析》指南文件，该文件对不确定度分析提出了明确的解决思路。该方法是以飞行推力确定计算方法为基础，针对发动机推力确定地面校准试验、模型校准试验等各个环节，研究参数误差的分类和评估的方法。结合参数敏感性分析结果，确定关键测试参数、精度指标等，并对各环节的参数不确定度进行合成，实现整个发动机推力确定试验结果的不确定度评判。

如何降低试验不确定度水平（习惯称为"提高试验精度"），是航空发动机试飞的重要研究内容。按照国外对定量化试验的要求（如NASA-HDBK-8739.19-3《测量不确定度分析原则及方法》、SAE-AIR-1678B等），试验结果应当包含对不确定度的定量化指标，同时需按照要求对影响试验结果精度的要素进行控制。国内相关标准（如GJB 3756A—2015《测量不确定度的表示及评定》）对此也有类似的规定。若参与计算的输入参数较多，如何为每个输入参数制定合理的不确定度控制指标，如何有效地控制中间过程，确保每个输入参数不确定度符合指标要求，本书将从试验前不确定度预估和试验后不确定度分析两个方面进行阐述。

3.5.2 试验前不确定度预估

在进行发动机性能确定试验之前，必须针对确定方法展开参数敏感性分析。试验结果必须包含三个要素：① 试验结果计算值；② 计量单位；③ 不确定度。不确定度是衡量试验结果精确性和准确度的主要指标。参数敏感性分析有助于在试验之前确定出试验中涉及的关键参数，关键参数是指同一比例的参数不确定度会导致计算结果的不确定度大幅上升的参数。关键参数的确定有利于在试验前设计试验设备指标，在试验过程中高效组织实施。此外，关键参数的确定有助于将有限的资源集中到关键设备上，从而最大限度地利用效率。同时，可以使技术人员对试验过程有更深入的理解，从而改进试验方法及试验设备。大涵道比涡轮风扇发动机所产生的推力以及通过的空气流量比常规发动机大，因此改善性能试验的不确定度至关重要也是不可或缺的，这就需要试验人员在试验前必须对关键参数进行敏感性分析，之后才能合理地安排试验并进行试验数据的归纳与总结。衡量参数敏感性与否主要是判断其不确定度贡献量（即参数的影响系数）的大小。若某一个测量参数的计算式为

$$Y = f(\overline{X_1}, \overline{X_2}, \cdots, \overline{X_n}) \tag{3.1}$$

式中，参数Y为最终的计算结果；$\overline{X_1}, \overline{X_2}, \cdots, \overline{X_n}$为参与计算参数的平均测量值。

通常Y的不确定度是由各个参数的测量不确定度合成而得到的，计算结果的不确定度可以表示为

$$U_Y = \sqrt{(C_1 \cdot U_{X1})^2 + (C_2 \cdot U_{X2})^2 + \cdots + (C_n \cdot U_{Xn})^2} \tag{3.2}$$

式中，U_Y 为计算结果的不确定度；C_1，C_2，$\cdots$，C_n 为各个测量参数对计算结果不确定度的"贡献量"（或者为单个变量参数的影响系数）；U_{X1}，U_{X2}，$\cdots$，U_{Xn} 为单个参数的测量不确定度。单个参数的不确定度由固定偏差 B 以及随机标准偏差 S 组成：

$$U_{Xi} = \pm(B + t_\alpha S) \tag{3.3}$$

式中，t_α 为置信度；$i = 1, 2, \cdots, n$。

标准偏差估计值的计算公式为

$$S(X_i) = \sqrt{\frac{\sum_{i=1}^{n}(X_i - \overline{X}_i)^2}{n-1}} \tag{3.4}$$

式中，X_i 为参与计算的参数的测量值。置信度与随机误差的分布形式（如正态分布、t 分布、均匀分布等）以及样本自由度有关，通常情况下假设随机误差满足正态分布。

在已知具体函数形式的情况下，可通过对各参数进行偏微分确定出各个参数的影响系数。但是在大多数情况下计算量的函数形式不是显式的，此时要确定影响系数是比较困难的，可以借鉴数值微分的形式进行计算，即

$$C_i = \frac{\partial f}{\partial X_i} \approx \frac{\Delta f}{\Delta X_i} = \frac{f(X_i + \Delta X) - f(X_i)}{(X_i + \Delta X) - X_i} \tag{3.5}$$

式(3.5)的物理意义是：测量参数变化率所引起的计算结果变化率。通常情况下测量参数变化率取 1%。确定某测量参数影响系数时，假设其他参数不发生变化，而仅考虑所研究的测量参数发生变化时计算结果的相对变化率。影响系数大的测量参数，相对而言对计算结果不确定度的影响程度较大，参数精度要求较高，意味着在试验前和试验中需要设计较高的测量精度指标，对影响系数较小的测试参数的测试精度要求则相对较低。

衡量输入参数对计算结果不确定度的影响主要有两种指标：① 不确定度放大因子（uncertainty amplification factor，UMF）；② 不确定度贡献量百分比（uncertainty percentage contribution，UPC）。UMF 的定义式为

$$\mathrm{UMF} = \frac{X_i}{Y} \cdot \frac{\partial Y}{\partial X_i} \approx \frac{\Delta Y/Y}{\Delta X_i/X_i} \tag{3.6}$$

UPC 的定义式为

$$\mathrm{UPC} = \frac{\left(\dfrac{\partial Y}{\partial X_i} \cdot U_{Xi}\right)^2}{\sum_{i=1}^{n}\left(\dfrac{\partial Y}{\partial X_i} \cdot U_{Xi}\right)^2} \times 100\% \tag{3.7}$$

两者之间的差别在于 UPC 考虑了仪器不确定度带来的影响,而 UMF 主要考察的是计算结果对输入参数的敏感程度。可见,UMF 独立于具体的试验设备,仅与试验方法有关,因此确定 UMF 在试验进行之前是非常有意义的。UPC 代表了不同输入参数不确定度对计算结果总的不确定度贡献比率,通过比较不同输入参数的 UPC 可以从中辨别出关键参数,这在试验计划后期以及试验开展早期的作用是比较明显的。近似地,某个输入参数 UPC 为 50%,那么该参数对总的不确定度贡献量为 25%,该表述形式可以近似表达为

$$\frac{\Delta U}{U} \approx -\frac{1}{2} \cdot \text{UPC} \tag{3.8}$$

从式(3.8)可以看出,对于 UPC 值较大的参数,降低其测量不确定度能够明显改善计算结果的不确定度。而对于 UPC 值较小者,即使花费很大的精力去降低其测量不确定度,但对最终计算结果的不确定度改善程度不及 UPC 值较大者。

试验前的不确定度预估可以通过敏感性分析获得各输入参数的影响系数,按照绝对值的排序列出关键参数(影响系数最大的参数)。图 3.17 为某涡扇发动机推力计算各主要输入参数敏感性分析排序结果,利用参数敏感性分析方法,可以获得各环节校准试验结果的精度需求,进而对校准试验的各测量参数、测量环节、操作程序等提出保证精度的措施,从而保证最终试验计算结果的不确定度满足预定的要求。

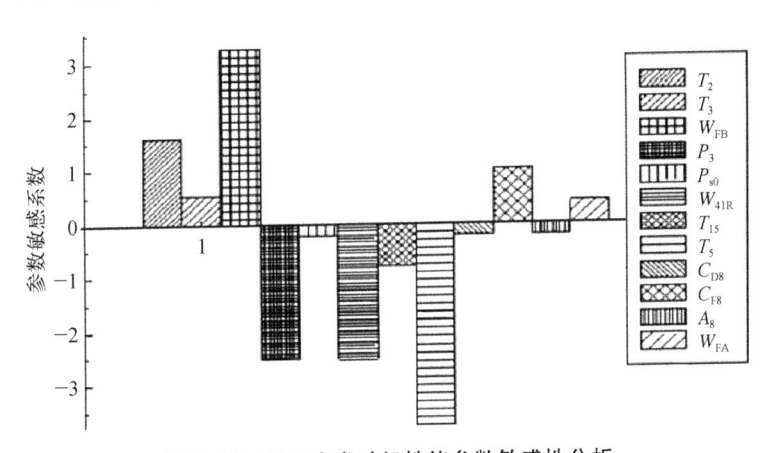

图 3.17 某涡扇发动机性能参数敏感性分析

T_2 -进口总温;T_3 -压气机后总温;W_{FB} -主燃烧室燃油流量;P_3 -压气机后总压;
P_{s0} -环境静压;W_{41R} -高压涡轮导向器流量函数;T_{15} -外涵出口总温;
T_5 -低压涡轮出口总温;C_{D8} -尾喷管流量系数;C_{F8} -尾喷管推力系数;
A_8 -尾喷管喉道几何面积;W_{FA} -加力燃烧室燃油流量

不同计算方案的输入参数可能相同,但是各参数对应的敏感性系数存在着差异。相同的测试参数如果试验中所能达到的精度指标一致,不同试验方案的计算结果的不

确定度会有差异。另外，不同试验方案的关键参数不尽相同，如果关键参数精度在试验中易于保证，该方案会在试验成本、测试设备维护性、试验结果的可靠性方面具备优势，工程人员也将倾向于选择这一类型的试验方案。反之，如果关键参数精度在试验中不易于保证，由于试验成本及设备维护难度的大幅增加，试验结果的可靠性也将降低。

在试验前对各试验方案借助经验数据进行参数敏感性分析，对试验结果不确定度进行估计，可以初步对试验复杂度、经济性、试验结果可靠性等做出评价。依据分析结果采取合理决策，可避免在试验方案选择上的盲目性。一旦不确定度估计值高于指标要求，则需要对试验方案进行调整，或者采取特殊手段来降低关键参数的不确定度，甚至可以不执行该试验。试验前的不确定度分析会涉及较多的经验数据和信息，包括之前的校准结果、在以前试验中所使用到的相类似的测试设备，甚至包括专家的建议等。执行较为复杂的试验时，通常有备选方案，包括不同的推力计算模型、不同的测试设备架构等。通过试验前的不确定度分析，可以帮助试飞工程师挑选最为合理的试验方法。通过多次的反复迭代，可以使得计算方案更加可信，不确定度合成过程更为合理，并大幅提高飞行试验结果的可靠程度。

3.5.3　试验后不确定度分析

试验后不确定度分析是对试验前的估计进行确认并找出潜在的问题。试验后数据与试验前的估计值的对比分析，是一种行之有效的数据有效性确认方式。对同一测量参数进行多次重复性测量，或者借助备份传感器进行测量，其试验结果的标准偏差与试验前的估计值之间不应当存在显著差异。备份传感器或者备份计算方法所获得的结果，其平均值应当处于试验前不确定度分析结果包含的范围以内。如果可以借助不同的方式得到同一参数值，那么各自的不确定度分析结果应当相互重叠。最终的试验不确定度分析报告的结果应当以试验后分析结果为准。

完整的发动机性能试验报告（包括地面试验以及飞行试验），需要对不确定度分析结果进行阐述，一般要求在提供名义测量值或计算值的同时提供不确定度分析结果。完整的不确定度分析需要包括随机不确定度项、系统不确定度项、不确定度范围以及特定试验条件下的各测量参数的影响系数。在此推荐两种不确定度报告表格：一种是针对基本测量参数的不确定度报告；另一种是测量不确定度的汇总合成表格。

基本测量参数不确定度来源表格记录了每个基本测量参数的基本的不确定度项。当对不同的测试条件或范围均评估完后，如果认为基本的不确定度项会发生变化，则有必要生成多个不同的报告表格。通常情况下，该报告表格存放于测试中心以便于随时进行查看。

计算结果的不确定度是衡量计算结果精确性和准确度的主要标志。计算结果的不确定度包含两个方面的影响因素：系统误差和随机误差。根据由传感器测量误差引起的系统误差和试验随机误差进行不确定度分析，最终给出试验结果的误差限。间接计算参数由式(3.9)表示：

$$Y = f(\overline{X_1}, \overline{X_2}, \cdots, \overline{X_n}) \tag{3.9}$$

假设 Y 的随机误差 S 满足 t 分布或者正态分布，Y 的随机误差 S_y 由式(3.10)合成：

$$S_y = \sqrt{\sum_{i=1}^{n}\left[\frac{\partial Y}{\partial X_i} \cdot S(\overline{X_i})\right]^2} \tag{3.10}$$

各个输入参数 X_i 的影响系数由以下公式计算：

$$\frac{\partial Y}{\partial \overline{X_i}} = \frac{\Delta Y}{\Delta \overline{X_i}} \tag{3.11}$$

公式中输入参数的变量幅度设定为 0.01%。各输入参数的算术平均值为

$$\overline{X_i} = \frac{1}{n}\sum_{i=1}^{n}X_i \tag{3.12}$$

若每个输入参数的 X_i 的样本容量为 n，则输入参数的单个采样点的试验标准偏差为

$$S(X_i) = \sqrt{\frac{\sum_{i=1}^{n}(X_i - \overline{X_i})^2}{n-1}} \tag{3.13}$$

即稳态数据段的测量参数的算术平均值所对应的试验标准偏差为

$$S(\overline{X_i}) = \frac{S(X_i)}{\sqrt{n}} \tag{3.14}$$

根据各输入参数测量传感器的精度，获得各自的系统不确定度 B_{Xi} 为

$$B_{Xi} = R \cdot C\% \tag{3.15}$$

式中，R 为变量 X_i 传感器的满量程；$C\%$ 为该传感器的测量精度，最终合成的系统不确定度为

$$B_Y = \sqrt{\sum_{i=1}^{m}\left(\frac{\partial Y}{\partial \overline{X_i}}B_{Xi}\right)^2} \tag{3.16}$$

将以上各输入参数的系统不确定度和随机不确定度按照平方和的形式进行合成，合成的误差极限 U_{Rss} 为

$$U_{\text{Rss}} = \sqrt{B_Y^2 + (t_{95}S_y)^2} \tag{3.17}$$

3.6 新型试飞测试技术的发展及应用

随着微电子技术、传感器技术、光电测量技术、计算机技术等的迅速发展,激光、光纤、红外、超声、射线、敏感涂料、薄膜传感技术等有了较大发展,同时以计算机为中心的分布式实时数据采集、处理与控制系统日趋完善。与之相适应,航空发动机测试技术也有了很大的提高。

从目前国内外测试技术的发展趋势来看,非接触式测量技术(包括非接触式传感技术、激光/光纤技术等)将成为发动机测试技术发展的主流方向。由于发动机冷端部件(如压气机)转速高、气流速度大、流路复杂,接触测量存在堵塞干扰影响及碰磨的风险,因此如叶尖间隙、转子叶片振动、轴心轨迹等参数的测量必须用非接触测量方式。鉴于激光技术不干扰流场,能测试二维和三维的流动情况,并有较高测量精度等优点,因此在国外如激光多普勒测速(laser Doppler anemometry, LDA)和粒子图像测速(particle image velocimetry, PIV)等已普遍用于压气机流场的测量。激光多普勒测振技术和非接触叶尖定时测振技术均用于高速旋转件振动测量,已越来越显示出其优越性。

在热端部件中,由于高温、高压和燃气的侵蚀,应用非接触式测量技术更突出其优越性。激光、光纤与红外辐射测温技术,以及薄膜测温技术和示温漆等在国外都获得广泛应用。目前,荧光温度计技术正在迅速发展之中。此外,如激光散斑干涉应变测量系统、压敏漆等也获得了应用。以下介绍几种新型发动机试验测试技术。

3.6.1 TDLAS 技术在发动机试验测试中的应用

传统的接触式(浸入式)质量流量探头会对流场流动造成影响,在高速流场中还会产生激波结构,同时长时间使用还会受到耐久性、可靠性限制。可调谐半导体激光吸收光谱(tunable diode laser absorption spectroscopy, TDLAS)已经被证明是一种可靠的、非接触式测试技术,适用于严酷环境,如高速、燃烧气流等,已在地面试验中得到了广泛应用,并在发动机的飞行试验中开始推广。

2013 年,美国弗吉尼亚理工大学测量了通用电气公司 J85 航空发动机出口处气体(H_2O)温度和浓度分布。测量时间响应为 50 kHz,测量空间分辨率为 36.8 mm×36.8 mm,垂直方向和水平方向分别布置 15 条光线,试验中被测区域被离散为 15×15 的网格区域,试验测量结果如图 3.18 所示。

NASA 在"航空基础研究计划"(fundamental aeronautics program, FAP)中将 TDLAS 燃烧诊断技术研究列入高超声速国际飞行研究试验(hypersonic international flight research and experimentation, HIFiRE)和涡轮基组合循环(turbine-based

图 3.18　J85 发动机出口温度场测量结果

combined cycle，TBCC)项目的研究内容。在 HIFiRE 计划中，HIFiRE-1 飞行试验搭载了一套利用工作波长为 760 nm 垂直腔面发射半导体激光器(vertical-cavity surface-emitting lasers，VCSEL)进行流量测量的系统。之后，为了实现 HIFiRE-2 飞行试验发动机燃烧室出口燃烧参数测量，又设计了一套利用工作波长为 1.4 μm 分布反馈式(distributed feedback，DFB)激光器的多线直接吸收光谱系统，如图 3.19 所示，目前该系统已成功应用在地面试验中。

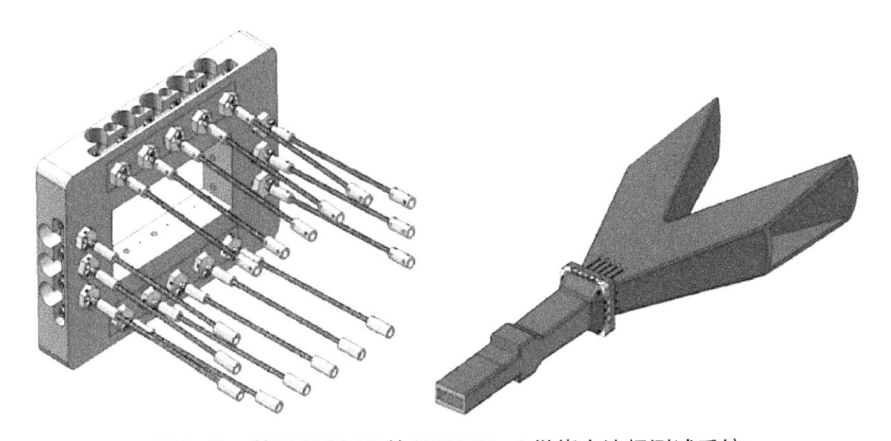

图 3.19　基于 TDLAS 的 HIFiRE-2 燃烧室流场测试系统

早在 1993 年，普惠公司在地面试验中，用 TDLAS 技术对 F100 发动机的进气密度和流量进行了测试。F-18/F-404-GE 采用 TDLAS 技术测量发动机进口空气流量，将该流量作为控制参数传递给发动机，用于发动机高精度控制。

TDLAS 技术在航空发动机试验测试中的潜在应用方向包括测量发动机进口气流温度及空间分布、测量进气道流动速度与发动机进口空气流量、测量压气机部件压力分布、测量核心机质量流量与 H_2O 等组分浓度、测量发动机排气温度与 H_2O 或 CO_2 等组分浓度等，如图 3.20 所示。

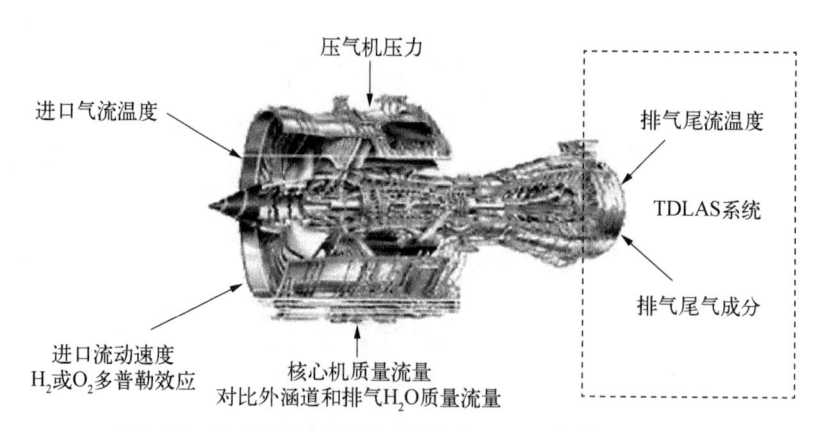

图 3.20　TDLAS 测量系统在航空发动机上的潜在应用领域

3.6.2　气路静电测量技术在发动机试验测试的应用

在不同工作状态下,发动机工作及燃烧过程产生的颗粒物是不同的,因此表现为不同的颗粒静电特征。气路典型的故障(叶片碰磨、导向叶片烧蚀掉块、燃烧室烧蚀)在其发生的最初阶段便会产生颗粒,气路颗粒静电监测技术能够在故障颗粒刚刚产生时监测到异常,因此能够提供气路早期故障预警。美国对气路静电监测技术开展了广泛研究,并在 F-35 飞机发动机中进行了应用。该技术基于静电感应的原理,利用静电传感器对气路静电荷整体水平进行监测,作为未来发动机预测与健康管理(prognostics and health management, PHM)的重要手段之一,达到气路部件早期故障监测和故障预警的目的。

20 世纪 70 年代,美国空军技术学院(Air Force Institute of Technology, AFIT)对气路故障进行试验时,发现发动机尾气附近的静电荷水平会升高,经过分析研究后认为,这个现象很可能是因为尾气中存在某些带电颗粒物引起静电荷水平升高。1975 年,Dunn 等[6]分别针对小型发动机进行尾气静电监测试验,成功监测到了部件碰磨和烧蚀引起的静电信号变化,研究结果显示尾气中静电信号变化与发动机性能正常退化趋势非常接近。1991 年,Cartwright 和 Fisher[7]针对一台 20 MW 船用燃气涡轮机开展气路静电监测实验,并首次提出了进气道颗粒监测系统(inlet debris monitoring system, IDMS)和尾气颗粒监测系统(exhaust debris monitoring system, EDMS)的概念,这标志着静电监测技术正在逐渐向发动机工程运用上转化。随后,Powrie 和 McNicholas[8]利用一台带加力燃烧室的涡喷发动机验证了 EDMS 系统,并利用活动率水平和事件率两个静电特征参数成功监测到了涡轮叶片碰磨和燃烧系统故障。Fisher[9]认为气路静电监测技术是面向 21 世纪的发动机故障预测与健康管理的重要工具之一,并分析了 EDMS 与发动机健康管理系统中其他监测技术之间的数据融合问题。2006 年,Novis 和 Powrie[10]披露了气路静电监测技术在第五代战斗机 F-35

上的应用,这是首次公开报道的静电监测技术由理论向实际运用转化的案例。随后,Powrie 和 Fisher[11]介绍了气路静电监测技术在 F-35 上的实施和集成。

F135 航空发动机采用的气路静电监测技术正是面向未来发动机 PHM 的有力工具之一,包括位于发动机进气道的 IDMS 系统和位于尾喷管的 EDMS 系统,分别用于监测外来物和尾气中的带电颗粒,如图 3.21 所示。

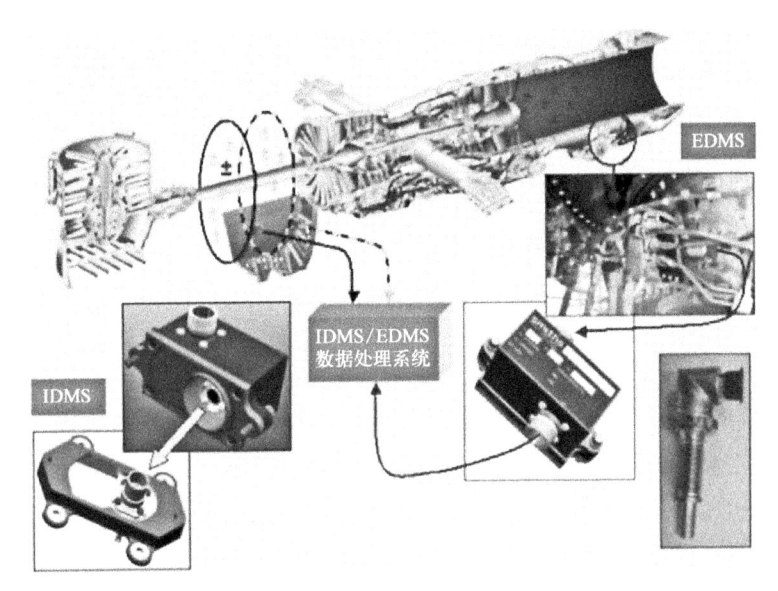

图 3.21　F135 航空发动机上使用的气路静电监测技术

3.6.3　红外辐射测温技术在发动机试验测试中的应用

航空发动机热端部件的工作环境极为恶劣,受到高速旋转、高温高压和燃气腐蚀的综合作用,在其表面布置温度传感器十分困难,因此非接触式的红外辐射测温方法成为最佳的测量手段。红外辐射测温技术在发动机上主要应用于发动机涡轮转子叶片和涡轮导向器叶片温度测量。

红外辐射测温方法基于普朗克辐射定律,通过测量叶片上目标点的热辐射来确定叶片表面温度。该方法不需要在被测表面上布置传感器,因而不会对叶片结构和气动外形造成破坏,也不会由于干扰目标温度场而产生误差,且响应时间极短,非常适合高速旋转件的温度测量,与常规的接触式温度测量方法相比具有多方面的优势。根据感受波长的数量,红外辐射测温技术可分为单色、双色及多色辐射测温。

三转子加力涡扇发动机 RB199 上就应用了辐射式涡轮叶片温度测量系统。该系统由两个单色高温计组成,监测发动机唯一的中间级涡轮,与一个排气温度热电偶一起为发动机控制系统提供反馈信号,调节进入燃烧室的燃油流量,并在座舱内直接向飞行员显示涡轮叶片表面温度和排气温度,为其判断发动机工作状态提供了重要依据。图 3.22 为 RB199 发动机上应用的光学高温计[12]。

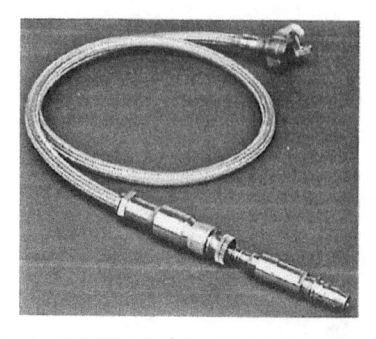

图 3.22　RB199 发动机上应用的光学高温计 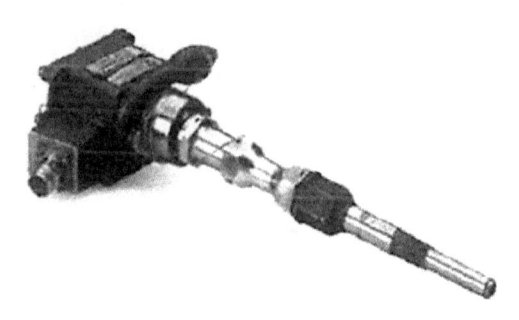　　图 3.23　F101 等发动机应用的光学探头

美国通用电气公司非常重视热端部件表面温度测量,研制了光学高温计系统,其探头如图 3.23 所示,先后应用在 F101、F110 和 F118 发动机上,证明了该技术具有非常高的可靠性。

欧洲在联合研制"台风"战斗机及其发动机 EJ200 时,由罗·罗公司主导的发动机研制团队也在该发动机上应用了红外辐射测温技术,如图 3.24 所示,有效提高了发动机的效率,为部件结构完整性设计提供了依据。

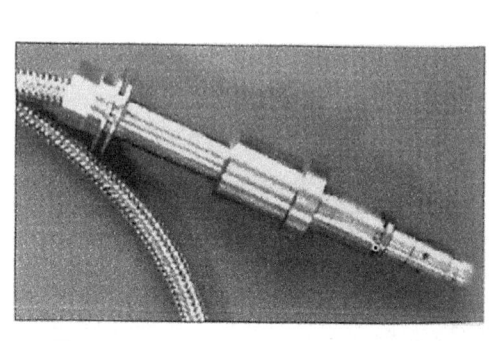

图 3.24　EJ200 发动机涡轮叶片高温计 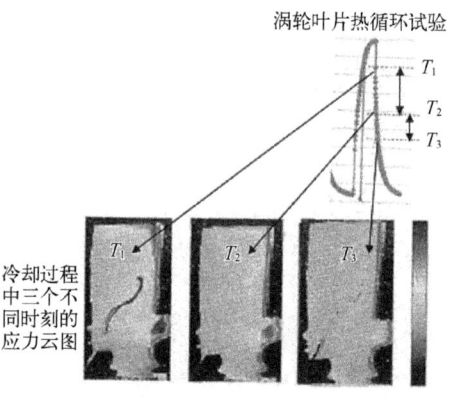　　图 3.25　涡轮叶片冷却过程中三个不同时刻的温度分布

美国通用电气公司传感器部门在 2013 年研发了一种多色高温成像系统,并进行了验证试验,将叶片置于燃烧室出口,同时用多色高温计和热电偶进行测量,结果具有较好的一致性,表明多色高温计比单色高温计具有更多优点,如不需要对被测物体发射率做出严格假设、对由光强度改变和光学探头污染带来的误差具有较高的相容性等。发动机试车时在 $1.2 \sim 1.6\ \mu m$ 波段范围内成功进行了测量试验,温度成像清晰,获得了多种发动机状态的涡轮温度图谱。图 3.25 为涡轮叶片冷却

过程中三个不同时刻的温度分布图[13]。

红外辐射测温的测量范围、精度、稳定性等大幅扩展,测量系统逐渐智能化、网络化,并开始面向先进复合材料进行温度测量。

参考文献

[1] 赵述元,张群岩.航空武器装备飞行试验指南第四卷第五册[S].西安:中国飞行试验研究院,2009.

[2] 吴行章.航空发动机测试技术现状与发展对策建议[J].测控技术,1994(3):6-9.

[3] 郭昕,蒲秋洪,宋应星,等.航空发动机试验与测试技术的发展[C].北京:第五届动力年会,2003.

[4] 王海泉.航空发动机测试技术基础研究[J].航空测试技术,1983(2):1-8,14.

[5] 孔庆珊.测试技术在航空发动机整机试验中的应用现状和发展趋势[J].山东工业技术,2016(3):215.

[6] Dunn R W, Wright A M, Hudson M K. Charged paticle detection in rocket plumes for health monitoring[R]. AIAA-98-3993, 1998.

[7] Cartwright R A, Fisher C. Marine gas turbine condition monitoring by gas path electrostatic detection techniques[C]. Orlando: Gas Turbine and Aeroengine Congress and Exposition, 1991.

[8] Powrie H E, McNicholas G K. Gas path condition monitoring during accelerated mission testing of a demonstrator engine[C]. Seattle: 33rd AIAA/ASME/SAE/ASEE Joint propulsion Conference and Exhibit, 1997.

[9] Fisher C E. Gas path debris monitoring a 21st century PHM tool[C]. Montana: IEEE Aerospace Conference Proceedings, 2000.

[10] Novis A, Powrie H E G. PHM sensor implementation in the real world-a status report[C]. Montana: IEEE Aerospace Conference Proceedings, 2006.

[11] Powrie H E G, Fisher C E. Monitoring of foreign objects into the intake of a gas turbine aeroengine[C]. Montana: IEEE Aerospace Conference Proceedings, 1999.

[12] Clive K, Paul I. Optical pyrometry for gas turbine aeroengines[J]. Sensor Review, 2004, 24(4): 378-386.

[13] Jordi E, Nilesh T, Vivek B. Multi-color pyrometry techniques for gas turbine engine applications[C]. Nevada: ASME Fluids Engineering Division Summer Meeting, 2013.

第4章 航空发动机性能试飞

发动机性能指标通常以推力或者轴功率输出、耗油率表示,涡桨发动机的性能指标通常还包括螺旋桨拉力。评估航空发动机性能指标是否满足设计要求,是发动机飞行试验最为重要的目的之一。发动机性能对飞机/直升机的性能和机动特性有至关重要的影响。

航空发动机性能试飞的目的(对涡喷、涡扇发动机而言,其余类型发动机类似):① 获得发动机在不同高度-速度、不同发动机状态、不同负载(包括引气、电及液压功率提取值)时的发动机标准净推力,确定发动机在飞行中所达到的性能指标是否符合战术技术和设计指标的规定,为发动机的设计定型/鉴定、选型等提供依据;② 校准发动机性能计算模型,获得在全包线内满足精度要求的稳态性能预测模型,调整发动机推力管理表单,为发动机虚拟化试飞、仿真试验等提供参考;③ 获得不同高度-速度、不同构形下动力装置的安装推力,为确定飞机升/阻特性曲线、开展风洞-飞行试验相关性研究提供依据;④ 为其他试飞项目(如过渡态推力确定、飞/推一体化性能寻优等)提供技术支持。

本章介绍航空发动机性能试飞的方法、要求及试飞内容。一般情况下,发动机性能不能通过测量直接获得,需要根据有关测量参数计算得到,因而计算方法非常重要。在发动机性能试飞前必须先确定计算方法,据此才能确定测量参数并加装测试系统,因而本章对性能确定方法也做了较为详细的阐述。

4.1 发动机推力确定

发动机推力可分为以下三类:
(1) 尾喷管出口总推力(gross thrust)F_g;
(2) 标准净推力(standard net thrust)F_N;
(3) 安装推力(installed thrust)。

其中,尾喷管出口总推力是发动机本体所产生的总推力。尾喷管出口总推力减去冲压阻力即标准净推力。标准净推力减去安装阻力即安装推力。安装阻力是指动力装置及短舱部件产生的外部阻力。以大涵道比涡扇发动机为例,安装推力包括标准净推力 F_N 和安装阻力(installed drag);其中,标准净推力中考虑了冲压阻力、进气道总压损失、飞机引气和功率提取、喷口和吊挂表面的流管冲刷阻力。安装阻力主要包括溢流阻力、核心喷管及中心锥阻力、吊挂阻力和核心舱通风阻力。图 4.1 为典型的大涵道分开排气涡扇发动机流路示意图。

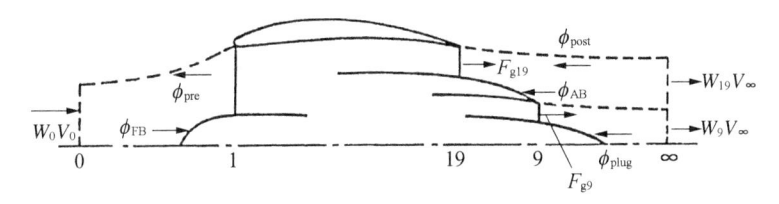

图 4.1 典型的大涵道比分开排气发动机流路示意图

图 4.1 中,F_{g19} 表示外涵道(风扇涵道)尾喷管出口总推力,F_{g9} 为内涵道(核心机涵道)尾喷管出口总推力,W_0V_0 为发动机进口冲压阻力。

发动机性能特性试飞中确定的飞行推力是什么推力?答案是标准净推力,对于单喷管发动机,标准净推力的表达式为

$$F_N = W_9V_9 + (P_{s9} - P_{s0})A_9 - W_0V_0 \qquad (4.1)$$

而尾喷管出口总推力的表达式为

$$F_{g9} = W_9V_9 + (P_{s9} - P_{s0})A_9 \qquad (4.2)$$

可见,确定发动机飞行推力的问题实质转化为确定发动机尾喷管出口总推力 F_{g9} 以及发动机入口空气流量 W_0。

4.1.1 总体性能法

总体性能法由一套无因次曲线、表格或将推力与可测量的发动机参数相关联的计算程序组成,该方法基于一台或多台发动机试验曲线得到。对于给定的进气道和尾喷管工作状态,通过发动机的主要控制参数来表示发动机的总性能,在给定的飞行条件下,已知发动机性能曲线与某一可测量的工作参数相对应,发动机性能可以根据该测量参数直接计算得到。例如,发动机转速是一个能精确测量的可用参数,通过发动机转速的测量值可以直接得到与之对应的发动机性能参数。总体性能法是一种利用发动机自带测量工作参数的试验方法,不需要在发动机流道中加装额外的测量设备。该方法已在 X-29/F404 发动机、ARJ21-700 飞机/CF34-10A 发动机、EF2000 飞机/EJ200 发动机等上应用,并取得了不错的效果。

总体性能法的实质是利用试验数据建立发动机性能参数与某个(或某些)可测(或可算)参数的对应关系。例如,利用地面台架试验数据可以得到涡轮喷气发

动机喷管在临界或超临界情况下总推力与换算转速的对应关系式：

$$f\left(\frac{N}{\sqrt{\theta_{t2}}}\right) = \frac{P_{t7}}{P_{t2}} = \frac{1}{2}\left(\frac{\gamma+1}{2}\right)^{\frac{1}{\gamma-1}}\left(1 + \frac{1}{C_g}\frac{F_{g,act}}{A_8 P_{s0}}\right)\frac{P_{s0}}{P_{t2}} \qquad (4.3)$$

同样，发动机换算推力、进口换算空气流量、风扇进口导叶角度等参数也可以表示成某些可测参数的函数关系式。利用地面台架试验和高空台模拟试验计算分析得到充足的发动机性能曲线或表格数据之后，根据推力评估试验数据可以很方便地计算得到发动机性能，计算过程中不需要利用任何发动机流道参数，使飞行试验方案得到极大的简化。

图 4.2 为某型单轴尾喷口不可调涡轮喷气发动机总体性能法流程图。实际推力评估试验过程中需要测量的参数包括以下几个：

（1）发动机进口总温（T_{t2}）；
（2）发动机进口总压（P_{t2}）；
（3）转速（N_1）；

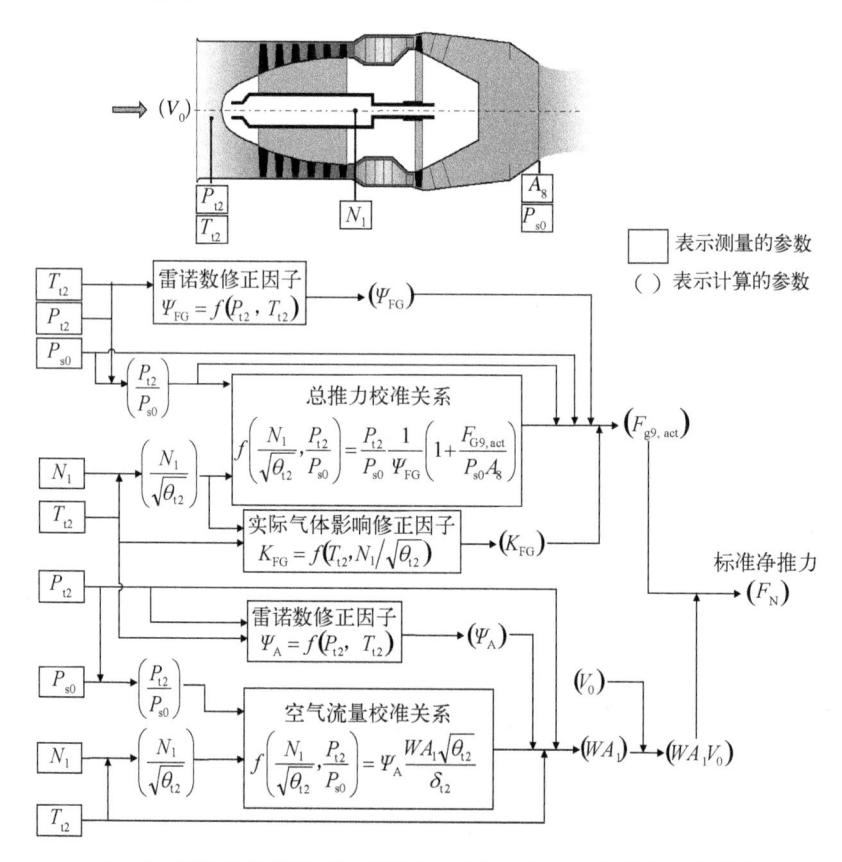

图 4.2 某型单轴尾喷口不可调涡轮喷气发动机总体性能法流程图

(4) 尾喷管出口面积（A_8）；

(5) 外界环境静压（P_{s0}）。

根据少量的测量参数便可计算得到发动机标准净推力 F_N，计算过程中用到的修正因子和校准关系式都必须事先通过地面台架或高空台性能试验得到。若仅开展地面状态下的推力评估试验，流程图中的雷诺数修正因子不需要考虑。

对于双轴涡扇发动机，推力评估试验过程中需提前获取的特性包括以下方面：

(1) 换算推力随换算转速的关系；

(2) 换算流量随换算转速的关系；

(3) 可调导叶角度随换算转速的关系。

对于双轴涡扇发动机，推力评估试验过程中需要测量的参数和几何面积包括以下方面：

(1) 发动机进口总温（T_{t2}）；

(2) 发动机进口总压（P_{t2}）；

(3) 低压转子转速（N_L）；

(4) 高压转子转速（N_H）；

(5) 尾喷管出口面积（A_8）；

(6) 混合室进口外涵几何面积（A_{16}）；

(7) 混合室进口内涵几何面积（A_6）；

(8) 混合室进口外涵总压（P_{t16}）；

(9) 混合室进口内涵总压（P_{t6}）；

(10) 外界环境静压（P_{s0}）。

虽然总体性能法具有测试参数少、飞行试验方案简单的优点，但该方法也有一定的使用缺点。首先，利用总体性能法得到发动机推力并不能代表当前试验发动机的性能，因为计算过程中用到的发动机性能曲线或数据表单有可能是利用多批次发动机高空台模拟试验数据分析得到的，或是利用同类型发动机单次试验数据得到的。由于发动机个体之间存在性能差异，利用总体性能法得到的发动机飞行推力精度相对不高。其次，需要进行大量的高空台模拟试验才能得到发动机性能关系曲线，这些工作不仅增加了型号研制成本，而且减缓了型号研制进度，该因素可能导致型号研制不能顺利按照任务节点完成。

4.1.2 燃气发生器法

燃气发生器法[1]是 20 世纪 60 年代由美国通用电气公司首先提出和发展的，其基本思想是借助部件试验、地面台架试验以及高空台试验等获得相关的校准曲线，建立测量参数与性能值之间的关联关系式，飞行试验中结合发动机部分截面的气动参数，再结合事先获取的校准曲线就可以得到标准净推力值。燃气发生器法是目前国外应用最为广泛且精度较高的一种推力确定方法,其有较多的推广和变化形式,如流量/温度法和压力/面积法、质量动量法都属于燃气发生器法。该方法与总体性能法相比具有明显的优点,虽然需要测量大量的试验参数,但是其计算得到的发动机推力结果代表试验发动机的真实性能,特别是在进行飞机升-阻极曲线确定科目飞行试验过程中,必须利用当前试验发动机真实推力才能计算出飞机的真实阻力。这是飞机升-阻极曲线飞行试验科目必须要求采用燃气流路/喷管系数法进行发动机推力确定的原因。该方法在国外已经成功应用于 XB – 70 飞机/YJ93 发动机、F111A 飞机/TF30 发动机、C – 5A 飞机/TF39 发动机、F/A – 18/F414 发动机、波音 717 飞机/BR700 – 715 发动机、波音 777 飞机/GE/PW/RR 等。

通常情况下燃气发生器法有两种计算形式:"WT"和"AP"。两种计算形式从本质上讲没有区别,在不涉及不确定分析时,两种方法的计算结果是相同的,当涉及不确定分析时,两种方法对输入参数的精度要求是不同的,同时,在相同输入参数不确定度下,最终的不确定度分析结果也会不同。下面给出了一个利用燃气发生器法进行发动机推力确定的实例。图 4.3 为某涡扇发动机标准净推力计算流程图,需要测量的参数包括外界环境静压(P_{s0})、风扇后总温和总压(T_{t13}、P_{t13})、低压涡轮出口总温和总压(T_{t50}、P_{t50})、燃油流量(W_f)、发动机引气流量(W_b)、外涵喷管出口面积(A_{19})、内涵出口面积(A_9)。该流程图给出了"WT"形式的推力确定流程。

标准净推力详细计算过程如下。

1) 确定内/外涵喷管进口总压

由于测量耙耙体对测量结果的影响,按照面积加权平均的方法利用各点总压测量值计算得到截面平均总压与该截面的真实总压平均值存在一定偏差。为了消除总压偏差量对最终推力计算结果的影响。计算程序中分别引入外涵压力修正系数(factor of pressure correction, FPC)来对总压测量结果进行修正。

$$P_{t17} = \text{FPC} \cdot P_{t13} \qquad (4.4)$$

或者引入内涵压力修正系数(core pressure coefficient, CPC)来对总压测量结果进行修正。

$$P_{t7} = \text{CPC} \cdot P_{t50} \qquad (4.5)$$

2) 计算内/外涵喷管理想质量流量

利用测量得到的环境静压 P_{s0} 和内/外涵喷管进口总压分别确定出内/外涵喷管落压比,结合测量得到的内/外涵喷管进口总温和出口面积分别计算得到内/外涵理想喷管质量流量 $W_{9,\text{id}}$ 和 $W_{19,\text{id}}$。

3) 计算内/外涵喷管实际质量流量

利用飞行马赫数 Ma_i 和外涵喷管落压比 P_{t17}/P_{s0} 在外涵喷管流量系数特性曲线

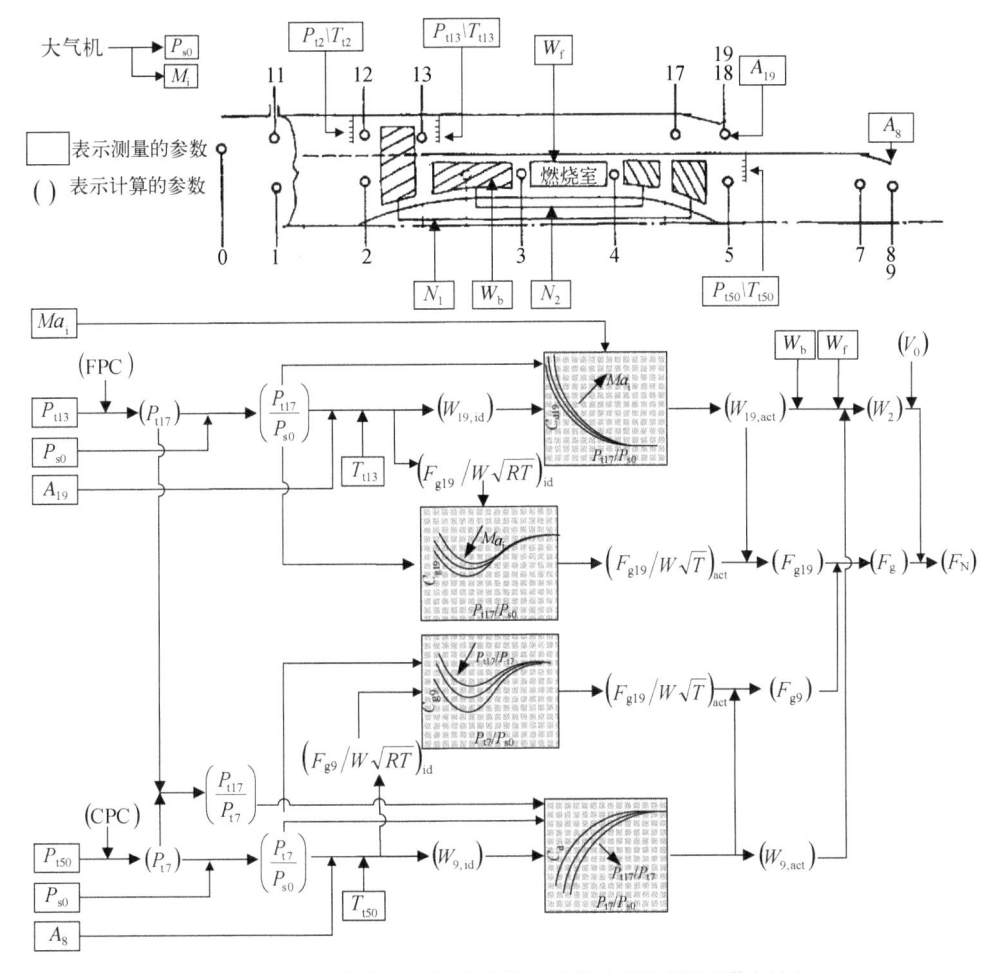

图 4.3 某涡扇发动机标准净推力计算流程图("WT"方法)

图上插值计算得到对应的流量系数 C_{d19},按照式(4.6)计算得到外涵实际空气流量为

$$W_{19,\text{act}} = C_{d19} \cdot W_{19,\text{id}} \tag{4.6}$$

根据上面计算值得到外涵喷管进口与内涵喷管进口总压的比值 P_{t17}/P_{t7},结合内涵喷管落压比 P_{t7}/P_{s0} 在内涵喷管流量系数特性曲线图上插值计算得到对应的流量系数 C_{d9},按照式(4.7)计算得到内涵实际燃气流量为

$$W_{9,\text{act}} = C_{d9} \cdot W_{9,\text{id}} \tag{4.7}$$

4)计算冲压阻力

发动机入口空气流量 W_2 为

$$W_2 = W_{9,\text{act}} + W_{19,\text{act}} + W_b - W_f \tag{4.8}$$

利用测量的气压高度 H_p、环境大气总温 T_0 结合飞行马赫数,计算出对应的真空速 V_0,则冲压阻力 F_0 为

$$F_0 = W_2 V_0 \tag{4.9}$$

5) 计算内/外涵喷管理想推力

利用测量得到的环境静压 P_s0 和内/外涵喷管进口总压分别计算出内/外涵喷管落压比,结合测量得到的内/外涵喷管进口总温和出口面积,并利用公式分别计算得到内/外涵理想喷管无因次推力 $F_\text{g9, non, id}$ 和 $F_\text{g19, non, id}$。

6) 计算内/外涵喷管实际推力

利用飞行马赫数 Ma_i 和外涵喷管落压比 P_t17/P_s0 在外涵喷管推力系数特性曲线图上插值计算得到对应的推力系数 C_g19,按照式(4-10)计算得到外涵实际无因次推力为

$$F_\text{g19, non, act} = C_\text{g19} \cdot F_\text{g19, non, id} \tag{4.10}$$

将外涵进口总温 T_t17 和外涵空气流量 $W_\text{19, act}$ 代入无因次推力公式计算出实际外涵喷管产生的总推力 F_g19 为

$$F_\text{g19} = F_\text{g19, non, act} W_\text{19, act} \sqrt{RT_\text{t17}} \tag{4.11}$$

利用 P_t17/P_t7 和内涵喷管落压比 P_t7/P_s0 在内涵喷管推力系数特性曲线图上插值计算得到对应的推力系数 C_g9,按式(4.12)计算得到内涵实际无因次推力为

$$F_\text{g9, non, act} = C_\text{g9} \times F_\text{g9, non, id} \tag{4.12}$$

将内涵进口总温 T_t7 和外涵空气流量 $W_\text{9, act}$ 代入无因次推力公式计算出实际内涵喷管产生的总推力 F_g9 为

$$F_\text{g9} = F_\text{g9, non, act} W_\text{9, act} \sqrt{RT_\text{t7}} \tag{4.13}$$

7) 计算标准净推力 F_N

$$F_\text{N} = F_\text{g9} + F_\text{g19} - F_0 \tag{4.14}$$

4.1.3 简化总推力法

简化总推力法是 20 世纪 70 年代加拿大计算设备公司提出的一种测量参数少、计算简单、精度高的飞行推力确定方法。该方法是通过测量加力燃烧室进、出口静压来获取总压,进而获取发动机总推力,使带加力燃烧室的发动机的推力确定方法得以简化,可在满足计算精度的情况下,实现发动机推力的实时计算。简化总推力法作为一种测量参数少、精度高的推力确定方法,特别适用于带加力燃烧室的发动机的推力确定,是目前国外大力开展研究的飞行推力确定方法之一。此方法最早应用于 J85-CAN-15 发动机,之后应用 F111A 飞机/TF30 发动机、F15 飞机/F100 发动机、KC-135 飞机/J57 发动机等。

简化总推力法是以一维流理论为基础,在混合室、加力燃烧室和尾喷管计算中引入修正因子 K_1、K_2、K_3 来考虑三维流动、摩擦效应、截面积变化、热阻等影响,建立尾喷管出口总推力与直接测量参数的联系。在使用该计算方法之前,必须先开展地面和高空台试验,获取修正因子。在飞行中只需要测量混合室进口平均总压、加力燃烧室火焰稳定器后静压、尾喷管进口截面积、加力燃烧室出口静压和外界大气静压,再结合修正因子就可以确定发动机总推力。

4.1.4 安装节推力测量法

安装节推力测量法[2]是采用在发动机安装节的连接销上加装应变片,通过应变装置的地面校准试验和全机联合校准试验等,将发动机提供的轴向力从发动机安装节处受力分离出来,其受力示意图如图 4.4 所示,这个"力"代表作用在发动机进口截面与出口截面气动力之差。图 4.5 为安装节推力测量法的受力示意图,为了确定发动机标准净推力,需要测量进气道附加阻力和喷管外部阻力。

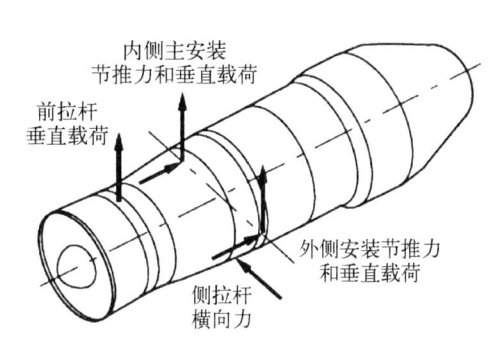

图 4.4 发动机安装节受力示意图

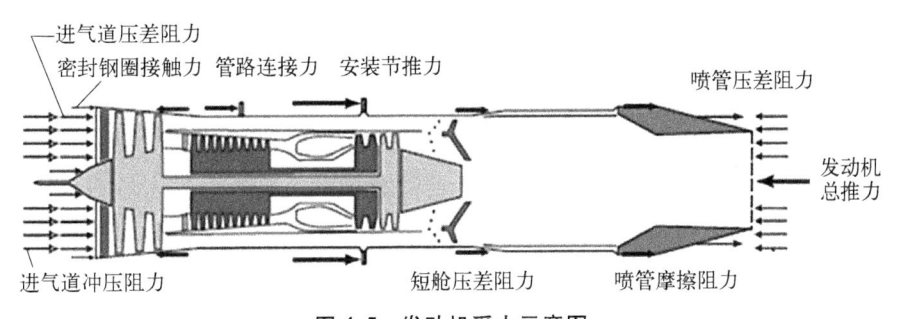

图 4.5 发动机受力示意图

安装节推力测量法具有应用方便、改装成本低等优点,具体如下:
(1)应变片传感器的布置、生产、安装和校准的成本低;
(2)安装节推力测量法不需要计算模型,实时性好,适合于飞行安全监控;
(3)由于应变片具有较高的动态响应能力,直接法更加适合动态推力测量。

经过应变计改装后的推力销实质上成为一个推力测量传感器。要进行推力测量,就需要事先在地面获取这个"传感器"的输入(推力)和输出(电压)之间的关系,即推力校准方程,然后在飞行试验中根据输出电压,反算出推力。因此,地面校准试验决定了整个测试的成功与否。完整的校准过程分四步,具体见表 4.1。

表 4.1 安装节推力测量法的校准试验步骤

步骤	试验描述	主 要 目 标	关 键 点
1	试验台校准	获取应变-载荷校准方程	施加剪切载荷,推力销装入主安装节
2	温度箱热载荷试验	获取应变片温度修正方程	贴片后的推力销在温度箱内进行温度修正试验
3	装机状态载荷校准	对应变-载荷校准方程进行修正	将模拟发动机装入飞机,对经试验台校准过的推力销再进行机上校准
4	机上综合系统测试	确认整个系统的状态,将推力计算模型与测量值联系起来	飞机固定在全机推力台上

20 世纪 70~80 年代,此方法在 F106 飞机/J88 发动机、F14 飞机/TF30 发动机、F-15 ACTIVE/F100 发动机上得到过应用。例如,F-15 ACTIVE 项目中,历时 8 个月的飞行试验,共计完成 13 个任务单,马赫数最大至 2.0,飞行高度从海平面到 45 000 ft,获得了整个飞行包线内准稳态条件下的结果,包括中间状态和全加力状态,采用安装节推力测量法与试飞后利用空气动力学模型计算的结果相比,中间状态平均误差为 4.2%,全加力状态平均误差为 3.8%。当与喷管控制器内的机载总推力模型相比时,军用状态平均误差为 2.2%,中间状态误差为 1.2%。

4.1.5 摆动耙法

摆动耙法属于一种外部测量法,也是国外应用较早的一种推力测量方法。由标准净推力的计算公式可知,最为直接的推力确定方法是直接测量尾喷管出口截面上燃气的气动热力学参数,即使用测量耙快速地扫过喷管出口流场,测量总温、总压、静压,摆动时间较快以减少暴露在恶劣环境的时间,但是摆动速度又不能太快,至少需要足够的时间获取燃气参数。该方法可以克服其他方法测量截面参数不均匀性的缺点;所需地面校准试验较少;但安装复杂,测头容易烧蚀,在飞行试验中无法广泛应用。国内曾使用摆动耙法测取了 WP6、WP7 发动机的飞行推力,使用水冷耙在轰-6 飞行台上测取了 WP13AⅡ发动机的飞行推力,取得了许多成果和经验。

4.2 进口空气流量确定方法

目前,进口空气流量的确定方法主要有进气道直接测量法、风扇特性法、高压涡轮导向器法、尾喷管喉道流量特性法等。

4.2.1 进气道直接测量法

进气道直接测量法是指通过直接测量进气道出口(风扇进口截面)的气流总

温 T_{t2}、总压 P_{t2} 以及静压 P_{s2}，结合进气道出口面积 A_2 利用以下关系式直接计算得到发动机进口空气流量 W_0：

$$W_0 = K \frac{P_{t2} q(\lambda_2)}{\sqrt{T_{t2}}} A_2 \tag{4.15}$$

式(4.15)中，风扇进口面积 A_2 为该截面的有效流通面积，是指扣除边界层位移厚度后的实际流通面积。边界层位移厚度的确定可通过获得边界层内的速度分布情况，利用该速度分布趋势可以获得边界层厚度等信息，并间接得到边界层的位移厚度。

4.2.2 风扇特性法

通过测量风扇进出口截面的总压从而获得风扇压比，由风扇物理转速和进口总温可以计算得到风扇的换算转速，由风扇特性图可以直接获得此时对应的风扇入口换算空气流量 W_{0cor}，结合风扇进口总温、总压可以得到实际的物理空气流量 W_0。受级间干扰、叶尖泄漏流等影响，装机后的部件特性会发生变化，需要对风扇特性图进行修正。此外，气流雷诺数也会影响到部件的特性。

与风扇级相类似，通过测量高压压气机进出口总压及其换算转速，可以间接得到通过高压压气机的空气流量 W_{25}，与能量守恒方法相结合可以间接获得通过风扇进口总的空气流量 W_0。

4.2.3 高压涡轮导向器法

对于尺寸较大的发动机，若采用进气道中安装测量耙直接测量空气流量的方法，需要制作大尺寸测量耙，而且要进行附面层修正，受飞行状态影响较大，无法保证足够的精度。众所周知，航空发动机高压涡轮第一级导向器喉道在较广的功率范围内都处于临界工作状态，即通过此截面的无量纲流量在一定的发动机工作范围内为定值，而该无量纲流量代表了整个涡轮的流通能力，可以看作第一级涡轮导向器的气动喉道面积，而燃烧室总压恢复系数在设计点附近变化很小，若在地面试验中确定出气动喉道与燃烧室总压恢复系数的组合参数随发动机工作状态变化的校准曲线，就可以在飞行试验中利用能量守恒、流量守恒方程，确定出发动机内外涵的流量，这样就提供了一种受飞行状态影响较小的发动机流量确定方法。美国通用电气公司的 CF34－10A 发动机在性能试飞中就使用类似的计算方法来确定发动机进口空气流量。

在应用高压涡轮导向器喉道流量函数法确定流量时，必须已知高压涡轮导向器喉道的无量纲相似参数。此无量纲相似参数虽然可以看作高压涡轮导向器临界截面的气动截面，但无法通过试验直接测量得到，必须结合地面校准试验结果，根据能量守恒和流量守恒间接得到高压涡轮导向器喉道流量函数,下面就以某大涵道比分排涡扇发动机为例,详细描述对于特定发动机是如何得到高压涡轮导向器临界截面的相似参数的。试验中直接或间接测量的参数包括发动机进口空气流量 W_{a2}、进口气流总温 T_2、燃烧室燃油流量 W_{fb}、燃油低热值(fuel heating value, FHV)、高压压气机出口总压 P_3、高压压气机出口总温 T_3、内涵道低压涡轮出口总温 T_5 以及外涵道进口总温 T_{13}。

如图 4.3 所示,取发动机进口截面与内外涵道出口截面之间的区域为控制体,假设飞机引气和漏气量为零,不考虑控制体与外部之间的热传递,在发动机进口及内外涵道出口间建立其能量守恒关系式:

$$(W_{g5} - W_{fb} + W_{a16})C_{p2}T_2 + W_{fb}Hu\eta_c = W_{g5}C_{p5}T_5 + W_{a16}C_{p16}T_{16} \quad (4.16)$$

流量平衡方程关系式如下:

$$W_{a2} = W_{g5} - W_{fb} + W_{a16} \quad (4.17)$$

由涡轮导向器临界截面计算方法可知,内涵道燃气流量计算公式为

$$W_{a3} = (W_{g5} - W_{fb})(1 - CA\%) \quad (4.18)$$

$$W_{g41} = W_{a3} + W_{fb} \quad (4.19)$$

$$W_{g41} = \frac{W_{g41cor} \cdot P_4}{\sqrt{T_{41}}} = \frac{W_{g41cor} \cdot P_3 \cdot \sigma_b}{\sqrt{T_{41}}} = \frac{P_3 \cdot \Phi}{\sqrt{T_{41}}} \quad (4.20)$$

CA%为涡轮冷却气流,若直接求解涡轮导向器临界截面的流量函数 W_{g41cor} 需已知主燃烧室出口总压 P_4,但是由于燃烧室总压恢复系数的求解比较复杂,所以引进组合参数 $\Phi = W_{g41cor} \cdot \sigma_b$ 作为高压涡轮导向器喉道的无量纲相似参数,这样就绕过了总压恢复系数的计算。根据主燃烧进口流量 W_{a3} 以及主燃烧室燃油流量 W_{fb} 可迭代计算出主燃烧室出口总温 T_4,考虑到高压涡轮导向器的冷却方式,在计算过程中假设 $T_{41} = T_4$,于是根据式(4.16)、式(4.17)、式(4.20)可求出组合参数 Φ。因为组合参数 Φ 为高压涡轮导向器喉部临界截面积的流量函数与主燃烧室总压恢复系数的乘积,只要高压涡轮导向器处于临界或者超临界,其喉部临界截面积的流量函数值就为常数。而主燃烧室总压恢复系数是设计点总压恢复系数、设计点进口换算流量以及进口换算流量的函数,除慢车转速以下或者低速飞行范围,该数值在设计点附近变化很小,所以组合参数 Φ 在发动机慢车转速以上及中高速飞行状态范围内是近似保持不变的。

在地面试验中获取了组合参数 Φ 后,在飞行试验中,根据高压压气机后总温 T_3、总压 P_3 以及燃烧室燃油流量 W_{fb},再结合简化的燃烧效率模型和组合参数 Φ,便可迭代得到燃烧室进口空气流量。根据发动机进口总温、低压涡轮后内涵总温

T_5、外涵出口总温 T_{15} 以及燃烧室燃油流量 W_{fb} 和 LHV，利用能量守恒可得到发动机进口空气流量。

4.2.4 尾喷管喉道流量特性法

发动机进口空气流量 W_0 的确定也可以采用尾喷管喉道流量系数来确定。按照 AGARD-AR-237 指南的定义，流量系数 C_{D8} 有两种表达方式，一种为实际与理想情况下通过尾喷管的燃气流量，即

$$C_{D8} = \frac{W_{8,\text{act}}}{W_{8,\text{ideal}}} \tag{4.21}$$

若已知流量系数，则尾喷管出口燃气流量可由式(4.22)计算：

$$W_{8,\text{act}} = C_{D8} \cdot W_{8,\text{ideal}} = C_{D8} \cdot \frac{K \cdot P_{t8} A_8}{\sqrt{T_{t8}}} q(\lambda_8) \tag{4.22}$$

另一种尾喷管流量系数表达式为

$$C_{D8} = \frac{A_{8,\text{eff}}}{A_8} \tag{4.23}$$

式(4.23)中尾喷管流量系数表达式可以理解为：气流所需的理想尾喷管喉道面积与实际尾喷管几何面积之间的比值。在已知尾喷管进口截面气流参数的情况下，可以结合式(4.23)计算得到尾喷管出口燃气流量 $W_{8,\text{act}}$，即

$$W_{8,\text{act}} = \frac{K \cdot P_{t8} A_{8,\text{eff}}}{\sqrt{T_{t8}}} q(\lambda_8) = C_{D8} \cdot \frac{K \cdot P_{t8} A_8}{\sqrt{T_{t8}}} q(\lambda_8) \tag{4.24}$$

采用尾喷管喉道流量特性方法，关键是获取尾喷管进口的气体总温、总压、尾喷管喉道的几何面积以及流量特性曲线。

4.3 螺旋桨拉力确定方法

对涡桨发动机而言，螺旋桨产生的拉力是其性能指标。

以带前置牵引式螺旋桨的动力装置为例，建立动力装置净推力 $F_{\text{overall,n}}$ 计算表达式，如图 4.6 所示，分别取上下游无穷远截面，取向右为受力正方向，则控制体受力表达式为

$$F_{\text{overall,n}} = W_{10}(V_0 + w) - W_{10} V_0 + W_9 V_\infty - W_0 V_0 \tag{4.25}$$

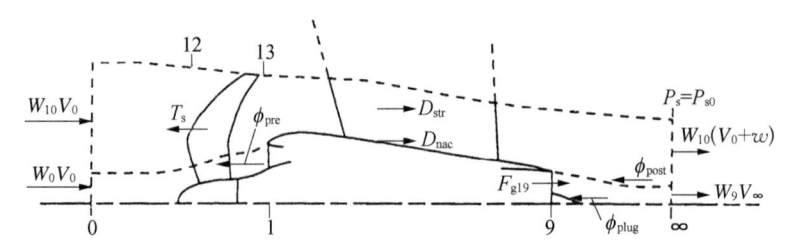

图 4.6 牵引式涡桨发动机安装控制体示意图

对于外部控制体,考虑定常流动状态,则有

$$T_s - D_{str} - D_{nac} - \phi_{pre} + \phi_{post} = W_{10}(V_0 + w) - W_{10}V_0 \quad (4.26)$$

对于内部控制体,从 9 截面至下游无穷远截面,则有

$$(P_{s9} - P_{s0})A_9 + \phi_{plug} - \phi_{post} = -W_9V_9 + W_9V_\infty \quad (4.27)$$

将式(4.27)变化后,可得

$$W_9V_\infty = W_9V_9 + (P_{s9} - P_{s0})A_9 + \phi_{plug} - \phi_{post} \quad (4.28)$$

因此,净推力为

$$F_{overall,n} = T_s - (D_{str} + D_{nac}) - \phi_{pre} + W_9V_9 + (P_{s9} - P_{s0})A_9 + \phi_{plug} - W_0V_0 \quad (4.29)$$

式中,T_s 为螺旋桨装机条件下测量的拉力,称为"表征拉力";$(D_{str} + D_{nac})$ 为短舱和吊挂的阻力项;ϕ_{pre} 定义为内部流管附加阻力;$W_9V_9 + (P_{s9} - P_{s0})A_9 + \phi_{plug} - W_0V_0$ 为带中心体时内部流管净推力。

从式(4.29)可以看出,螺旋桨发动机的净推力由表征拉力、短舱和吊挂阻力、内流管附加阻力、内部流管净推力四部分组成。下面主要介绍螺旋桨表征拉力(T_s)的计算方法。

4.3.1 桨叶角法

桨叶角法("θ"方法)[3,4]是一种螺旋桨飞行拉力间接确定方法,其理论基础是在螺旋桨桨叶角工作范围内,拉力和扭矩之间存在一个近似的线性关系。通过螺旋桨缩比模型风洞试验[5-7]获取不同桨叶角下拉力和扭矩的相关系数,并考虑缩比模型雷诺数、马赫数等效应修正到全尺寸螺旋桨模型。

在飞行试验中通过实测桨叶角、转速、输出功率或者扭矩、环境静压和总温等参数,结合风洞缩比模型试验建立的扭矩-拉力映射模型,间接地确定出飞行条件下的螺旋桨拉力。由于该方法的输入参数较少,所涉及的关键参数测量均可在试飞中实现,具有独特优势,飞行应用前景较好。

使用此方法有以下限制：① 当螺旋桨工作状态远离设计点,如叶片临近失速时(飞行速度低且螺旋桨转速较高),扭矩与拉力不满足线性关系,导致该方法的预测精度降低;② 桨叶角法是在给定螺旋桨桨叶角时,螺旋桨拉力及扭矩随前进比(速度)的变化关系,对于桨叶角的测量精度要求较高。

4.3.2 "J"方法

"J"方法[8-10]也是一种螺旋桨飞行拉力间接确定方法,也称特性图法,该方法不涉及桨叶角,是通过前进比、功率系数、螺旋桨效率三个参数描述螺旋桨的工作性能,即通过在飞行试验中实测转速、输出功率、飞行速度、环境静压和总温等参数,结合风洞试验获取的特性图,插值计算出不同飞行条件下的螺旋桨拉力。

通常,螺旋桨的效率特性图表征为前进比 J 和功率系数 C_w 的函数,如图 4.7 所示。

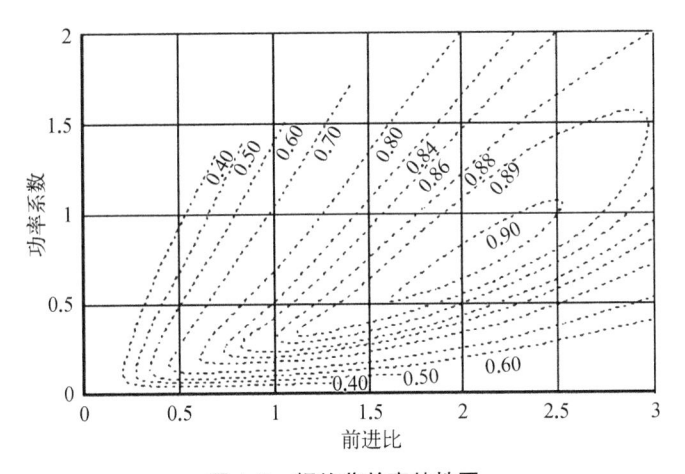

图 4.7 螺旋桨效率特性图

在飞行过程中,螺旋桨效率定义为

$$\eta_p = \frac{F_s \cdot V_0}{P_w} \tag{4.30}$$

式中, F_s 为拉力; V_0 为飞行速度; P_w 为轴功率。

由于有

$$J = \frac{V_0}{n \cdot D} \tag{4.31}$$

$$C_P = \frac{P_w}{\rho \cdot n^3 \cdot D^5} \tag{4.32}$$

$$C_F = \frac{F_s}{\rho \cdot n^2 \cdot D^4} \tag{4.33}$$

式中，n 为螺旋桨转速；ρ 为空气密度；D 为螺旋桨直径；C_P 为功率系数；C_F 为拉力系数，则式(4.30)可以改写为

$$\eta_p = \frac{C_F \cdot J}{C_P} \tag{4.34}$$

当在地面静止条件时，前进比为 0，式(4.30)的效率定义将不再合适，所以当 $V_0 = 0$ 时，螺旋桨效率定义为

$$\eta_{ps} = \sqrt{\frac{2}{\pi}} \frac{C_F^{1.5}}{C_P} \tag{4.35}$$

或者

$$\eta_{ps} = \frac{C_F}{C_P} \cdot \frac{P_w}{n \cdot D} \tag{4.36}$$

所以，在试验中已知前进比和功率系数，再结合已有的螺旋桨特性图，可获取螺旋桨效率；根据式(4.34)或者式(4.35)和式(4.36)，计算出拉力系数，进而获得螺旋桨拉力。

4.3.3　CFD 计算法

基于 CFD 仿真方法的螺旋桨拉力确定[11]，主要是利用 CFD 手段，分别对孤立螺旋桨及螺旋桨飞机整机开展三维流场数值仿真工作，根据仿真结果获取孤立螺旋桨拉力特性及装机后螺旋桨表征拉力，进而利用孤立螺旋桨及整机缩比模型风洞试验，对 CFD 仿真结果进行验证及修正，得到有效准确的螺旋桨拉力计算模型，在实际飞行包线内进行应用，获取不同飞行状态及发动机状态下的螺旋桨拉力。

4.4　航空发动机性能试飞方法及要求

航空发动机性能试飞的目的是通过实际飞行试验，获取发动机相关工作参数，进而得到发动机的性能，发动机性能试飞前必须对整个飞行试验项目进行全面分析和规划，制定出完善的飞行试验方案之后才能进入飞行试验实施阶段。发动机性能试飞方案主要包括飞行试验点选取、飞行试验要求、数据处理等。

4.4.1 飞行试验要求

发动机性能试飞对试验条件有严格的要求。

1. 试验发动机使用要求

随着试验发动机工作时间的增加,其整体性能会出现一定程度的衰减,主要是由一些关键部件损耗或发动机内部脏污等因素引起的,因此性能试飞科目应当安排在其他所有发动机试飞科目开始前完成。为了确保试验发动机性能不受影响,要求在没有特殊原因的情况下,前期尽量减少试验发动机的使用时间,直到发动机性能试验科目全部完成。通常情况下发动机生产商会给出试验发动机性能飞行试验的建议小时数,例如,CF34-10A 发动机性能试飞期间,生产商(美国通用电气公司)建议在 50 个飞行小时内完成所有飞行试验。

2. 飞行员操纵要求

发动机性能试飞对飞行员的操纵要求比较苛刻,经过专门训练后的飞行员才能胜任该试验科目的试飞。配装 F/A-F18E 飞机的 F414-GE-400 发动机进行安装净推力确定试飞过程中,要求飞机在巡航点上马赫数偏差±0.005 范围内保持 3 min,这对飞行员的操纵提出了极高的要求。表 4.2 为试验过程中对试验高度和速度的偏差范围限制。

表 4.2　F414-GE-400 发动机飞行推力确定试飞要求

飞行动作	试验前准备		试验过程	
	马赫数	高度/ft	马赫数	高度/ft
巡航	±0.01	±2000	±0.005	±50
盘旋	±0.01	±500	±0.01	±200
平飞加速	—	±500	—	±200
等马赫数爬升	±0.01	±500	±0.01	—
收敛转弯	±0.01	±1000	±0.01	—

ARJ21-700 飞机发动机推力确定试飞过程中的试验要求如下。

(1) 通过调整试验发动机的油门杆角度以及飞机构形(襟/缝翼角度、起落架位置以及空中减速板的位置)的方法,飞机飞行状态(包括飞行高度、飞行马赫数等)在规定的误差范围以内,具体如下:

① 飞行高度 H_p 偏差范围:±15 m(50 ft);

② 马赫数 Ma_i 偏差范围:±0.005;

③ 大气总温 T_{AT} 偏差范围:±1℃。

(2) 调整试验发动机的油门杆角度,使试验发动机主要工作参数的稳定性满足以下条件:

① 风扇换算转速 N_{1co} 偏差范围：±1.0%；

② 发动机排气温度偏差范围：±2.0℃；

③ 瞬态放气活门（trarsmit bleed valve，TBV）位置偏差范围：稳定阶段不允许变化；

④ 高压涡轮间隙主动控制阀门（high pressure turbine active clearance control，HPTACC）位置偏差范围：±10%。

(3) 在每一个高度-速度点上按照从高功率向低功率的方向调整试验发动机功率状态。试验开始前，在调整试验发动机至最大转速点过程中，一旦发动机换算转速 N_{1co} 达到最高目标转速值的-0.5%时，应逐步缓慢增加试验发动机转速，直至达到目标值。

(4) 试验过程中，试验发动机的油门杆只允许单向移动，即只能从高功率状态向低功率状态调整油门杆角度，一般情况下不允许反向移动。

(5) 试验过程中（除暖机动作外），如果试验参数无法稳定在要求的范围内，则继续延长稳定时间3~5 min，直至满足要求。

(6) 如果风扇转速无法稳定在要求范围内，则重复依次进行前两个高转速试验点，再重复进行该点。

(7) 如果重复三次试验参数均无法满足稳定性要求，则放弃该点试验进行下一试验点试验。

(8) 试验过程中如果飞机进入结冰区或发现发动机有结冰情况发生，立即采取应对措施，待满足试验条件后，重复按规定进行该点试验。

由于发动机推力飞行确定试验对飞行员的空中操纵要求非常苛刻，正式飞行试验前必须对飞行员进行1~2架次飞行训练试验。

4.4.2 试验数据处理

由于飞行实时监控只能监测部分关键参数，并不能对所有性能参数进行监测，因此需要对飞行试验数据进行事后数据校核后才能确定其有效性，以判断飞行试验测试参数是否满足试验要求。一般是通过将最新测试数据换算结果与前几个飞行架次试验数据换算结果进行对比的方式来确定。如果试验数据中关键参数存在较大偏差，则认定飞行试验数据存在异常，需要排故后重新进行补充飞行试验。

确认飞行试验数据满足有效性要求后，利用预先编制的数据处理软件进行推力和耗油率计算，其计算流程如下。

(1) 按照飞行日志记录的试验时间进行试验数据稳定段挑选并按3σ原则进行剔点（剔除偏离较大的测试点）；图4.8为3σ剔点示意图，凡是落在±3σ预限值之外的点都需要剔除掉，图中A点和B点都在±3σ预限值之外，所以A点和B点都不符合试验要求。

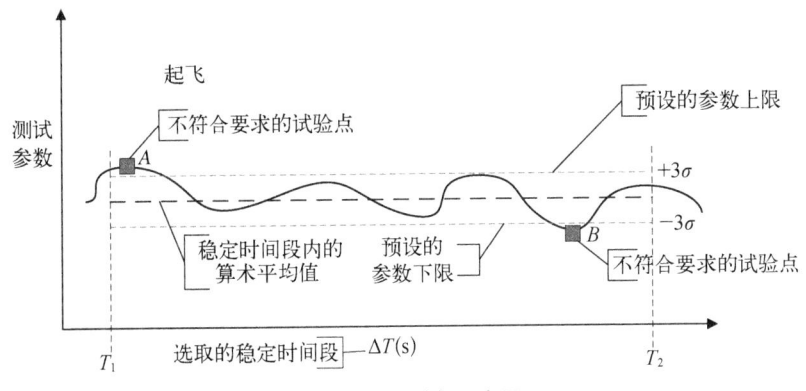

图 4.8　3σ 剔点示意图

（2）将剔点后的试验数据段按照算术平均的方法进行计算，得到稳定段性能参数的算术平均值。

（3）将数据试验段代入计算程序计算得到发动机标准净推力和耗油率。

4.5　航空发动机性能试飞安排

针对不同的试验对象、不同的试验性质或需求，航空发动机的性能试飞在计算方法、试验成本、技术复杂度、试验周期等方面差异明显。下面以大涵道比涡扇发动机飞行推力确定试飞为例进行说明，整个性能试飞总体上可以分为三个阶段：① 前置试验和试飞准备阶段；② 飞行试验阶段；③ 试验数据处理阶段。按照工作量及复杂程度划分，前置试验和试飞准备阶段占到整个项目的 40% 以上工作量。按照试验流程可分为尾喷管缩比模型试验、地面性能校准试验和飞行试验三个试验环节，如图 4.9 所示。

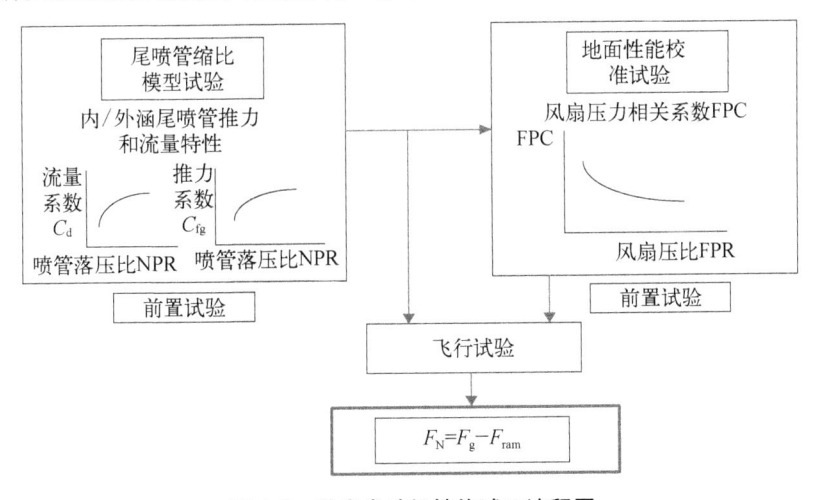

图 4.9　航空发动机性能试飞流程图

4.5.1 前置试验和试飞准备阶段

该阶段的主要工作有以下方面。

1. 试验需求分析

在试飞前需对试验需求进行充分了解和分析,因此从试验性质、试验周期、试验成本、试验结果形式及精度、可用支持设备等方面进行综合考虑。

2. 了解试验对象

首先,需明确试验性质,是研发试飞还是鉴定试飞,是对比试飞还是非对比试飞;其次,需充分了解试验载机和试验发动机的设计与操作特点,明确使用限制条件和任务剖面,例如,发动机类型和结构:① 涡喷/涡扇/涡轴/涡桨;② 混合排气与分开排气;③ 带加力与不带加力;④ 固定喷口与可调喷口;⑤ 带矢量与不带矢量;⑥ 常规动力与特殊动力;⑦ 纯机械液压、机械液压+电调、FADEC 等。试验载机的类型和特点:① 作战飞机;② 大型运输类飞机;③ 无人机等。了解这些信息,除了有助于选择推力计算方法、选取试验点以及提出测试改装需求,还有助于前期一些必要的实验室摸底和获取校准试验重要的技术背景。

3. 计算方法选择

根据国内外已公布的文献资料,航空发动机飞行推力确定方法有很多,如总体性能法、燃气发生器法、摆动耙法、安装节推力法等。但目前最为常用的计算方法是通过测量发动机内流道截面参数来间接确定发动机标准净推力的燃气发生器法。燃气发生器法的主要思路是利用发动机主要截面的实测的气流参数,结合主要部件的特性曲线,如内外涵道尾喷管流量和推力特性曲线、高压涡轮导向器流量函数曲线等,间接地获得内外涵道尾喷管出口的总推力和流量,并计算出发动机在不同状态下的标准净推力。燃气发生器法从 20 世纪 70 年代开始,已经在 J85、F405、F404、F414、TF30、TF39 等系列航空发动机飞行推力确定试验中得到了成功应用。

现有的性能计算方法并不局限于某一种或某一类型,如对于发动机进口空气流量的计算可以采用的方法包括风扇特性图法、内外涵道尾喷管特性法、内涵道高压涡轮导向器喉道流量系数法等。不同的计算方法对参数测量精度需求有所不同、发动机改装难易程度不同、计算结果的精度也有所差异。从保证飞行推力结果精度、降低发动机改装难度的角度出发,需要在正式试飞前确定出合理的计算方案。采用参数不确定度分析方法,可以在众多的试验方案中选择出相对合适的计算方法。为了尽可能提升试验结果的可信度,建议同时采用两种及以上计算方法,互相对比验证。重点型号发动机试飞时尽量选择成熟方法,以保证能够按期保质完成试验任务。

4. 主要测量参数梳理

具体测试参数视计算方案不同而不同,以大涵道比涡扇发动机性能试飞为例,其所需主要测试参数如下。

（1）飞行状态参数：校准空速、马赫数、气压高度、大气总温、大气总压、迎角、侧滑角、俯仰角、偏航角、滚转角、起落架位置、襟缝翼位置等。

（2）动力装置工作状态参数：油门杆角度、发动机高低压转子转速、级间排气温度或涡轮后排气温度、燃油流量、可变几何调节机构开度等。

（3）发动机截面参数：外涵风扇出口气流总温和总压、内涵风扇出口气流总温总压、高压压气机进/出口总温和总压、低压涡轮出口总温和总压、尾喷管外壁面环境静压等。

（4）负载引气及功率提取参数：飞机引气温度/压力、发电机电压/电流、液压泵功率等。

在选择了合理的计算方法，并确定输入参数后，采用不确定度分析中的精度分配法确定出对应计算方法中的关键参数、次要参数，即各个输入参数所需的最低测量精度，按照精度分配结果，合理地设计测试方案，包括压力测试方式、传感器选型、安装方式等内容。

5. 选择合适的改装方案

以选择的计算方案为基础，梳理需改装的参数，理清架内改装和架外改装任务分工及界面。内涵道改装空间狭小、走线困难、技术风险大、协调复杂，尽量让设计单位承担。

明确改装位置及尺寸，需注意以下事项：① 安装边需满足测量耙装机强度要求，有一定的厚度保证；② 外部有一定的空间，便于安装、走线和维护；③ 内部不受其他流动条件的影响。

明确测量截面的温度和压力范围，以及振动等级；明确压力管、温度补偿线的沿程环境条件、走线方式等。需注意以下事项：① 压力传感器需要关注电磁屏蔽特性；② 温度补偿线包括插头等必须满足规格要求；③ 压力传感器需关注安装环境，重点是温度、振动供电，如果对环境温度不甚了解，尽量安装一个环境温度传感器，对于敏感传感器设置减振措施；④ 燃油流量计上下游管路平直段需满足要求，上游至少10倍管径、下游至少5倍管径；⑤ 参考静压位置的选取需要合理确定，在整个飞行期间要求尽可能稳定、随飞行高度实时变化，空间允许的话可以设置稳压盒。

6. 制定合理的测试系统方案

按照测试任务书的要求，明确测试需求，需注意以下事项：① 最大压力和温度通常出现在低空大表速，最低压力和最小温度通常出现在高空小表速；② 作为多个压力传感器参考端的压力宜采用高精度绝压传感器；③ 稳态性能试飞对传感器的采样频率要求不高，压力参数的采样频率不低于 16 Hz，温度参数的采样频率不低于 8 Hz 即可；④ 传感器精度不能随便填写，需要根据最终的精度要求，结合参数敏感性分析结果来最终确定，通常要区分%F.S、%R.D，温度通常为+/-℃；⑤ 截面温度一般影响流量计算,压力同时影响流量和推力,一般对压力要特殊关注;⑥ 精度的确定是一个循环迭代的过程;⑦ 对新型的测试技术充分考虑备份和比对方案。

7. 实验室专项试验

1) 尾喷管特性试验

该项试验的主要目的是获取尾喷管在不同工作状态下的流量特性和推力特性,建立理想流量和推力与实际流量和推力之间的对应关系或曲线,该试验通常需要借助尾喷管比例模型进行。在尾喷管比例模型试验台,通过试验获取发动机尾喷管在不同落压比下的实际流量和实际推力以及截面关键性能参数的数据,整理得到尾喷管推力系数和流量系数与喷管落压比的对应关系。试验过程中根据发动机结构尺寸和试验台的大小来选择喷管试验模型的比例尺寸。为了保证实验室试验结果与飞行试验结果的有效性,应当尽量保证在实验室-飞行试验阶段采用相同的推力系数和流量系数的定义方式。

2) 尾喷管喉道面积测量

对于几何不可调的尾喷管,应当在发动机开展装机地面试验前(包括台架校准试验等)对尾喷管的喉道面积进行测量,在监视发动机技术状态的同时,为性能计算提供输入参数。

3) 发动机泄漏量测量

发动机泄漏量会直接影响性能水平,主要体现在排气温度和耗油率水平偏高。建议在装机地面试验前(包括台架校准试验等)对发动机气体泄漏量进行测量,该项试验需借助专用设备进行。

8. 地面性能校准试验

地面性能校准试验的目的是获取性能计算方法的修正曲线,并将其应用于飞行试验中,间接利用尾喷管进口气流参数和燃油流量就可以获得发动机的入口空气流量和标准净推力。

在进行地面性能校准试验时,应注意以下几点:① 对于小尺寸发动机,应充分考虑测量耙安装、电功率及液压功率提取对发动机共同工作线的影响;② 室内台架试验获得的推力无法直接使用,需要考虑动量修正;③ 进行正向和反向转速台阶试验,以验证其性能的迟滞性,如果正反行程无明显差异,可以只进行单向试验;④ 油门杆的移动尽量要求单向,以消除几何调节机构的迟滞性影响;⑤ 试验前后需要对台架以及加装参数的正确性进行检验(要求测试系统全程通电),开车前后,测压系统、测温系统应当与台架本身的测量值保持一致,否则进行排故;⑥ 从消除测试系统偏差角度讲,要求台架试验与装机试飞测试系统保持一致;⑦ 试验前后各对台架测力系统进行一次校准,以确保测力系统的正确性;⑧ 如果在夏季高湿度条件下试验,重点关注相对湿度(relative humidity, RH)、绝对湿度(absolute humidity, AH)对发动机性能的影响;⑨ 试验时,如果具备条件则对关键参数进行重点监控,定性判断参数的分布情况,定量分析结合数学模型、相似理论等对数据正确性进行判读;⑩ 试验结束后,待数据确认无误后再拆除发动机。

根据参数敏感性分析可得,尾喷管进口总压对推力和流量的计算影响最大,而且测量耙上测点的平均值与该截面真实平均值存在差别,所以采用残差法(residual error method,REM),将所有引起计算值和实测值不一致的因素,统一归结于尾喷管进口总压与截面"真实值"的差异。将发动机台架试车测量得到的推力、进口空气流量和利用尾喷管特性曲线,以及发动机内流截面参数计算的推力、进口空气流量之间的误差归结于 13 截面(风扇出口截面)的总压测量误差(大涵道比发动机对推力贡献最大的是外涵),压力修正系数(FPC)是一个常数,使用不同的 FPC 调整 P_{t13},反复计算推力、进口空气流量,找出每一个风扇增压比(fan pressure ratio, FPR)下使残差最小的 FPC,得出风扇 FPC 修正曲线。该过程如图 4.10 所示。

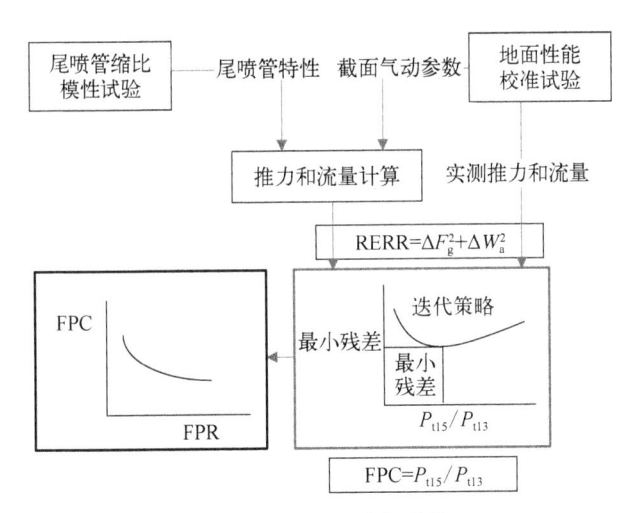

图 4.10 使用 REM 迭代计算 FPC

以全机推力台为例,全机推力台能够实现在地面静止条件下发动机装机推力(包括正推力及反推力)的实时测量,也能够评价发动机装机后地面静止最大起飞状态的推力实测。借助全机推力台,可以在以下几个方面对飞行推力确定试飞起到积极的促进作用。

1) 推力计算方法的验证

同美国通用电气公司 YJ93-GE-3 发动机类似,可以开展针对不同类型涡喷/涡扇推力计算方法的验证工作,与其他试验方法结果相结合,包括室内试车台、露天试车台及高空模拟试验台等,可以实现不同条件下的计算方法验证对比工作,从而极大地提高方法的准确性和可靠性。

2) 考核装机条件对发动机性能的影响

装机条件(包括飞机引气、电功率及液压功率提取、进气道损失)和使用条件

(侧风等)会对发动机性能造成影响。由于其他试验手段在模拟真实进气损失方面存在不足,而借助全机推力台和其他试验设备的辅助(如地面模拟侧风风源等)可以对其进行弥补。在装机条件下,可以进一步考核计算方法的适用性,如进气畸变条件下推力和空气流量的计算精度。

4.5.2 飞行试验实施阶段

1. 性能试飞前准备

在开展发动机装机性能飞行试验前,载机平台应先期完成包线扩展试飞、空速校准试飞,发动机完成地面台架试验(或全机推力台试验)。飞行包线应扩展至完全覆盖选取的飞行试验点,确保试飞安全。另外,还需完成以下工作:

(1) 测试系统完成地面联试并确认(包括机载测试系统、遥测系统、实时监控系统等)工作正常;

(2) 开展摸底试飞,对高空高速点和低空低速点进行验证,对不能实现稳定直线平飞的试验点进行调整,同时检验试飞程序,训练试飞机组及地面监控人员;

(3) 明确气象、场务保障、空域、飞机构型等要求。

2. 试飞方法的确定

对于多发飞机(双发及以上),可以采取调整非试验发动机、飞机舵面、收放起落架等方式保持高度-速度点及试验发动机转速点不变,在每个状态点上飞机稳定直线平飞,试验发动机在稳定 3~5 min 后录取性能数据 20~30 s,确认试验点成功后即可转入下一试验点进行试验。试验过程中建议从高转速点向低转速点进行试验,在转速最高试验点上稳定 5 min 后采集数据,其他转速点稳定 3 min。试验执行过程中,发动机油门杆移动保持单向,尽量减少油门杆在某一转速点上进行来回调整。试验点成功准则是多方面的,典型的判断准则包括以下方面:

(1) 试验点构形满足试验要求(高度、速度、发动机转速、引气量、功率提取值等);

(2) 关键测试数据有效性初判;

(3) 发动机稳定性满足要求。

根据试飞经验,试验点要求为:飞行高度偏差在 ±10 m,飞行马赫数为 ±0.005~0.01,转速为 ±1.0%,可调几何机构的稳定性视具体型号而定。试验点如果不满足以上准则要求,可以适当延长稳定时间,如果反复三次仍不满足,则移向下一试验点进行试验。

4.5.3 试飞数据分析处理阶段

试飞数据分析处理阶段的主要工作内容为在前期的两个环节工作基础上,完成试验数据最终的处理环节,包括给出各个试验点状态下的性能计算表征值,以及对参数不确定度进行分析和合成等,按流程可分为以下几个环节。

1. 稳定时间段的选取

性能试验数据处理时需要事先确定对应的稳定时间段。借助试验时的日志文件,确定稳定时间段的起始时间与终止时间,一般来讲稳定时间段不小于 20 s。每个稳定时间段的文本信息应包括以下内容:① 试验发动机;② 试验点高度及速度;③ 试验点发动机转速;④ 引气量及功率提取值;⑤ 起始时间及终止时间。

2. 稳定时间段内数据的处理

确定稳定时间段信息后,对时间段内各测试数据按照 3δ 准则进行异常点剔除,之后计算算术平均值及标准方差,并作为性能数据处理的输入。

3. 性能计算

根据选取的推力计算方法,计算在每个高度-速度及发动机转速点下的发动机性能值,包括发动机的压比、温比、推力及油耗等参数。为了便于比较,可以将性能计算结果按照发动机进口气流参数换算至标准大气条件。一般情况下需要整理得到以下特性曲线:

(1) 发动机标准净推力及其换算值随换算转速的关系曲线;
(2) 发动机进口总空气流量及其换算值随换算转速的关系曲线;
(3) 发动机基于标准净推力的单位耗油率及其换算值随换算转速的关系曲线;
(4) 发动机换算排气温度及其换算值随换算转速的关系曲线;
(5) 发动机部件的压比及温比随换算转速的关系曲线;
(6) 性能计算结果与设计值对比曲线;
(7) 换算净推力与换算单位油耗的关系曲线;
(8) 换算排气温度与换算单位油耗的关系曲线;
(9) 发动机转差率关系曲线;
(10) 发动机标准净推力与油门杆角度的变化曲线;
(11) 性能计算结果不确定度合成结果对比曲线或对比图;
(12) 各主要计算输入参数的敏感性因子对比图。

对于明显偏离曲线的试验点(或者曲线出现明显异常的点),需要检查其输入参数是否有误,核实计算过程中是否存在问题。必要情况下,需要针对该异常点进行重飞或补飞。

4. 误差分析

性能试飞误差分析是最重要的环节之一,通常分以下几个步骤进行。

1) 确定性能试飞各项试验的层级以及对应的测试参数

绝大多数情况下飞行推力确定过程是多层结构,如发动机进排气系统特性校准试验、测试传感器的实验室校准试验等。进行误差分析前,应当明确试验层级关系，并梳理每个层级的试验所涉及的测试参数。

2）确定涉及的每个测试参数的各个环节的误差源及水平

参照美国汽车工程师协会指南《飞行推力确定中的不确定度》（SAE－AIR－1678B）的做法，单个测试参数的误差源一般包含以下几个方面：① 传感器校准环节误差；② 测量设备或仪器的安装误差；③ 数据采集误差；④ 数据处理误差；⑤ 方法误差。针对每种误差源应当确定其误差源的大小，并按照平方和的方式进行合成得到每个测试参数的不确定度。

3）确定每个测试参数对最终计算结果的影响，并进行不确定度的合成

依据小偏差理论，计算各试飞点上不同计算输入参数对计算结果的影响程度，即不确定度放大因子（UMF）。通常做法是指定一个输入参数并使其变化一定的幅度（为了降低非线性的影响，建议变化幅度为 0.1%），计算输出参数的相对变化量。输出结果中应当向指定文件中写入各试验点的 UMF 计算结果，按照平方和的方式进行不确定度合成。

参考文献

[1] Society of Automotive Engineers. Propeller/profan in-flight thrust determination[R]. SAE AIR 4065A－2012, 2012.

[2] Muhammad H, Muhardi, Kuntjoro W, et al. In-flight thrust determination by load measurement on the engine mounting system[R]. ICAS 2000 Congress, 2000.

[3] Bays L V, Halpin K E. Flight test evaluation and aerodynamic performance modeling of a C－130H with an advanced propeller[R]. 11th AIAA Aviation Technology, integration, and Operation(ATIO) Conference, 2011.

[4] Halpin K E, Bays L V. Airfield performance evaluation of an advanced propeller on the C－130H[R]. AIAA－2012－2858, 2012.

[5] Silverstre M A R, Morgado J. JABLADE: A propeller design and analysis code[R]. AIAA－2013－4220, 2013.

[6] Rwigema M K. Propeller blade element momentum theory with vortex wake deflection[R]. 27th International Congress of the Aeronautical Sciences, 2010.

[7] 刘沛清. 空气螺旋桨理论及应用[M]. 北京：北京航空航天大学出版社, 2006.

[8] Morgado J, Silverstre M A R. Full range airfoil for propeller blade element momentum analysis [R]. AIAA－2013－4379, 2013.

[9] Dorfling J, Rokhsaz K. Non-liner aerodynamic modelling of airfoil for accurate blade element propeller performance predictions[R]. AIAA－2014－2998, 2014.

[10] Theodorsen T, Stickle G W, Brevoort M J. Characteristics of six propellers including the high-speed range[R]. NACA Report No.594, 1937.

[11] Moriarty P J, Hansen A C. AeroDyn theory manual[R]. NREL/TP－500－36881, 2005.

第5章
航空发动机工作特性试飞

航空发动机工作特性指地面和飞行状态及其他特殊条件(电磁/蒸汽弹射、发射导弹等武器、加注最小滑油量)下,发动机整机系统、部件和附件工作的可靠性、稳定性、及时性和匹配性等。航空发动机工作特性试飞主要内容包括发动机和与之配套的控制系统、滑油系统和防冰系统等的飞行试验。

FAA AC25.939.1-1《涡轮发动机工作特性评价》(*Evaluation Turbine Engine Operating Characteristics*)中,发动机工作特性试飞分为起飞和着陆发动机工作特性、瞬态工作特性(包括加速性和减速性、遭遇加速、失速恢复、发动机低状态飞机下滑等)和发动机/进气道匹配性(包括各种飞行条件下的畸变等),以及发动机部件、附件、系统工作的可靠性、稳定性、及时性和匹配性等[1]。综合美国F100发动机、F110发动机、F404发动机、F119发动机等的飞行试验内容[2-4],其发动机工作特性试飞主要包括空中起动性能、加速性和减速性、加力接通和切断特性、油门响应特性、控制系统特性、进气道/发动机匹配性等。另外,发动机数字电子控制系统和推力矢量喷管试飞及评定两项内容也属于工作特性试飞专业范畴。

根据美、俄等世界航空强国的航空发动机飞行试验的历史,工作特性试飞是航空发动机飞行试验中试飞架次最多、最容易暴露问题的试飞科目。20世纪60年代美国TF30涡扇发动机配装F-111战斗轰炸机的飞行试验暴露了压气机失速、喘振、熄火停车等诸多问题,导致飞机的技术指标无法满足预期要求[5]。70年代,美国F100涡扇发动机在F-15原型机上的飞行试验暴露了加力接通不可靠、风扇喘振、压气机喘振、涡轮叶片损坏、数字电子控制器缺陷等十几项重大设计问题[2]。俄罗斯РД-33发动机在飞行试验中曾出现空中熄火停车,导致2架试验机(第2架和第4架)坠毁,即使批量生产后发动机仍不断暴露问题,可靠性等问题一直较为突出[6]。由此可见,新型航空发动机研制过程中的主要问题和缺陷大多出自工作特性领域,它几乎成为制约新型发动机服役的障碍。因此,航空发动机工作特性飞行试验至关重要,其试飞结论往往决定新型发动机研制的前景和命运。

本章主要依据GJB 243A—2004,并参考国内外其他相关标准、规范及技术资料,阐述航空发动机工作特性试飞的主要科目和试验内容,包括发动机工作参数测定及工作稳定性试飞、发动机风车状态以及起动性能试飞、发动机加速性和减速性试飞、加力燃烧室工作质量试飞、武器发射时发动机工作质量试飞、发动机气动稳定性试飞、发动机控制系统工作质量试飞、滑油系统工作质量试飞、结冰和防冰试飞、矢量喷管工作质量试飞等。

5.1 发动机工作参数测定及工作稳定性试飞

发动机工作参数指发动机处于一定工作状态(慢车、节流、中间、加力等)和飞行状态下的热力、气动、控制、结构等参数，包括发动机转速、沿流程各截面气流压力和温度、燃/滑油系统油路压力和温度及其控制系统的活门位移、导叶角度、喷口直径等调节参数。这些参数的变化及其之间的联系，一方面取决于发动机自身的设计特点和运行规律，如导叶角度跟随发动机转速的变化、燃油流量的大小取决于计量活门位移；另一方面与使用条件密切相关，如油门杆不变时发动机转速、涡轮后温度跟随飞行状态参数(飞行高度、飞行马赫数、大气温度等)的变化而变化。因此，在表征发动机工作参数或参数之间的规律时，应符合发动机运行和使用的规律。

发动机的稳定工作是设计研制的基本约束条件之一，也是运行和使用的最基本要求。本节发动机工作稳定性的含义为在自由流条件下，油门杆处于慢车、节流、中间和加力等不同位置时，飞行条件不变或发生变化时，发动机的稳定工作能力，包括飞机机动动作条件下发动机的工作稳定性。而进气道进口安装扰流板、武器发射等在发动机进口造成较大进气畸变情况下的工作稳定性，则设置在发动机工作稳定性(喘振裕度)试飞、飞机/直升机武器发射时发动机工作质量试飞等科目中。

CCAR-25-R4《运输类飞机适航标准》中要求"必须在飞行中检查涡轮发动机的工作特性，以确定在飞机和发动机使用范围内的正常和应急使用期间，不会出现大到危险程度的不利特性(如失速、喘振或熄火)"，FAA AC25.939.1-1《涡轮发动机工作特性评价》中将这种不利特性，划分为轻度、中度和严重三个等级[1]，并进行了相应的说明，如严重不利特性通常以响声很大的喘振为特征，推力大幅下降，发动机熄火停车或被迫熄火停车。

5.1.1 试验目的

航空发动机工作参数测定及工作稳定性试飞的目的包括两个方面：

(1) 在地面各种使用环境和空中飞行状态下，发动机分别在慢车、最大连续、中间、最小加力以及全加力等状态下工作，测定发动机的工作参数及其变化规律，并检查发动机工作参数及其变化规律与设计要求的符合性；

（2）在地面各种使用环境和空中飞行状态下，检查发动机在慢车、最大连续、中间、最小加力以及全加力等状态下的稳定工作能力，评估引气、功率提取、机动和特技飞行时对发动机工作稳定性的影响。

5.1.2 试验方法及要求

1. 被试对象

试验前，通过发动机研制总要求、型号规范、技术说明书、使用维护说明书等文件资料以及相关培训交流等活动，了解和掌握发动机的设计特点、使用要求以及有关工作参数和稳定性的技术指标要求等。

（1）了解和掌握发动机的设计特点，包括发动机及其附件、系统的结构组成，地面和空中起动、稳态、过渡态、加力、几何面积等方面的控制逻辑和规律，以及燃油系统、滑油系统、起动系统、附件传动系统、引气系统、防冰系统、防喘/消喘系统、点火系统等工作原理。

（2）了解和掌握发动机的使用要求，包括发动机慢车、最大连续、中间、加力等工作状态的定义和使用要求；发动机转速、涡轮后温度、振动值等参数限制要求；发动机状态转换、油门操纵等方面的使用限制；发动机喘振、超温、振动值超限等故障的应急处置措施等。

（3）技术指标要求，包括发动机转速、涡轮后温度、可调导叶角度等工作参数的控制规律和摆动量、控制精度等设计指标要求；发动机工作稳定性的设计和使用要求等。

2. 测试及改装

为全面测定发动机的工作参数和评定发动机的工作稳定性，需要在发动机沿流程截面测量总压、总温等气动参数，计算获得如风扇、压气机压比和空气流量等特性，分析发动机内流的参数变化规律，判断发动机内流参数与设计的符合性。常规方式是在各相关截面加装受感部。需要注意的是，受感部设计必须根据发动机上安装位置和接口尺寸以及受感部工作的环境，并依据相关标准、规范开展。经实验室试验考核后，在地面试车台验证对发动机工作无不良影响，才具备装机使用的条件。

试验测试参数包括飞行高度、飞行速度、飞机气动角和姿态角、飞行过载、油门杆（功率杆）角度、负载电功率和轴功率、发动机转速、涡轮后温度、各截面总温和总压、引气压力和温度、导叶角度、喷口喉道面积、燃油调节系统管路压力和温度、滑油系统管路（腔室）压力和温度、整机振动值等参数，还包括起动信号、加力接通信号、战斗/训练信号、发动机超限信号（超温、超转、超振等）以及相关系统故障信号等。

3. 试验内容

试验内容主要包括以下方面。

（1）机上地面试验。① 试验时，飞机地面静止状态，保持发动机工作环境不变,发动机分别工作在慢车、节流、中间、加力等状态,待各状态发动机工作参数稳定后,录取工作参数;② 试验应在不同的大气温度(含允许的极限高低温)、不同标高机场、不同风速/风向下进行,舰载机发动机试验应在偏流板打开情况下进行,录取地面(含舰基)不同使用环境下的工作参数;③ 试验还应考虑发动机性能衰减的影响,按发动机总工作时间,安排在试飞周期内初期、中期和后期进行。

(2) 滑行试验。① 飞机在跑道上分别进行低速、中速、高速滑行,录取发动机工作参数;② 对于民用航空发动机,还应结合进气道溅水试验,录取发动机工作参数及其变化;③ 对于舰载机发动机,应重点进行飞机弹射加速至起飞的过程试验,录取发动机工作参数及其变化。

(3) 飞行试验。① 选择典型飞行高度、飞行速度,应至少包括低、中、高三个高度层和飞行包线的左、右边界速度,飞机保持稳定平飞,测定发动机工作参数及检查发动机工作稳定性;② 对于双发飞机,可通过调整另一发状态来保持稳定平飞,单发飞机可通过调整飞行姿态来保持飞机近似稳定平飞;③ 还应进行飞机平飞加减速飞行、爬静升限飞行、慢车状态飞机等表速下滑飞行以及机动、特技飞行,测定发动机工作参数及检查发动机工作稳定性;④ 对于推力矢量发动机,还应进行大迎角、过失速机动飞行。

5.1.3 评定方法

整理试验数据和信息,具体如下:

(1) 录取发动机稳定状态工作参数,可挑选稳定工作时间段内末端的数据,并采用剔点程序,剔除"坏点",计算获取平均值;

(2) 以图曲线和表格的形式给出发动机工作参数随地面使用环境和空中飞行状态的变化趋势;

(3) 以图曲线的形式给出发动机转速、涡轮后温度、导叶角度、喷口喉道面积等参数的控制规律,以表格的形式给出工作参数的摆动量、控制精度等。

评定标准主要包括以下方面:

(1) 工作参数值均符合型号规范的规定,参数变化规律符合设计要求,摆动量、控制精度等符合技术指标要求;

(2) 发动机工作稳定,无超温、超转、失速、喘振、熄火停车、过振、滑油超温、滑油压差过高或过低等现象发生。

5.1.4 注意事项

1. 发动机不利特性

FAA AC25.939.1-1《涡轮发动机工作特性评价》中,根据严重程度,将发动机不利特性从轻微到严重分为三等。

（1）轻微不利特性。包括：较轻的压气机失速；轻微的、听得见声音的发动机喘振；无明显功率损失；无发动机损伤（损伤为超出发动机制造商规定的限制而造成）；可立即恢复至正常状态；发动机的不稳定状态持续时间短且强度小，同时飞行员不需要操作，发动机即可恢复正常。

（2）中度不利特性。包括：听得见声音的发动机喘振和压气机失速；瞬间的推力损失；发动机工作参数超过稳态限制并达到瞬态限制；发动机转速暂时从慢车下降至慢车以下；发动机加速缓慢。通常不需要操纵油门杆，发动机就能自动恢复到稳定工作状态。无发动机损伤，并能在不超限的前提下恢复到全推力状态。

（3）严重不利特性，通常以响声很大的喘振为特征，且对飞机性能和操控产生不利影响。包括：发动机失速或喘振且需要快速或大幅度操纵油门杆或者调整其他发动机以恢复或试图恢复发动机稳定工作状态；推力大幅、持续下降；发动机熄火或要求发动机停车；发动机损伤；发动机振动过大并需要减小推力或使发动机停车；发动机转速不提高等。

导致这些不利特性的原因包括：某些状态点进气道/发动机不匹配；发动机部件/系统工作不匹配；加减速供油量不合适、加力燃烧室供油量和喷口控制不匹配等控制系统原因；涡轮间隙设计不合理，某些状态点转、静子碰磨导致振动过大等。

2. 引气和功率提取对发动机工作的影响试验说明

引气包括防冰引气、飞机油箱增压引气、环控引气等，功率提取包括直流/交流发电机的电功率、为飞机液压泵的液压负载等。引气和功率提取影响发动机的工作参数、稳定性和性能。

飞行台、大型运输机、轰炸机等试验平台，由于具有较大的改装空间，可以在与原机的气、液、电消耗系统无交联的情况下，加装独立的引气、液压、电负载系统，实现不同引气量、不同液压/电负载以及不同引气、液压/电负载组合等条件（包括最大引气量、最大功率提取），全面评估引气和功率提取对发动机工作参数和工作稳定性的影响。

战斗机、直升机等试验平台，由于改装空间有限，通常以原机引气、液压/电功率负载系统实际工作情况为条件，评估引气和功率提取对发动机工作参数和工作稳定性的影响。由于原机引气系统和负载系统的使用限制，并不总是可以按照试验的需求，自主地调节引气量和液压/电负载，从而限制了全面评估引气和功率提取对发动机工作参数和工作稳定性的影响。所以，在新型发动机试飞规划中，通常首先安排飞行台试飞，这也是其中的原因之一。

5.2 发动机风车状态及起动性能试飞

飞行中发动机燃烧室熄火后，发动机转子依靠空气冲压的作用而旋转的工作状态,称为风车状态。此时,由与飞机飞行速度的平方成正比的滞止气流的能量带动风扇和压气机旋转,气流流过风扇和压气机后压力降低,即处于"涡轮"状态,从而产生风车阻力。为确定发动机停车状态下的再起动能力、飞机在发动机停车后的受力情况及操稳性,以及关于巡航、起飞和着陆等过程发动机的调整情况,需要确定装机状态发动机的风车特性。

发动机空中起动指发动机处于停车状态,在一定的时间间隔内,在规定的外界条件和飞行高度、飞行速度下,燃烧室点火供油,发动机进入慢车状态的一种使用能力。起动是相对于发动机熄火停车而提出的,在大迎角等机动飞行、发射武器、编队吞吸高温尾喷流等使用条件下,发动机容易出现熄火停车。起动能力直接影响发动机及载机的出动能力和飞行安全,一般要求发动机在飞机可预期的各种运行条件下应具有良好的起动能力。

CCAR-25-R4《运输类飞机适航标准》中要求"必须有飞行中再起动任何一台发动机手段,必须制定飞行中再起动发动机的高度和空速包线,并且每台发动机必须具有在此包线再起动的能力"。JSSG-2007A《航空发动机联合使用规范指南》要求"发动机应能满意地进行地面起动、空中起动和再起动",并提出了相应的起动要求。

5.2.1 试验目的

发动机风车状态及起动性能试飞的目的包括以下方面:

(1) 测定发动机的风车特性;

(2) 评估不同大气条件、不同标高机场、不同起动电源和不同引气方式下,发动机地面起动性能;

(3) 评估不同起动方式的空中起动性能,确定空中起动包线;

(4) 评估发动机、起动机和起动系统共同工作的匹配性,以及起动的自主性、可靠性、安全性和自动化程度。

5.2.2 试验方法及要求

1. 被试对象

首先应了解和掌握发动机起动方式、起动控制规律、起动操纵程序以及有关技术指标要求等。

(1) 发动机起动方式。发动机起动一般分为地面起动和空中起动。地面起动按不同的分类方式,可分为平原起动、高原起动或冷态起动、热态起动或手动起动、自动起动等。空中起动可分为自动起动(惯性起动)、迎面起动、风车起动、辅助起动等,因对停车时间、起动时刻转速等要求不同,不同起动方式下对应的起动包线不同,一般辅助起动包线相对较宽。

（2）起动控制规律。发动机和起动方式不同，起动控制规律和逻辑也会存在较大差异。发动机起动控制规律分为油气比控制规律和转速上升率控制规律两种[7]，如俄制 АЛ－31Ф 涡轮风扇发动机的起动采用了油气比控制规律、美制 CF34－10A 涡轮风扇发动机的起动采用了转速上升率控制规律。

（3）起动操纵程序。地面起动操纵程序为将油门杆由停车位置推至慢车位置，按起动按钮，发动机和相关系统执行起动程序。空中起动方式不同，操纵程序存在较大差异。以惯性起动和辅助起动为例，惯性起动不需要飞行员执行任何操作，发动机停车后自动执行惯性起动；辅助起动则需要飞机进入起动包线，满足辅助起动条件后，操作油门杆由停车位置推至慢车位置。

（4）技术指标要求。地面起动存在起动时间、温度范围、风速风向范围、高度范围等指标要求；空中起动存在起动时间、起动包线等指标要求。

2. 测试改装

由于飞行过程中，发动机空中遭遇停车的事件可遇不可求，应采用主动停车的方式进行空中起动试验。对于风车起动、辅助起动等可采取收油门杆至停车位置的停车方式停车，而惯性起动，必须在试验前进行改装，如加装模拟开关或程序，实现不操作油门杆而自动停车的功能[8]。

试验测试参数包括飞行高度、飞行速度、油门杆角度、发动机转速、涡轮后温度、各截面总温和总压、导叶角度、喷口喉道面积、主燃烧室供油压力、主燃烧室供油量、主燃烧室补氧压力、起动机转速或气源压力/温度、整机振动值等参数，还包括起动信号、模拟开关信号、发动机超限信号（超温、超振等）以及相关系统故障信号等。

3. 试验内容

试验内容主要包括以下方面。

（1）地面起动试验。① 应在不同的大气温度（含允许的极限高低温）、不同标高机场、不同风速/风向下进行不同起动方式的起动试验；② 若规定一种以上的燃油或滑油，应使用这些燃油或滑油重复进行上述试验；③ 还应进行冷态、热态以及连续起动试验。

（2）飞行试验。① 在给定的起动包线内，选典型高度（包括可靠起动的最高高度）和速度（包括最大和最小速度）进行空中起动试验；② 鼓励为确定空中起动包线而在给定的设计包线外进行起动，以确定空中起动的可靠边界；③ 多发飞机、直升机可采取调整非试验发动机工作状态的方法，保持多发飞机、直升机在规定的高度、速度条件下进行发动机空中起动试验，单发飞机应采取下滑的方法获得规定的试验高度、速度进行空中起动试验；④ 由于可靠起动包线因季节不同会有变化，还应在夏季和冬季两种不同气候条件下进行起动试验；⑤ 空中起动属风险试飞科目，首次起动应选在起动包线内的中等高度和速度，然后向左右边界速度和其他高度扩展。

（3）发动机风车特性测定试验。① 风车特性测定试验一般结合空中起动试验进行。选典型高度和速度进行风车特性测定试验，若试验点在空中起动包线外，则录取风车数据后，增速至起动包线进行再起动；② 对于单发飞机、直升机，可在高于规定的试验高度上使发动机停车，单发飞机、直升机缓慢下滑达到试验高度和速度时改平，但一般难以保持足够的稳定时间。

在空中起动前，还应进行地面模拟空中起动试验，单发飞机、直升机应进行模拟空滑试飞，双发飞机应进行模拟单发着陆试飞。

5.2.3 评定方法

整理试验数据和信息，具体操作如下：

（1）以图曲线和表格的形式给出发动机地面和空中起动过程相关参数的变化趋势；

（2）以图曲线的方式分别呈现地面起动的起动时间、最高涡轮后温度随大气温度的变化趋势（平原起动和高原起动分别制图）；

（3）绘制风车特性，包括风车转速、风车阻力、风车空气流量等随飞行马赫数的关系曲线。

评定标准主要包括以下方面：

（1）风车特性应符合发动机研制要求和型号规范等规定的要求；

（2）发动机地面起动应迅速可靠，起动性能应符合发动机研制要求和型号规范等规定的要求；

（3）发动机空中起动包线、起动时间等应符合发动机研制要求和型号规范等规定的要求；

（4）发动机、起动机和起动系统应匹配，起动应具有可靠性、安全性，自主性和自动化程度应符合设计和使用要求。

5.2.4 注意事项

1. 发动机空中停车的原因

发动机熄火停车是指因为某种原因燃烧室的火焰熄灭，无法提供燃烧产生的化学能，发动机也就失去了能量的主要来源，不能完成燃烧、旋转、压缩再燃烧的循环。发动机熄火停车的原因可归纳为以下几个方面。

（1）压缩系统失速、喘振等气动失稳，导致熄火停车。在飞机飞行包线范围内，导致压缩系统出现失速、喘振的因素很多，如进气畸变、进气道/发动机流量不匹配等，当压缩系统失稳后，发动机被动或主动熄火停车的概率大大增加。

（2）主/加力燃烧室贫油/富油熄火停车。燃烧室贫油或富油都可能导致燃烧室熄火,但在主燃烧室富油熄火之前,压缩系统往往就已经出现了失速、喘振。因此,主/加力燃烧室熄火主要集中在贫油因素上。

(3) 控制系统异常或故障停车。随着发动机性能的提升,发动机控制系统越趋复杂,控制系统异常或故障导致发动机停车的现象时有发生,包括:燃油调节异常,可能导致燃烧室熄火或压缩系统失速、喘振进而停车;导叶、喷口调节异常,可能导致压缩系统失速、喘振进而停车。

(4) 结构故障停车。发动机部件繁多,由于结构故障导致发动机停车的现象也时有发生,包括:旋转部件异常或故障,如轴承损坏、叶片断裂等导致的停车;燃、滑油管路断裂等引起的泄漏,导致发动机停车。

(5) 其他不可预知的因素导致的停车。起飞阶段吞鸟导致的发动机停车也时有发生,误操纵引起的发动机停车也曾发生,甚至民航客机曾出现吞吸入漂浮的火山灰而导致停车,这些因素不可预知。

2. 发动机空中起动适用的情况

发动机空中起动并不是适用于任何可能出现的发动机停车情况,而是主要针对压缩系统失速、喘振等气动失稳以及主/加力燃烧室贫油/富油这些原因导致的停车。若异常、故障不可恢复或导致发动机出现了损伤而失去了起动能力,则无法进行起动。

需要说明的是,发动机从任何功率设定状态(包括中间状态、全加力状态)或以任何速率停车,不应出现不允许的转子弯曲或卡滞。尤其在大功率状态下,由于转子和机匣放热效率的差异,转子容易出现卡滞,而发动机一旦出现卡滞,大概率将丧失再起动能力,必须等待足够长的时间才能恢复,这对起动是致命的威胁,对于单发飞机将可能导致灾难性后果。

5.3 发动机加速性和减速性试飞

发动机从指定的低推力(低功率)状态过渡到指定的高推力(或高功率)状态的能力,即发动机的加速性,反之,则称为发动机的减速性。快速移动油门杆产生的推力(功率)响应特性,是飞机、直升机完成起飞、复飞、编队、空中加油、空中机动或着舰等飞行过程或任务的基本条件,对飞机、直升机的训练和使用至关重要。因此,发动机应具有良好的加速性能和减速性能。

为了获得良好的加减速性,需要向燃烧室供应合适的油量。若提高加速性能,则通常需要增加燃烧室的供油量,但会受到涡轮前燃气温度、压气机失速/喘振和燃烧室富油熄火等因素的限制,不能无限制地增大供油量。若提高减速性能,则需要快速减少燃烧室的供油量,但也受到燃烧室贫油熄火等因素的限制。第三代加力式涡轮风扇发动机慢车至中间的加速时间一般为 3~5 s,慢车至加力的加速时间更长一些。相对军用航空发动机,民用航空发动机的加减性能要求相对宽松,而对加减速过程的安全性要求相对苛刻。

FAA AC25.939.1-1《涡轮发动机工作特性评价》中对瞬态工作特性要求"对于飞机和发动机的常规构型,在正常飞行包线内发动机瞬态操作情况下不应出现任何形式的不利工作特性,除非能确定其不会导致危险情况、不需要机组做紧急处理,也不会损害发动机"。JSSG-2007A 中对推力瞬变要求"以任何程序及以任何速率的推力或功率(瞬变)要求不应导致超过发动机的任何工作限制(包括超转及超温),并不应导致发动机的不稳定工作或引起任何机械损坏"。

5.3.1 试验目的

发动机加速性和减速性试飞的目的包括以下方面:

(1) 在各种使用条件下,对发动机各种类型加速的加速时间和发动机工作质量做出评定;

(2) 在各种使用条件下,对发动机减速时的减速时间和发动机工作质量做出评定。

5.3.2 试验方法及要求

1. 被试对象

试验前,应了解和掌握发动机的控制规律、进排气通道的变化规律以及相关技术指标要求。

(1) 发动机加、减速性控制规律。加减速的过程中,供油量采用油气比控制或转速上升率控制,而导叶角度(风扇进口导叶和压气机进口可调静子导叶)的控制常跟随发动机换算转速的变化而变化,喷口喉道面积则采用发动机换算转速和涡轮落压比(也有采用发动机压比)的方式调节。

(2) 进排气通道控制规律。苏-27 飞机外压、可调斜板式进气道的进气面积根据飞行马赫数和风扇换算转速调节,实现飞机进气道和发动机空气流量的匹配。某外压、可调斜板式进气道与某型发动机在试验中,飞机高空超声速平飞减速过程中,发动机收油门杆减速至慢车状态,发动机曾多次出现喘振现象[9]。矢量喷管的偏转则带来发动机稳定裕度的损失[10],加减速过程中也应予以关注。

(3) 技术指标要求。加、减速时间是评估加减速性能的重要技术指标。以发动机推力(功率)快速变化作为评定加、减速时间的标准,加速时间为推力(功率)上升到加速后稳态推力(功率)的 95% 或 98% 所需的时间,减速时间为推力(功率)下降至可用的慢车状态推力(功率)所需的时间。除此之外,加减速过程工作参数的超调量、跟随误差等以及发动机的稳定性也是设计和使用的重要要求。

2. 测试改装

试验测试参数包括飞行高度、飞行速度、油门杆角度、发动机转速、涡轮后温度、各截面总温和总压、导叶角度、喷口喉道面积、主燃烧室供油压力、加力燃烧室供油压力、进气道斜板板位、整机振动值等参数,还包括发动机超限信号(超温、超振等)以及相关系统故障信号等。

3. 试验内容

试验内容主要包括以下方面。

(1) 地面试验。① 飞机地面静止状态,不同大气温度、不同标高机场以及不同负载情况下,以规定的时间移动油门杆/功率杆进行不同状态区间的加速、减速、遭遇加速等试验;② 对于公用进气道的双发飞机,应进行单发和双发加、减速的对比试验;③ 应在试验期间的开始阶段和全部飞行试验结束后分别进行加、减速试验。

(2) 发动机加速性飞行试验。① 选择典型试验高度、速度平飞,以不同移动速率操纵油门杆进行不同起止行程的发动机加速性试验;② 在地面外界大气高温条件下,还应进行低空大速度遭遇加速试验和复飞,遭遇加速还应在高空小速度进行(无地面大气温度要求);③ 遭遇加速试验收油门杆前应在大推力(功率)状态以使发动机达到热平衡状态,以充分考虑热端部件与通道气流的吸放热对遭遇加速的影响,在无法确定回转转速的情况下,可在多个转速点进行回转;④ 若无限制且存在使用需求,除地面起动、暖机、大推力状态起飞的正常起飞程序之外,还应进行起动后不经暖机直接大推力状态起飞的试验;⑤ 空中停车起动成功后,进行从慢车状态加速至中间状态和加力状态的加速试验。

(3) 发动机减速性飞行试验。① 选择典型试验高度、速度平飞,以不同移动速率操纵油门杆进行不同起止行程的发动机减速性试验;② 应重点检查飞机超声速飞行过程中的发动机减速性、高空小表速发动机减速性;③ 还应进行快速上推油门杆后,待发动机参数尚未稳定之前,再快速下拉油门杆的减速试验。

除上述加、减速性试验内容之外,还应包括在飞机进近着舰、空中加油、紧密编队等飞行过程中检查发动机的瞬态响应及工作稳定性,以及在最大负载时进行发动机的加、减速性试验。另外,对于新研航空发动机,加减速试验应在空中起动试验后或建立空中可靠起动区域后进行。

5.3.3 评定方法

以图曲线的形式给出发动机加减速过程工作参数的变化趋势,以表格的形式给出加减速时间、参数超调量和跟随误差等的试验统计值。

在飞行包线范围内,加速、减速时间和瞬态响应符合技术指标和使用要求,发动机加减速过程发动机工作稳定,无超温、超转、喘振、转速悬挂、停车等异常现象,则视为合格。

5.3.4　注意事项

加、减速时间以推力的变化作为计算的标准,若可在实际飞行中确定飞行推力,则可据此进行计算。若有过渡态性能计算程序,也可经过试验数据修正后,以程序计算的推力变化结果作为计算标准。

若在飞行中无法得到推力值,一般选用其他可以表征发动机推力的参数来间接替代,通用电气公司采用风扇转速,普惠公司采用内涵发动机压比(EPR=低压涡轮出口压力/风扇进口压力),罗·罗公司用的是综合发动机压比(IEPR,以内外涵流量作为权重系数的综合压比)[11]。俄制的AЛ-31Ф系列发动机对慢车状态到中间状态的加速时间的判断准则为:发动机油门杆从慢车止动钉开始移动到风扇转速比中间状态稳定转速低2%为止的时间。

5.4　发动机加力燃烧室工作质量试飞

加力技术是采用二次燃烧的方式提高排气速度,分为前喷管加力和后燃烧室加力[12]。前喷管加力见于海鹞垂直起降战斗机用的飞马发动机,在风扇的外涵道前喷管中加装了二次燃烧装置,其基于垂直起降的特殊要求设计,较为少见。后燃烧室加力设置在涡轮后的喷管中,也常称为加力燃烧室。涡喷发动机采用加力燃烧室加力比可达到40%~50%,涡扇发动机采用加力燃烧室加力比可达到60%~70%甚至更高,而加力燃烧室的重量却只占发动机总重量的20%左右,显著地提高了发动机的单位迎面推力和推重比,进而提升和改善了飞机性能,扩大了飞行包线。以普惠F-100发动机为代表的第三代战斗机用涡扇发动机以及以普惠F-119发动机为代表的第四代战斗机用涡扇发动机均采用了加力燃烧室,因此加力燃烧室已成为现代战斗机动力的标配。

点燃可靠和燃烧稳定是航空燃气涡轮发动机加力燃烧室最基本的要求。点燃可靠要求燃烧室可使可燃混合气点燃,形成稳定连续的点火源,并在不同的工作条件下都能使火焰维持稳定地传播。燃烧稳定要求燃烧室在适当的、尽可能宽的油气比范围内工作,且在燃烧过程中,在一定的进口气流条件下,要满足火焰稳定的基本条件。加力燃烧室进口压力低、燃气流含氧量低、热容强度大、进口气流速度高,给可靠点燃并形成稳定火焰带来较大的困难。尤其在飞行包线的左上角区域,由于叠加雷诺数的影响,可靠地接通加力并使加力燃烧室稳定地工作非常困难。

JSSG-2007A中对加力系统要求"加力的推力或功率增加量应可控制,且从不加力到加力的转换应没有推力或功率上大的突变。无论是在加力工作时还是在包线要求的接通或切断期间,不应引起发动机可适用性有不可接受的损失"。

5.4.1 试验目的

发动机加力燃烧室工作质量试飞的目的包括以下方面：

(1) 确定发动机加力接通和切断的边界、加力使用包线；

(2) 评估发动机加力状态的工作稳定性以及加力接通和切断对主机工作稳定性的影响；

(3) 评估发动机加力域内推力可调的工作质量和应急切断加力的功能；

(4) 评估发动机加力燃烧室的受压强度。

5.4.2 试验方法及要求

1. 被试对象

试验前,应了解和掌握发动机加力燃烧室结构、加力控制规律及相关技术指标要求。

(1) 加力燃烧室结构。加力燃烧室有混合进气式和平行进气式等类型。以混合进气式加力燃烧室为例,其由混合器、扩散器、火焰稳定器和加力筒体等组成。混合器使内外涵气体进行有效掺混,改善外涵组织燃烧的条件。扩散器能够对掺混后的燃气进行整流和扩压,减小气流速度,并保证喷入的燃油能够有效雾化,使油气混合物能够可靠地被点燃且稳定燃烧,火焰稳定器组织燃烧并由点火区向内外涵区域传递稳定火焰,是加力燃烧室组织燃烧的关键。加力点火方式又分为热射流点火、预燃室点火、高能直接点火等方式[13]。

(2) 加力控制规律。为实现推力或功率上无大的突变,且不引起主机的不稳定工作,加力燃烧室供油通常采取分区供油的方式,如分为点火区、内涵区、外涵区等供油区域。加力供油规律通常采用开环控制,由气动参数和油门杆决定供油量的大小。加力接通或切断过程,为平衡涡轮后压力的变化,通过喷口喉道面积或发动机压比的闭环控制,保证主机的稳定工作。

(3) 技术指标要求。加力接通和切断时间、加力使用包线等是评估发动机加力燃烧室的重要技术指标。加力接通和切断时间可由发动机推力(功率)的变化作为计算标准,也可采用加力接通信号和各区加力供油压力共同表征。加力使用包线可分为加力接通包线、加力切断包线和加力稳定工作包线,而三者一致的情况则较为少见。

2. 测试改装

加力燃烧室的供油量是评定加力燃烧室功能和性能的重要参数。由于采取分区供油,并受到加改装空间和系统干涉的影响,一般难以直接加装涡轮流量计测量加力供油量。可采取在加力各区供油管路加装压力传感器测量供油压力,结合测量的燃烧室压力,由校准后的喷嘴特性计算获取,也可通过加装流量计测量发动机总的供油量、主燃烧室供油量以及回油量,间接计算获得加力供油量。

试验测试参数包括飞行高度、飞行速度、油门杆角度、发动机转速、涡轮后温度、各截面总温和总压、导叶角度、喷口喉道面积、加力燃烧室各供油压力、整机振动值等参数,还包括发动机超限信号(喘振、超温、超振等)以及相关系统故障信号等。

3. 试验内容

试验内容主要包括以下方面。

(1) 加力接通、切断及稳定工作试验。① 地面不同大气温度、不同标高机场以及最大侧风风速下进行加力接通、切断试验;② 不同标高机场,飞机接通加力后滑跑、起飞;③ 选择典型的高度、速度点,重点是边界速度点,操作油门杆从慢车、节流和中间状态接通小加力、部分加力和全加力,从全加力、部分加力和小加力切断加力;④ 在可靠接通和切断边界的每个试验点应进行接通和切断加力不少于三次,鼓励在加力接通和切断的设计边界之外,进行加力接通和切断试验。

(2) 加力域内推力变换和应急切断加力试验。① 地面进行加力应急切断试验;② 选择典型的高度、速度点,重点是边界速度点,操作油门杆进行小加力、部分加力和全加力之间的状态变换;③ 选择典型的高度、速度点,进行应急切断加力试验。

(3) 加力燃烧室受压强度试验。GJB 243A—2004 对于加力燃烧室的受压强度试验,推荐有三种试飞方法可供选择,且规定无论采用哪种试飞方法,该项试飞只能在试验期间的最后一个架次进行一次,即试验终了时进行一次。

5.4.3 评定方法

整理试验数据和信息,具体如下:

(1) 以图和表格的形式给出发动机加力接通、切断和稳定工作过程相关参数的变化趋势;

(2) 以图的形式分别呈现发动机加力接通、切断和稳定工作的飞行包线。

评定标准主要包括以下方面:

(1) 发动机加力接通和切断时间、加力接通和切断的使用包线应满足技术指标要求;

(2) 发动机加力接通和切断时,发动机应工作正常,无喘振、主燃烧室熄火、振动值过大等不稳定工作现象;

(3) 加力域内推力变换应无操纵限制,且推力无大的突变,应急切断加力功能正常;

(4) 加力燃烧室筒体应无超出规定的裂纹和压陷等结构变化或损伤,严重程度不应超出型号规范的规定。

5.4.4 注意事项

发动机加力接通和切断过程中,常出现的故障包括加力接不通、加力灯闪烁、发动机喘振、发动机超转、喷口喉道面积摆动、加力燃烧室熄火、振荡燃烧等,主要原因包括加力供油与喷口控制不匹配、加力供油突增、加力供油时序问题等。其中,又以加力供油与喷口控制不匹配的问题多见。

对于采用喷口喉道面积闭环控制的涡轮风扇发动机,由于加力点火供油燃烧或切断供油熄火在前,喷口喉道面积跟随涡轮落压比变化闭环控制在后,喷口喉道面积的变化始终在时间上滞后加力燃烧室压力的变化。在加力接通的过程中,若喷口喉道面积放大不及时,则由于加力的燃烧导致涡轮后压力突增,通过外涵道前传至风扇,逼喘发动机;若喷口喉道面积过于放大,则可能导致加力燃烧室进口压力过低,将降低加力接通的成功率[13]。

5.5 武器发射时发动机工作质量试飞

战斗机和武装直升机装备有如航炮、炸弹、火箭弹、导弹等各种机载武器。机炮发射时的废气团以超声速喷出形成超声速射流,同时压缩周围空气并释放所蕴含的内能,形成激波与膨胀波相交织的废气和与吸收了内能的空气相混合的湍流。若被发动机进气道吸入,将在发动机进口形成压力、温度畸变,从而可能导致发动机喘振、停车。导弹发射时,若吸入导弹喷出的高温尾喷流,发动机进口的温升和温升率比机炮发射要高出许多倍,可能导致发动机失速、喘振。

JSSG-2007A 中要求"倘若在吸入武器排气时出现任何性能损失,在驾驶员不予干预的情况下,发动机应在 5~10 s 内恢复到吸入武器排气事件前瞬间达到的推力或功率。此外,吸入武器排气信号出现时,发动机的推力或功率不应下降到吸入武器排气前瞬间达到的推力或功率的 93% 以下",并指出应确定这种吞咽容限,以避免压气机失速、喘振、熄火、风扇或压气机叶片有过高应力或其他的机械损伤。

5.5.1 试验目的

武器发射时发动机工作质量试飞的目的包括以下方面:

(1) 测定武器发射时发动机工作参数及其变化,评估武器发射对发动机工作稳定性的影响;

(2) 评估武器发射时发动机防喘系统的有效性,若发生喘振,则评估发动机消喘系统的有效性和发动机恢复至喘振前状态的能力;

(3) 测定武器发射时进气道出口的压力、温度畸变,评估武器发射时进气道/发动机之间的相容性。

5.5.2 试验方法及要求

1. 被试对象

试验前,应了解和掌握发动机防喘系统和消喘系统的工作原理、武器发射方式以及相关技术指标要求。

(1) 防喘系统和消喘系统。防喘系统是发动机在接到武器发射的信号时,调节可调导叶角度、喷口喉道面积或采取压气机放气等方式,提高发动机的稳定裕度,有限程度地防止发动机失速、喘振。消喘系统则是在发动机出现喘振时,发动机调节可调导叶角度、喷口喉道面积或压气机放气,进行燃烧室切油,消除发动机的喘振,并点火、补氧,恢复正常供油,使发动机恢复至喘振前状态。

(2) 武器发射方式。战斗机航炮布局在靠近进气道的翼根处或机头附近等位置,发射方式可分为点射、短连射、中连射和长连射等方式。导弹通常布局在飞机机翼下方、机腹部下方或内埋入机体,发射方式常见的有导轨式、弹射式,其中采用导轨式且位置靠近进气道的导弹发射对发动机影响较大,而导弹的类型也是重要的考虑因素。

(3) 技术指标要求。定量技术指标有恢复时间、推力降低值等;定性要求,如"正常操纵飞机、直升机发射武器时,发动机应能正常工作,不超温,不喘振,不停车""发动机喘振后消喘系统应能消除喘振,并恢复至喘振前状态"。

2. 测试改装

为测量武器发射时进气道出口的压力、温度变化,应采取在进气道出口加装压力、温度组合测量耙(常见米字、水字或十字形)的方式,并在测量耙上安装动力压力传感器、小惯性温度传感器(热点偶)等。其中,小惯性温度传感器的时间常数值至关重要,时间常数越小,测温频率响应越高,测得的温升和温升率越真实可信。

试验测试参数包括飞行高度、飞行速度、油门杆角度、发动机转速、涡轮后温度、各截面总温和总压、导叶角度、喷口喉道面积、燃烧室供油压力、武器发射信号、导弹离梁信号、进气道出口动态压力和温度、压气机出口动态压力、整机振动值等参数,还包括发动机防喘信号、喘振信号、超温信号等以及相关系统故障信号等。

3. 试验内容

试验内容主要包括以下方面。

(1) 地面试验。① 飞机/直升机地面静止状态,利用地面模拟设备,进行飞机、直升机模拟武器发射试验;② 视情可安排地面靶场航炮发射试验。

(2) 飞行试验。① 选择航炮使用的典型高度、速度和使用场景(如俯冲、盘旋等),进行航炮的点射、短连射、中连射以及长连射;② 选择火箭弹使用的典型高度、速度和使用场景,进行单射和齐连射等不同方式的火箭弹发射试验;③ 选择不同导弹类型使用的典型高度、速度和使用场景,进行单发、双发等不同发射方式的导弹发射试验。

武器发射试验应安排在空中起动试飞结束后进行,且在试验前还应选择武器发射的试验点,进行防喘系统和消喘系统的功能检查试飞。

5.5.3 评定方法

整理试验数据和信息,具体如下:

(1) 以图和表格的形式给出武器发射时发动机工作参数的变化趋势;

(2) 以图谱的方式给出进气道出口压力、温度变化图谱。

评定标准主要包括以下方面:

(1) 武器发射时发动机状态的恢复时间和推力降低值应符合型号规范的要求;

(2) 正常操纵武器发射时,发动机应能正常工作,不超温,不喘振,不停车;

(3) 防喘系统和消喘系统的功能应能满足设计和使用要求。

5.5.4 注意事项

1. 测量耙小惯性温度传感器问题

由于测量耙上安装的小惯性温度传感器,其时间常数的大小取决于热偶丝的直径、焊点直径和迎面热流速度。热偶丝直径和焊点直径越小,时间常数也越小,但热偶丝和焊点强度却大大降低,常被迎面气流或微小异物冲断,从而影响相关试验数据的获取。

2. 武器发射不安全事件

新研发动机的武器发射试验为高风险试飞科目,可能发生的故障或问题包括发动机喘振、超温,以及航炮发射卡滞、导弹离梁失败等。若飞机携带武器着陆,必须按照相应的程序进行处理,防止出现不安全事件。

3. 关闭防喘系统的武器发射试验

美国 F404 发动机配装在 F/A-18A 舰载机进行飞行试验时,在进行机炮、空-空导弹、空-地导弹以及空地火箭弹等武器发射时,均在未使用防喘功能下完成,且获得了满意的验证结果。因此,在 F/A-18A 定型产品上,防喘功能被取消,但保留并具备恢复该项功能的能力。

5.6 发动机气动稳定性(稳定裕度)试飞

由于地面的涡流、空中阵风、非自然外来气体吸入(武器发射的烟火、偏流板前或反推高温喷气的前向回流)和进气道气动问题(如进气道可调斜板板位突变引起的激波变化[14])引起的进气畸变,以及涡轮间隙变化、加力燃烧室点火等发动机自身因素的影响,当发动机共同工作线进入或越过喘振边界时,将会出现失速、喘振等气动不稳定现象[15,16]。严重时会导致性能急剧恶化、发动机停车、进气道和发动机机械性损坏,甚至造成飞行事故。因此,在新型发动机服役或运营前,必须通过飞行试验验证和评估其抗失稳的能力,以及为消除失稳而设计的相关系统(如消喘系统)的工作质量。

在规定的稳态或随时间变化的进气畸变(压力、温度或两者任何组合)条件下,发动机不应失速、喘振、熄火或导致任何损伤。因此,尽早地确定发动机进口进气畸变的容限和喘振裕度,这对于发动机的稳定性设计、进气道/排气系统与发动机的相容性设计以及发动机投入使用均十分有利。为此,可在地面试车台、高空台、飞行台、专用试验机等试验平台,采用在工艺进气道或全尺寸飞机进气道内加装畸变网、空气喷流畸变模拟器、扰流板[17,18]等装置模拟进气压力畸变,采用热空气注入或氢燃料畸变发生器等装置模拟进气温度畸变,以此实现发动机进口进气畸变容限和喘振裕度的确定。相比于地面试车台、高空台,飞行试验的优势在于发动机工作环境的真实性,以及可以验证引气、功率提取、排气喷口反压对发动机容忍进气畸变和喘振裕度的影响。

而为验证和评估消喘系统,除武器发射试验和上述进气畸变模拟试验,还可采用改变进气道可调斜板板位、发动机可调导叶角度/喷口喉道面积/供油量等控制规律的方式,"强迫"发动机进入失速、喘振状态,以在真实的飞行条件下验证和评估消喘系统的工作质量。

5.6.1 试验目的

发动机气动稳定性试飞目的包括以下方面:
(1) 验证和评估发动机的稳定工作能力,确定进气畸变容限和喘振裕度;
(2) 验证和评估消喘系统的工作质量。

5.6.2 试验方法及要求

1. 被试对象

试验前,应了解和掌握发动机防喘系统和消喘系统的工作原理、进气道斜板调节规律、发动机可调导叶/喷口/供油等控制规律以及相关技术指标要求。其中,技术指标包括进气畸变容限、喘振裕度等技术指标,以及消喘系统的指标要求。

2. 测试改装

测试改装阶段,在进气道内或前方加装相应的模拟装置(图5.1和图5.2),同时应在进气道内加装压力、温度组合测量耙,并在发动机沿流程各截面加装总温和总压受感部,以及测量动态压力的受感部和传感器。对于飞行台上的试验,还应在飞行台上加装引气加载、液压加载、电加载设备。

图 5.1　进气压力畸变模拟网装置

图 5.2　某发动机飞行台加装的进气温度畸变模拟装置

试验测试参数包括飞行高度、飞行速度、油门杆角度、发动机转速、涡轮后温度、进气道出口动态压力和温度、发动机各截面总温和总压、发动机各截面动态压力、引气加载流量、液压加载功率、电加载功率、导叶角度、喷口喉道面积、燃烧室供油压力、整机振动值等参数,还包括发动机防喘信号、喘振信号、超温信号等,以及相关系统故障信号等。

3. 试验内容

试验内容主要包括以下方面。

(1) 进气压力畸变模拟试验。① 地面、空中典型试验点,先进行无畸变模拟装置的试验,录取发动机状态基准,再进行进气压力畸变模拟试验;② 畸变网形式。进行不同畸变网(多组压力畸变图谱)形式的模拟试验,每种畸变网应旋转至不同周向方位,在不同发动机转速下进行试验,录取测试参数数据;③ 扰流板形式。进行不同堵塞比的模拟试验,每种堵塞比应在不同转速下进行试验,录取测试参数数据;④ 还应在不同引气量、负载下进行模拟试验。

(2) 进气温度畸变模拟试验。① 地面、空中典型试验点,先进行无畸变模拟装置的试验,录取发动机状态基准,再进行进气温度畸变模拟试验(图 5.3 和图 5.4);② 氢燃料畸变发生器形式。控制组合不同象限的燃烧区和氢气压力,在不同发动机转速下进行试验,录取测试参数数据。

(3) 燃油阶跃等逼喘试验。① 燃油阶跃逼喘。增大发动机加速油量,操纵油门杆进行加速试验,可制定不同的加速油量增加方案,直至发动机加速过程出现失速或喘振;② 开大可调导叶角度逼喘。改变压气机进口可调导叶角度,操纵油门

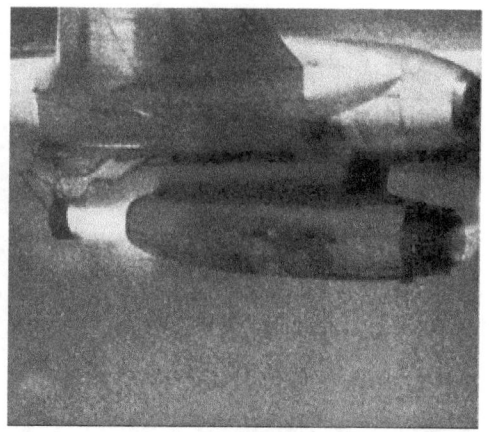

图 5.3 某发动机进气温度畸变模拟地面试验　　图 5.4 某发动机进气温度畸变模拟试飞试验

杆进行加速性试验，直至发动机出现失速或喘振；③ 改变进气道斜板调节规律逼喘。调整进气道可调斜板板位，使得进气道与发动机流量比匹配，发动机出现失速或喘振。

5.6.3 评定方法

整理试验数据和信息，具体如下：
(1) 以图的形式，给出进气畸变条件下发动机工作参数的变化趋势；
(2) 以图的形式，给出喘振前后发动机工作参数的变化趋势；
(3) 以图的形式，给出压力和温度畸变图谱；
(4) 以表格的形式，统计进气流量、总压恢复系数、进气压力/温度畸变指数；
(5) 以表格的形式，统计喘振点的发动机喘振裕度值。

评定标准主要包括以下方面：
(1) 发动机应具有良好的抗畸变能力和较大的喘振裕度；
(2) 发动机喘振时，消喘系统应能投入工作。

5.6.4 注意事项

需要说明的是：① 畸变网、空气喷流畸变模拟器、扰流板等进气压力模拟装置各有优劣，应根据试验需求和目的确定合适的模拟装置；② 采用进气畸变模拟装置或燃油阶跃等逼喘的方式验证消喘系统的工作质量，在发动机喘振后若干扰因子始终存在，消喘系统不能保证发动机恢复到油门杆所对应的稳定状态[19]；③ 试验过程中，发动机失速或喘振后，应按规定程序进行模拟装置、进气道和发动机的检查，如进气道和发动机出现结构损伤，应中止试验。

5.7 发动机控制系统工作质量试飞

航空发动机性能、可靠性等技术指标的不断提升以及功能的越趋复杂和完善,需要更多的控制变量和更复杂的控制算法来实现。随着控制变量的增多,机械液压控制系统体积和重量显著增加,且难以实现复杂的控制算法,成为阻碍发动机推重比继续提高的因素之一。模拟和数字电子控制系统的出现解决了这个问题,且数字电子控制在灵巧性、可靠性和兼容性等方面的优势,使其成为当前航空发动机控制系统的主流。

数字电子控制系统的控制、监视和诊断能力不断提升,控制领域逐渐从单纯的发动机控制向飞/推或火/飞/推一体化综合控制发展。当前,全权限数字式电子控制系统已成为喷气发动机的标准控制系统[7],其组成包括电子控制器硬件和软件、传感器、电液转换装置、执行机构、限制保护装置、电缆以及数字电子控制器与大气数据计算机、飞控计算机之间传输的数据等。

5.7.1 试验目的

发动机控制系统工作质量试飞目的包括以下方面:
(1) 验证和评估发动机控制系统的功能与性能;
(2) 验证和评估发动机控制系统与飞机各系统的兼容性、匹配性;
(3) 验证和评估发动机控制系统装机条件下的适应性和可靠性。

5.7.2 试验方法及要求

1. 被试对象

试验前,应了解和掌握航空发动机控制系统的结构、控制功能及相关技术指标要求。

(1) 控制系统结构。控制系统可采用不同的软硬件架构方式,如双通道主控制系统+机械液压备份控制系统的硬件架构模式、采用不同编程语言实现双通道软件的冗余设计等。

(2) 控制功能。根据发动机运行和使用要求,可设计实现不同的控制功能,包括主/加力燃油流量控制、推力控制(包括矢量推力、反推力控制)、稳定裕度控制、涡轮间隙控制、可调导叶角度控制、压气机放气控制、喷管喉道面积控制、防喘和消喘控制、限制保护控制、容错控制、备份控制、防冰控制、应急放油控制、燃油回油控制等。

(3) 技术指标要求。控制系统在发动机整个飞行包线范围内,确保发动机的安全工作,产生所需的功率或推力,并尽可能实现无操作限制或无忧虑操纵,以满足飞行要求。同时,还应具有良好的稳态性能和动态性能,包括动态过程时间短、超调量小、状态过渡平稳、发动机部件负荷变化速率在允许范围内;稳态控制精度高;抗干扰能力强;工作环境条件符合要求;具有良好的操纵性。

2. 测试改装

测试改装和测试参数包括:① 燃油调节系统燃油管路加装压力和温度传感器,以测量如增压泵进口压力和温度、主燃油泵出口压力、主燃烧室供油压力、作动筒有杆/无杆腔压力、加力燃油供油压力等参数;② 在不影响控制系统正常工作的前提下,抽引或加装发动机重要的被控参数,如发动机转速、涡轮后温度等;③ 加装故障模拟装置,实现传感器故障模拟、控制通道切换等;④ 提取发动机控制系统总线参数。

3. 试验内容

试验主要内容包括以下方面。

(1) 地面试验。① 在地面不同大气条件下,进行发动机地面起动、稳态、过渡态、矢量喷口转向、反推装置打开/关闭等试验;检查控制系统的功能和性能;② 在稳态和过渡态试验过程中,进行主控制系统和备份控制系统的切换,并在备份控制下进行发动机起动、稳态和过渡态试验,检查备份控制系统的功能;③ 利用故障模拟装置,进行传感器故障模拟和通道切换,检查控制系统故障检测与容错控制功能;④ 飞机、直升机通电情况下,分别在发动机不工作和工作时检查控制系统与机载电子设备是否存在电磁干扰;⑤ 地面试验过程中,检查控制系统与飞机各系统的兼容性和匹配性,包括电源是否满足控制系统的使用要求,大气数据信息及座舱油门杆位置、按钮/开关等指令输入与控制系统响应的匹配性,控制系统输出至座舱内的发动机状态和告警等信息显示的正确性等。

(2) 飞行试验。① 结合发动机工作参数测定及工作稳定性试飞、发动机风车状态以及起动性能试飞、发动机加速性和减速性试飞、加力燃烧室工作质量试飞、武器发射时发动机工作质量试飞、矢量喷管工作质量试飞等试验科目,进行发动机空中起动、稳态和过渡态试验,检查控制功能和性能以及与飞机各系统的兼容性和匹配性;② 选择典型高度、速度点,进行主控制系统和备份控制系统的切换,在备份控制下按规定进行不同行程和位置的油门杆操纵,并在发动机备份控制模式下返航降落;③ 选择典型高度、速度点,利用故障模拟装置,进行传感器故障模拟和通道切换;④ 选择典型高度、速度点,发动机以不同稳态和过渡态工作,顺序打开和关闭部分机载电子设备,检查控制系统与机载电子设备之间有无电磁干扰;⑤ 选择典型高度、速度点,利用座舱开关,进行控制系统专用电源和机载电源的切换。

5.7.3 评定方法

整理试验数据和信息,具体如下:

(1) 以图的形式,给出发动机转速、涡轮后温度、可调导叶角度、喷口喉道面积等被控参数控制规律符合性变化趋势;

（2）以曲线时序图的形式，给出起动、加力接通和切断、主/备份切换、通道切换、容错控制、防喘、消喘、防冰、应急放油、燃油回油等功能时序变化过程；

（3）以表格的形式，统计动态过程时间、超调量、稳定时间、控制精度、跟随误差、稳态摆动量等技术指标。

评定标准主要包括以下方面：

（1）发动机起动、稳态和过渡态过程中，控制系统的各项控制功能及其控制逻辑应符合设计要求；

（2）发动机过渡态过程，发动机转速、涡轮后温度、可调导叶角度被控参数的动态过程时间、超调量、稳定时间、跟随误差等控制应符合型号规范的要求；

（3）主控系统应能按要求切换至备份控制系统，发动机在备份控制系统控制下应能满足飞机安全返航的推力需求；

（4）双通道之间应能按要求进行切换，双通道的控制功能和性能以及发动机的工作参数应无差异；

（5）控制系统的故障检测、诊断与容错控制功能以及限制保护功能应符合设计要求；

（6）控制系统与飞机各系统的兼容性和匹配性应良好，满足设计和使用要求；对于飞/推综合控制系统，发动机控制系统应能按照飞控系统发送的指令实现相应的控制功能，以满足飞机的需求。

5.7.4 注意事项

1. 传感器故障

传感器为控制系统输入环境参数和发动机运行的状态参数，由于装机振动、老化等因素影响，传感器可能出现故障，从而输入无效或错误的信息。因此，针对传感器故障，设计有检测、诊断及容错控制单元。主要实现的功能包括：① 双余度传感器，其中一个传感器出现故障时，全权限数字发动机控制（full authority digital engine control，FADEC）系统应能保持正常工作；② 感受关键参数的传感器（双余度传感器都出现故障）发生故障时，FADEC 系统退出工作；③ 感受重要参数的传感器发生故障时，FADEC 系统减少控制功能；④ 感受一般参数的传感器发生故障时，FADEC 系统仅进行记录；⑤ 不影响 FADEC 系统控制功能的传感器可不进行故障处理。

2. 执行机构故障

控制系统的执行机构发生故障，将导致无法实现预期的控制功能和性能，严重时可能导致发动机喘振、超温、熄火停车。某发动机配装某科研试飞飞机，飞机超声速飞行，发动机由中间状态收油门杆减速过程中曾出现高压压气机可调导叶不跟随转速的变化，导致发动机喘振，原因是执行机构发生故障。

3. 控制软件故障

某发动机配装某飞机进行科研试飞,试飞中出现了飞行前自检时 FADEC 系统虚报防冰故障、大气数据计算机输送给 FADEC 系统错误的飞行条件参数而导致 FADEC 系统报故、切断加力过程中落压比变化达到判故条件而导致的不再允许接通加力问题、由于主燃油控制回路响应速度和故障判断阈值设计不合理导致在发动机减速过程中 FADEC 系统报故、马赫数变化率判故条件设计不当导致 FADEC 系统报故等,这些都是因 FADEC 系统软件问题而导致的故障。

5.8 滑油系统工作质量试飞

航空发动机的滑油系统在适当的压力和温度下,向高速旋转的轴承、齿轮传动的附件装置等提供充足的清洁滑油介质,在轴承等旋转件的表面形成流动的油膜,以减少机械摩擦与磨损,带走旋转产生的热量和高温零部件传递的热量以及磨损产生的金属屑、微小颗粒等,以冷却和清洁轴承、齿轮等。系统组成包括供油系统、回油系统和通风系统,部件包括滑油箱、滑油泵组、高空膜盒、燃、滑油散热器、离心通风器、油气分离器以及金属屑末、滑油温度和油量检测及监视传感器装置等,是决定和影响航空发动机安全运行和可靠工作的重要子系统。

滑油系统在航空发动机预期使用的飞行姿态和大气条件下,应能正常工作。为此,对滑油系统及其部件和工作参数等都有严格的要求,如滑油压力和温度、滑油消耗量等不应超出规定的限度范围。航空发动机运行和使用过程中,若滑油系统的工作参数低于型号规范的规定值,可能会产生一系列严重后果,甚至是灾难性后果。例如,滑油压力低、流量小、轴承腔温度过高等,将引起润滑、散热效率降低,以及滑油结焦品质降低,轴承磨损加剧、损坏,振动过大,甚至转子"抱轴"卡滞,严重威胁飞行安全。

为保证航空发动机运行安全和可靠工作,必须验证和评估滑油系统的工作质量,包括其工作参数和特性等是否符合型号规范的要求。

5.8.1 试验目的

滑油系统工作质量试飞目的包括以下方面:

(1) 在航空发动机预期使用的飞行姿态和大气条件下,录取滑油系统的工作参数和特性,验证与型号规范规定的符合性,评估是否满足使用要求;

(2) 检查滑油系统各有关附件的工作是否正常可靠。

5.8.2 试验方法及要求

1. 被试对象

试验前,应了解和掌握滑油系统类型结构、工作参数范围要求和限制以及相关技术指标要求。

（1）类型结构。根据滑油存储的位置,滑油系统可分为湿式浸入式、干式循环式或两者结合等类型。湿式浸入式将润滑油存储在发动机或变速箱中,而干式循环式使用安装在发动机上或发动机附近飞机结构中某个位置的外部油箱存储滑油;按循环性质,滑油系统又可分为调压活门式系统和全流式系统等。

（2）工作参数范围要求和限制。滑油压力/温度、滑油消耗量等滑油系统工作参数以及零/负过载飞行时间、滑油中断时间等均有严格要求。如对于调压活门式滑油系统,要求调压活门前后的压差保持在一定的范围,若过低则滑油供油量较低,影响润滑和冷却;若过高则滑油供油量过大,容易引起滑油泄漏,造成滑油消耗量过大,还可能导致系统中的薄壁结构部件(如散热器)损坏。

（3）技术指标要求。典型技术指标包括滑油箱压力、滑油供油压力、滑油压差、轴承腔温度、滑油回油温度、滑油消耗量、零/负过载飞行时间等。

2. 测试改装

测试改装和测试参数包括：① 滑油系统管路加装压力和温度传感器,以测量滑油压力和温度;② 燃、滑油散热器进出口加装燃油压力和温度传感器以及滑油压力和温度传感器,为计算燃、滑油散热效率等提供数据;③ 必要时,为实时监测滑油量、金属颗粒度等加装相应的传感器。

3. 试验内容

试验主要内容包括以下方面。

（1）地面试验。① 滑油箱中加注不同滑油量(含最小和最大滑油量)时,测定发动机起动和停车、稳态和过渡态的滑油温度、压力等相关参数;② 在大气温度不高于-35℃或可能达到的极限低温条件下,发动机低温冷冻10h以上时,测定发动机起动和停车、稳态和过渡态的滑油温度、压力等相关参数;③ 对装有空气/滑油散热器的滑油系统,应在大气温度不低于40℃或可能达到的极限高温条件下,且在水泥停机坪上高温暴晒5h以上时(燃、滑油应在暴晒前加注),测定发动机起动和停车、稳态和过渡态的滑油温度、压力等相关参数,其中在慢车状态应长时间工作后测定;④ 对运输类飞机的发动机,应在型号规范规定的热燃油温度条件(一般发动机进口燃油温度不低于45℃)下,测定发动机起动、慢车、滑行、起飞状态等工作过程中滑油系统的温度、压力等相关参数;⑤ 对装有滑油加温装置的,应检查滑油加温装置的功能。

（2）飞行试验。① 选择典型的高度、速度点或范围,发动机在各种不同状态工作,飞机进行稳定平飞、平飞加减速、爬静升限、航时、航程等飞行,以及侧滑、跃升、俯冲、倒飞、零过载等机动飞行;② 对于直升机,应进行发动机最大连续和最大状态起飞,还应进行爬静升限、水平飞行、长时间的有地效和无地效悬停等;③ 对运输类飞机的发动机,应在型号规范规定的热燃油温度条件(一般发动机进口燃油温度不低于45℃)下起飞、爬升、平飞,还应进行长航时飞行;④ 滑油箱加注最小滑油量和最大滑油量时,还应进行①~③项飞行试验。

5.8.3 评定方法

整理试验数据和信息,具体如下:

(1) 以图或表格的形式,给出发动机典型工作参数及滑油系统的进口滑油压力、出口滑油温度、金属屑信号等有关参数;

(2) 按规定方法统计滑油小时消耗量;

(3) 对滑油溢出、泄漏等以照片或视频取证。

评定标准主要包括以下方面:

(1) 在飞行包线及过载(包括零、负过载)范围内,发动机在各种不同状态工作,滑油系统应能保证向发动机(减速器)可靠供油,滑油压力和温度、滑油消耗量等在型号规范规定的范围内;

(2) 最小、最大加注滑油量,发动机不同状态工作,滑油压力应在型号规范规定范围内,无压力摆动和脉动,无滑油经通气管溢出;

(3) 滑油温度自动调节系统能保证滑油温度在型号规范规定范围内,其工作可靠;滑油加温装置在型号规范规定范围内,其工作可靠。

5.8.4 注意事项

发动机滑油系统常出现的故障包括滑油压力低、滑油压力高、滑油回油温度高、滑油金属屑告警、滑油消耗量大、滑油泄漏等,主要原因是滑油压差调节活门异常、滑油压力传感器故障、滑油内进入异物、滑油系统薄壁件出现裂纹等。

某民用发动机进行科研试飞,飞行过程中发动机出现滑油箱油量低和滑油压力低告警,飞行员操纵发动机停车。事后拆卸发动机滑油滤,发现传动齿轮箱油滤上附着大量金属屑,进一步分解发现,传动齿轮箱轴承支撑座出现裂纹,轴外侧花键齿顶端出现明显磨损,从而导致密封失效,出现滑油泄漏。

由于滑油具有一定的毒性,严禁滑油泄漏至发动机的流道内,并经引气进入飞机环控系统。同时,对于地面维护人员应避免滑油长时间暴露和接触皮肤。

5.9 发动机结冰和防冰试飞

飞机飞行过程中遇到大气中含有的过冷水滴云层、固体冰晶和水蒸气等,在满足一定的条件下,飞机翼面、垂尾、进气道和发动机进口支板、整流帽罩、分流环、风扇和压气机叶片等,会产生结冰现象。聚集在进气道和发动机气流流道内零、部件前缘或边缘的结冰层,改变了气流通道的气动外形,将加剧气流的分离,使得进气畸变增大,风扇和压气机效率降低,导致发动机推力降低,耗油率增加,还会引起发动机不稳定工作甚至压气机喘振。同时,附着在转子叶片上分布不均匀的冰层使得转子转动不平衡,发动机振动也会增大,从而可能导致发动机转子轴承的损伤。若结冰层脱落吸入压气机和燃烧室,将可能导致发动机出现机械性损伤甚至熄火、停车。

研究证明,飞行过程中以过冷水滴云层引起的结冰现象最为常见,当过冷水滴撞击到飞机和发动机部件的迎风表面时,会迅速在表面凝固形成冰。FAR-25附录C和JSSG-2007A中图15a、图15b给出了飞机和发动机防冰设计与验证试验采用的一组结冰条件曲线,即"连续最大"和"间断最大"结冰条件曲线,其中关键的结冰条件参数包括液态水含量、水滴直径、环境温度和飞行高度。固体冰晶引起的发动机零、部件结冰也曾出现,且在发动机高压压气机静子叶片出现过结冰现象,这种相对"温暖"环境下的结冰机理仍待进一步深入研究[20,21]。例如,GEnx发动机曾在12 000 m高空中吸入冰晶,发动机结冰导致喘振停车,事后检查发现多片高压压气机叶片被打伤[22]。

由于结冰气象条件难以避免和结冰的危害性,对军民用航空发动机均提出了防冰设计与环境结冰验证试验的要求。发动机通常在进气道(或发动机短舱)和进口支板、整流帽罩等处采用热空气(引流压气机热空气)、电加热等方式防冰。验证试验通常可分为地面台架模拟结冰试验、冰风洞模拟结冰试验和飞行试验。飞行试验又可采取自然大气条件下发动机防冰系统飞行试验和模拟自然结冰气象条件下的发动机防冰系统飞行试验两种方式进行。国内曾先后在运-12、ARJ21-700等飞机上开展了发动机防冰系统飞行试验。

5.9.1 试验目的

发动机结冰和防冰试飞目的包括以下方面:

(1) 在结冰气象条件下,录取结冰前后及过程中发动机的工作参数和性能、特性,验证评估与型号规范规定的符合性;

(2) 结冰气象条件下飞行时,验证和评估防冰系统能否有效地防止发动机有关部件(如进气道前缘和整流罩、进口支板等)结冰。

5.9.2 试验方法及要求

1. 被试对象

试验前,应了解和掌握发动机防冰系统类型结构、工作参数范围要求和限制以及相关技术指标要求。

(1) 类型结构。发动机一般采取热空气、热滑油和电加热的方式进行防冰,其中以热空气防冰较为常见。热空气一般引自发动机的压气机级,通过引气管路和控制阀门进入发动机进口支板、整流帽罩内部空间,提高其表面温度。

(2) 工作参数范围要求和限制。防冰系统引气压力和温度跟随发动机状态进行变化,或通过控制装置进行温度的调节;对于采取防冰措施的短舱和发动机零、部件表面还存在温度限制,温度不能过高,过高可能影响材料或其使用寿命;发动机在结冰条件下,发动机推力损失和耗油率变化以及稳定工作能力均有一定的要求,不同型号发动机要求存在一定的差异。

(3) 技术指标要求。防冰系统应能有效防冰,发动机应工作稳定,工作参数应变化正常等。典型技术指标包括发动机推力损失、耗油率变化量、发动机转速变化量、防冰引气压力和温度、防冰零部件表面温度等。

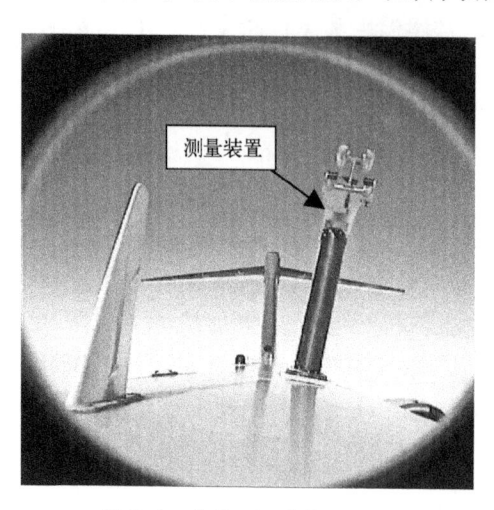

图 5.5 安装于机背的云组合气象参数测量装置

2. 测试改装

测试改装和测试参数包括：① 加装气象参数测量设备,测量云层液态水含量、水滴直径等结冰气象条件参数,测量方法有传统的旋转多筒法[23]、涂滑油板法以及目前采用的先进光学仪器测量法等。如图 5.5 所示为某飞机结冰试飞采用的云组合气象测量装置,其将激光探测、离子图像探测和热线式传感器测量等多种方式集成在一起获取气象参数;② 加装视频设备,获取进气道(或发动机短舱)、发动机进口整流帽罩等零、部件表面的结冰过程;③ 加装防冰系统引气压力和温度传感器,以及测量零、部件表面温度的传感器,还应加装测量发动机转速、振动、推力和耗油率等参数的传感器。

3. 试验内容

试验主要内容包括以下方面。

(1) 地面试验。① 在干空气条件下,发动机在慢车、节流、中间及以上状态工作,检查发动机及进气道防冰系统的工作可靠性及工作参数,并测量被加热部件的表面温度;② 在满足要求的自然结冰条件下,重复①的试验内容;③ 对运输类涡喷、涡扇发动机,在自然结冰大气条件下,发动机在地面慢车运转 30 mim,随后发动机以起飞功率(推力)做短暂运转,慢车运转期间,发动机可按照使用方可接受的方式间歇地加大转速到中等功率(推力);④ 对装有进气网的发动机,还应在机场进行降雪、扬雪条件下的试验,检查防冰系统的有效性。

(2) 飞行试验。① 在干空气条件下,选择典型高度、速度飞行,接通防冰系统,发动机在慢车、节流、中间及以上状态工作,检查防冰系统工作可靠性及工作参数,测量被加热部件的表面温度;② 在满足要求的自然结冰条件下,飞机以不小于在复杂气象条件下飞行的最小允许速度在结冰区飞行,发动机以典型工作状态工作(至少包括慢车状态),检查防冰系统功能及防冰效能,在结冰区域内完成试验内容后,飞机应立即退出结冰区域低速飞回机场,着陆后进行相关检查和记录;③ 在满足要求的自然结冰条件下,运输类飞机进入结冰区域前打开短舱防冰开关,待进气唇口温度稳定后需保持 20 min 方可脱离结冰区域;④ 在满足要求的自然结冰条件下,运输类飞机进入结冰区域前,飞机稳定平飞,试验发动机在飞行慢车状态下工作,进入结冰区域后延迟 2 min 或结冰厚度达到最大值(以先到为准)打开短舱防冰开关,监测短舱防冰参数,待进气唇口温度稳定后需保持 20 min 方可脱离结冰区域。

5.9.3 评定方法

整理试验数据和信息,具体如下:

(1) 以图或表格的形式,给出气象参数、飞行状态、发动机工作状态、防冰系统工作参数和工作信号的变化趋势;

(2) 对结冰现象等以照片或视频取证。

评定标准包括以下方面:

(1) 干空气和自然结冰条件下,发动机工作参数和性能等满足型号规范的要求;

(2) 干空气和自然结冰条件下,防冰系统的工作逻辑和参数等应符合设计要求,防冰系统能有效地防止有关零部件结冰,发动机未受到损坏、工作稳定、工作参数正常,则防冰系统效能合格。

5.9.4 注意事项

1. 某型涡扇发动机风扇结冰飞行试验[24]

某型涡扇发动机风扇为单级风扇,无进口支板,整流帽罩未设计防冰措施。在空中自然结冰条件下,该型发动机分别在慢车功率、待机功率和最大爬升功率进行了风扇结冰飞行试验。通过安装的视频设备记录了风扇结冰过程,并通过安装于风扇前端轴承和风扇机匣后端的振动传感器测量的振动值变化,表征了风扇的自然脱冰能力。

2. 某型飞机发动机短舱防冰飞行试验[25]

某型飞机发动机短舱设计采取了热空气防冰的措施。在空中自然结冰条件下,该发动机短舱进行了防冰飞行试验。加装的视频证明,在进入结冰区前打开短舱防冰系统,进入结冰区后短舱防护表面没有出现结冰迹象;在进入结冰区后延迟 2 min 打开短舱防冰系统,延迟时间段内短舱前缘表面有结冰现象,当防冰系统打开后,结冰迅速脱落。短舱前缘蒙皮温度测量结果显示,短舱防冰系统工作时,温度均大于0℃;延迟2 min试验中,前缘蒙皮温度低于0℃,但当防冰系统接通时蒙皮温度迅速上升。

5.10 矢量喷管工作质量试飞

推力矢量技术通过改变发动机输出推力的大小和方向,生成操纵飞机所需力/力矩,是第四代战斗机实现超机动、超声速巡航、隐身等能力的重要技术措施之一。理论和实践证明,推力矢量技术改善了飞机的飞行性能和操纵品质,使飞机具有更强的综合控制能力,大大提高了其作战效能和生存能力[26]。

矢量喷管是推力矢量技术的核心装置,发展形成了空气射流式、燃气舵和喷管偏转式等多种形式,其中喷管偏转式矢量喷管又有轴对称矢量喷管和二元矢量喷管等形式。20世纪80年代末至90年代中期,美、俄等国利用F-15、F-16、苏-27等第三代战斗机平台持续开展了一系列推力矢量技术演示验证,研究并验证了轴对称矢量喷管和二元矢量喷管的功能与性能、矢量喷管与发动机主机的匹配性、飞/推综合控制技术等[27]。目前,喷管偏转式矢量喷管已进入型号应用阶段,如带轴对称矢量喷管的АЛ-31ФП和117S推力矢量发动机、带二元矢量喷管的F119发动机。

矢量喷管取代常规喷管匹配主机既能保证发动机的性能和特性等,又能发挥飞机舵面的作用,产生匹配飞机操纵的侧向力或力矩;既是发动机的子系统,又可纳入飞机飞行控制,是一个发动机与飞机共享的独特部件。因此,需要从发动机和飞机两个维度,验证和评估矢量喷管的功能、特性等[28,29]。

5.10.1 试验目的

矢量喷管工作质量试飞目的包括以下方面:
(1) 验证和评估矢量喷管的功能、特性和工作可靠性;
(2) 验证和评估矢量喷管偏转对发动机性能及稳定性的影响;
(3) 验证和评估矢量喷管偏转对飞机性能、品质的增益;
(4) 验证和评估矢量喷管的余度技术、故障保护技术及飞机/发动机综合控制能力。

5.10.2 试验方法及要求

1. 被试对象

试验前,应了解和掌握矢量喷管的结构、工作范围要求和限制及相关技术指标要求。

(1) 矢量喷管的结构。轴对称矢量喷管主要由收敛段和扩张段及相应的驱动机构组成,收敛段调节片姿态由 A8 调节环控制,扩张段调节片位置由 A9 矢量调节环和 A8 调节环联合控制;二元矢量喷管结构比轴对称矢量喷管简单,常规形式为圆转方矩形,由作动筒驱动上下调节板,实现上下偏转。

(2) 工作范围要求和限制。矢量喷管根据飞机的需求偏转,工作模式取决于设计要求。若仅用于实现大迎角可控飞行,则在大迎角区补偿飞机舵面气动效率而进行偏转。同时,矢量喷管的偏转受到侧向力、喷管内气流的不均匀性等因素的限制。

(3) 技术指标要求。典型技术指标包括偏转范围(方位角、几何偏转角)、偏转速率、应急回中速率、偏转时间、侧向力、偏转状态发动机推力损失等。

2. 测试改装

除在发动机、飞机上进行相应的测试改装之外,对于矢量喷管装置的测试改装包括:① 矢量喷管单元关键承力构件上加装高温应变计,测量其载荷变化;② 矢量喷管调节片或调节板不同位置加装热电偶,测量调节片或调节板壁面温度;③ 矢量喷管作动筒驱动油路加装压力传感器,测量作动筒腔压,计算获得作动筒受到的载荷力。

3. 试验内容

试验主要内容包括以下方面。

(1) 地面试验。地面试验应在专用试车场地进行,具备飞机全方位(机翼、机轮、机头等位置)固定装置以及高温气体的导流槽。① 发动机在稳态、过渡态工作,矢量喷管偏转角度由小至大,进行不同方位、不同几何偏转角度的偏转;② 发动机以不同的状态稳定工作,喷管偏转到一定角度时,进行矢量喷管双余度相互转换、应急回中等试验。

(2) 飞行试验。① 具备推矢短距起降功能的飞机,打开推力矢量功能,飞机进行起飞和降落;② 在飞行包线内选择典型高度、速度点,发动机以不同的状态稳定工作,喷管偏转到不同角度(由小到大)飞行;③ 在飞行包线内选择典型高度、速度点,发动机以不同的状态稳定工作,喷管偏转到一定角度时,进行矢量喷管双余度转换及应急回中试验;④ 在矢量喷管偏转包线内选择典型高度,飞机做加减速、爬升、侧滑、盘旋、跃升、俯冲拉起以及零、负过载等机动飞行;⑤ 在矢量喷管偏转包线内选择典型高度,飞机进行大迎角(迎角超出常规迎角限制)和过失速机动飞行。

5.10.3 评定方法

数据处理方式为绘制不同试验条件下有关参数随时间的变化曲线或有关参数的统计表格。

评定标准主要包括以下方面:

(1) 矢量喷管的偏转角、偏转速率及应急回中速率等应符合型号规范的规定,作动系统、冷却系统、密封系统等应工作正常、可靠；

（2）矢量喷管偏转过程中，发动机应工作稳定，无失速、喘振及其他不稳定现象，发动机推力损失应符合型号规范的规定；

（3）矢量喷管的偏转响应符合飞控系统要求，对飞机性能、品质等的增益应符合飞机的要求；

（4）矢量喷管具有余度工作能力，以及故障保护能力。

5.10.4　注意事项

大迎角与过失速机动飞行时，发动机可能出现喘振、熄火停车等故障或问题。

（1）喘振。矢量喷管偏转需要发动机燃油系统提供驱动力，可能会影响发动机燃烧室供油的稳定性，同时喷管内气流的偏转会导致主机的稳定裕度损失；另外大迎角与过失速机动飞行，会使进气损失增加，进气品质恶化，发动机稳定裕度损失进一步增加。多种因素的综合作用下，尤其在极限迎角飞行时，推力矢量发动机容易出现喘振。

（2）熄火停车。除过发动机喘振可能导致熄火停车外，大迎角与过失速机动飞行时，由于较低的进气压力和进气温度，可能引起主/加力燃烧室的振荡燃烧、熄火，尤其在慢车状态，发动机熄火的可能性大大增加。

（3）若发动机由较大的工作状态熄火、停车，叠加较低的外界环境温度，机匣和涡轮叶片吸放热效率的差异可能导致发动机转子卡滞，使得发动机丧失再次起动的能力，并带来飞行阻力的增加影响飞机空滑性能，从而可能导致严重的后果。

现代飞机使用推力矢量技术时，大都采用飞/推综合控制策略，这就意味着飞行中不能人为地设定进而控制喷管的偏转角度，喷管偏转的方位及角度都是靠飞控系统根据控制策略自动产生的。为了试验不同的喷管偏转形式，就需要飞机进行各种机动飞行，从而触发喷管不同的偏转方位及角度。

参考文献

[1] Federal Aviation Administration. Evaluation turbine engine operating characteristics [S]. AC25.939.1 - 1. US Department of Transportation, 1986.

[2] 刘永泉.国外战斗机发动机的发展与研究[M].北京：航空工业出版社,2016.

[3] 马明明.舰载战斗机发动机技术发展及试飞技术[R].西安：中国飞行试验研究院,2013.

[4] 姜健.F119、F120、F135、F136发动机的研制及试验[R].西安：中国飞行试验研究院,2009.

[5] Van Deusen E A, Mardoc V R. Distortion and turbulence interaction: A method for evaluating engine/inlet compatibility[R]. AIAA 70 - 00632, 1970.

[6] 刘选民,李凡.国外现代战斗机飞行事故[M].北京：航空工业出版社,2011.

[7] 赵连春,杰克·马丁利.飞机发动机控制——设计、系统分析和健康监视[M].张新国,等

- [8] 申世才,郝晓乐,晁晓亮,等.基于可控切油技术的惯性启动试验方法研究[J].工程与试验,2016,56(26):32-35.
- [9] 申世才,郝晓乐,贾一哲.高空超声速涡扇发动机喘振特征及扩稳措施的飞行试验研究[J].燃气涡轮试验与研究,2016,29(3):7-10.
- [10] 李建榕,白伟.喷管偏转对航空发动机特性影响的试验[J].航空动力学报,2016,31(5):1213-1218.
- [11] Spang H, Brown H. Control of jet engines[J]. Control Engineering Practice, 1999, 7(9): 1043-1059.
- [12] 侯晓春,季鹤鸣,刘庆国,等.高性能航空燃气涡轮燃烧技术[M].北京:国防工业出版社,2002.
- [13] 马明.涡扇发动机接通加力过程对主机工作稳定性影响的试验研究[J].航空科学技术,2017,28(7):40-44.
- [14] 史建邦,申世才,于芳芳,等.飞机可调斜板式进气道板位突变特性研究[J].科学技术与工程,2012,12(1):85-88.
- [15] 胡骏.航空压气机气动稳定性分析方法[M].北京:国防工业出版社,2015.
- [16] 刘大响,叶培梁,胡骏,等.航空发动机稳定性设计与评定技术[M].北京:航空工业出版社,2004.
- [17] 马明明,马燕荣,王小峰,等.扰流板进气总压畸变试验[J].航空学报,2009,30(8):1361-1366.
- [18] 马燕荣,马明明,王小峰.发动机飞行台插板空中逼喘试验研究[J].燃气涡轮试验与研究,2010,23(3):18-21.
- [19] 屈霁云,马明明,王小峰,等.某型发动机喘振特征分析及消喘系统验证试验[J].航空动力学报,2010,25(6):1291-1296.
- [20] Mason J G. The ice particle threat to engine in flight[R]. AIAA 2006-206, 2006.
- [21] 胡娅萍.航空发动机进口部件积冰的数值模拟研究[D].南京:南京航空航天大学,2008.
- [22] 陈光.GEnx发动机结冰问题初探[J].国际航空,2014,2:71-72.
- [23] Kline D B. Investigation of meteorological conditions associated with aircraft icing in layer-type clouds for 1947-48 winter[R]. NACA TN 1793, 1949.
- [24] 中国飞行试验研究院.某型发动机风扇结冰试飞技术报告[R].西安:中国飞行试验研究院,2014.
- [25] 中国飞行试验研究院.某型飞机发动机短舱结冰试飞技术报告[R].西安:中国飞行试验研究院,2014.
- [26] Society of Automotive Engineers. In-flight thrust determination for aircraft with thrust vectoring[R]. SAE AIR 6007, 2016.
- [27] Anna P D, Kidman D S. Flight test results of the F-16 aircraft modified with the axisymmetric vectoring exhaust nozzle[R]. N95-14245, 1994.
- [28] 丁凯峰,樊思齐.矢量喷管与发动机的共同工作研究[J].航空动力学报,2000,15(1):96-98.
- [29] 丁凯峰,王小峰,樊思齐.矢量喷管偏转对发动机推力的影响[J].推进技术,2000,21(3):23-25.

第6章
航空发动机结构强度试飞

航空发动机应在其使用寿命内安全地工作,在承受单独或复合的极限载荷下,发动机应有足够的强度,不应出现灾难性破坏。由于航空发动机长期在高温、高压、高负荷条件下工作,实际使用中由于结构强度出现问题导致的事故屡见不鲜,因而各种发动机的结构强度试验历来是发动机试验的重要内容,试飞中也不例外。试飞中,通过对发动机整机及结构件的载荷、振动等进行测量,对发动机的结构强度情况做出评定。同时,通过对试飞期间飞行剖面、发动机使用中所承受的典型载荷状态及各种载荷状态发生的频次进行统计,为发动机实际使用载荷谱的编制提供依据。本章介绍了发动机振动特性试飞、发动机载荷测量试飞及发动机飞行载荷谱试飞。

6.1 发动机振动特性试飞测量与评定

6.1.1 试验目的

发动机振动特性试飞的目的是:测定发动机在所有使用条件下的振动,检查发动机的振动特性及振动值是否满足型号规范或设计使用要求,试验测定的结果给发动机鉴定(定型)及使用提供依据。在发动机飞行试验时对其振动进行监测和诊断,跟踪监视发动机的振动变化情况,以获取振动故障信息,为故障的检查排除提供依据,保证飞行安全。

6.1.2 试验方法及要求

1. 振动测试系统配置

1) 振动测量点布置及传感器安装

振动测量点布置应根据发动机结构、振动特点,以及发动机在飞机的安装位置和台架振动测量点位置综合考虑确定。通常在发动机附件机匣、进气机匣、压气机机匣、涡轮机匣、减速器机匣、桨轴输出部位(机匣)上按试飞要求分别加装水平、垂直或轴向振动传感器[1-4]。加装在发动机机匣安装边上的振动传感器应尽可能地靠近发动机承力截面并尽量位于支板顶端。图6.1为某型发动机振动测点的位置分布示意图。

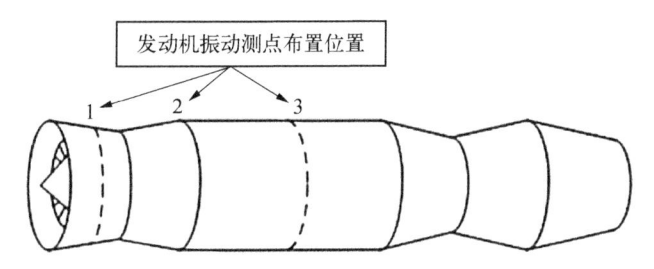

图 6.1　某型小涵道比涡扇发动机振动测点布置位置示意图

1—风扇前支点；2—中介机匣；3—低压涡轮支点

振动测量传感器与安装支座、被测对象（如机匣安装边、承力部件等）之间必须是刚性连接，不允许有松动。振动测量传感器与支架安装必须采取保险措施（保险片、保险丝、自锁螺母等），以防它们之间出现松动。一般装机试验的振动测量传感器及支架应与地面台架试验的振动测量传感器及支架相同。

2）振动测量系统配置及标定

振动测量系统包括传感器、信号调理器、信号采集器、信号记录仪等。振动测量系统的配置原则是：① 测量系统频响（上限频率）应为被测的最高测量频率的 3～5 倍；② 测量系统的频率响应上限频率和下限频率为衰减度 $-3\,\mathrm{dB}$ 处，平直段衰减度为 $\pm 1\,\mathrm{dB}$ 或 $\pm 1.5\,\mathrm{dB}$；③ 测量系统误差应 $\leqslant 5\%$；④ 采样频率为测量系统的频率响应上限频率的 3～5 倍。

振动测量系统使用标准振动台进行标定，建立系统的输入量与输出量之间的关系，同时确定出不同使用条件下的误差关系，主要对传感器和与之配套的信号调理器进行标定。一般采用相对标定法，对系统灵敏度、线性度、幅频特性及测量范围进行标定。

（1）系统灵敏度。在振动台进行标定，给出规定频率范围内输出量（电压、电荷）与输入量（振动的位移、速度、加速度）的比值。

（2）线性度。在振动台进行标定，给出不同频率的机械量（输入的振动位移、速度、加速度）与输出量（电压或电荷）的线性关系，并利用最小二乘回归分析计算给出系统线性误差。

（3）幅频特性。在振动台进行标定，给出不同频率同一机械量（输入的振动位移、速度、加速度）与输出量（电压或电荷）的关系，即灵敏度随频率变化的特性。

（4）测量范围。通过标定确定系统输入量与输出量之间的最大机械量范围，使系统输出不能出现限幅。振动测量频带：对于涡喷、涡扇、涡桨发动机的转子振动测量频带一般为 $5\,\mathrm{Hz}\sim 2\,\mathrm{kHz}$；对于涡轴发动机的转子振动测量频带一般为 $5\,\mathrm{Hz}\sim 6\,\mathrm{kHz}$；对于发动机的压气机叶片（风扇）旋转机械振动和轴承的振动测量频带一般为 $5\,\mathrm{Hz}\sim 10\,\mathrm{kHz}$；对于发动机附件传动系统的齿轮啮合振动、减速器的振动测量频带一般为 5 Hz~20 kHz。

2. 地面试验

发动机装机后需进行地面试验,测取不同工作状态下的振动值和振动特性,检查振动是否满足型号规范或设计使用要求。

主要试验内容和方法:发动机的稳定工作状态和过渡工作状态、最大引气、功率提取、满载和空载、影响发动机振动特性的特殊工作状态下的试验。对于涡桨发动机,还应包括顺桨试验和反桨试验。在各种环境条件下(高温、高寒、高原、不同的风向和风速等),飞机作地面滑行、反推力(桨)装置工作状态的试验。

3. 飞行试验

在飞机(直升机)飞行包线和发动机工作包线内,在各种飞行状态和发动机不同的工作状态进行试验,测取发动机的振动值和振动特性,检查其振动是否满足型号规范或设计使用要求。

飞行试验包括以下方面:

(1)飞机起飞、爬升、下滑、着陆、加速和减速飞行、大速度和小速度飞行、机动飞行、风车转速飞行、发动机空中起动、武器发射,以及影响发动机振动特性的特殊飞行状态(如自然结冰等);

(2)对于配装直升机的涡轴发动机,除参照第(1)项外,还应进行悬停、以最大允许的角速度左右旋转、以允许的最大侧移速度对地侧向移动、不同方向和风速下的着陆。

4. 振动信号及数据预处理

首先将飞行参数(如飞行高度、飞行速度、过载、迎角、侧滑角、姿态角等)和发动机工作参数以及实测的振动信号(如油门角、转速、排气温度等)进行平滑处理,剔除异点。平滑处理方法一般采用预滤波和正态分布的肖维涅法进行异点剔除。

振动信号处理时间段选取原则在地面试验和飞行试验中有所不同。

1) 地面试验

(1) 发动机在稳定状态下工作,油门和转速均稳定时,选取振动信号处理时间段。

(2) 发动机在起动和停车时以及转速上升和下降时,根据油门角和转速选取振动信号处理时间段。

2) 飞行试验

(1) 飞机稳定平飞,在同一飞行高度,选取不同的飞行速度(大、中间、小速度)及发动机在稳定工作状态时的振动信号处理时间段。

(2) 飞机稳定平飞,在不同的飞行高度,选取飞行速度的大速度和中间速度及发动机在稳定工作状态时的振动信号处理时间段。

(3) 飞机机动飞行时,在振动信号处理的时间段,根据飞机的迎角及侧滑角、姿态角和过载及发动机的工作状态综合判断选取;发动机在过渡状态下(起动、停车、转速上升和下降)工作时,根据油门和转速选取振动信号处理时间段。

(4) 飞机在起飞和快速下滑时,根据发动机的工作状态选取振动信号处理时间段。

5. 振动数据分析

将监测的发动机振动信号进行窄带滤波或跟踪滤波分析,以获取不同的转速所对应的振动幅值(极值、均方根值、均值)和振动时域波形。滤波带宽根据分析要求设定。

将监测的发动机振动信号进行频谱分析(如快速傅里叶变换),并进行选段平均(发动机在稳定工作状态下的平均次数不少于10次),以获取不同转速所对应的各阶振动幅值(均值)和振动频谱。分析参数(总数据长度、计算点数、最高分析频率等)根据分析要求设定。

分析发动机地面台架、装机地面试验和飞行试验测量分析的数据,列出典型数据表格并绘制振动值随发动机工作时间的变化曲线、典型振动谱图和时域波形,注明试验日期、发动机的工作状态和飞行状态等,给出各试验点的振动频率所对应的幅值。

6.1.3 评定方法

若在地面试验、飞机滑跑起飞、飞机下滑着陆、飞机稳定平飞、飞机爬静升限、飞机机动和特技飞行、发动机空中起动、武器发射等过程中测得的发动机整机振动监视值、转子基频分量均符合型号规范的规定,没有超过其限制值,且在这些试验条件下安装在发动机上的附件、传感器、电子控制器、管路等没有因为发动机振动原因出现不能正常工作和可靠性问题,则发动机的振动视为合格。

6.1.4 注意事项

试验过程中,需要密切监视发动机的振动值。如果振动值超过限制值,一般应当按照飞行手册处置:调整受影响侧发动机的油门杆,监控发动机参数,如果振动减小到正常范围且其他参数正常,则避开振动超限的转速点继续进行试验;如果振动不能减小到正常范围,或其他参数异常或者超限,则执行发动机空中关车程序。

6.2 发动机载荷测量试飞

6.2.1 试验目的

发动机载荷测量试飞的对象主要包括发动机的转子工作叶片、转轴、轮盘、螺旋桨桨叶、桨毂、桨轴等旋转部件,以及机匣、整流或导向叶片、导管、轴承座、承力支板、安装节、拉杆等静子部件。

试飞目的是通过试验(包括地面和飞行试验)进行旋转件和静子零部件的载荷实测,为发动机的设计使用及研制提供技术依据及载荷数据。

6.2.2 试验方法及要求

1. 测试方法

1）应力测量

在被试的构件表面粘贴应变片并组成电桥,当构件受力变形时,应变片随构件一起变形(受拉或受压),引起应变片的电阻变化,应变电桥把所测的由构件变形引起的电阻变化转换为电压变化,经放大调理传输到采集记录设备进行记录。

2）表面温度测量

在被试的构件表面上粘贴测温片或焊接热电偶以感受构件的表面温度,构件表面温度的变化引起温度传感器(测温片、热电偶)的电阻变化,变化的电阻经变换放大调理传输到采集记录设备进行记录。

3）旋转件载荷测量信号传输

在旋转件载荷测量中,载荷测量传感器以及测量设备(应变片、测温片和热电偶)被固装(粘贴、焊接等)在旋转件上一起旋转,如何将所测的旋转件的载荷信号输送到静止件上的测量记录设备进行数据采集记录,这是信号传输的问题。飞行试验中旋转件载荷测量信号传输基本采用无线近距遥测传输方式[2]。

无线近距遥测传输是将旋转件上的测量传感器和测量设备所测的载荷信号,经由安装在转动件上的发射系统进行发送,安装在静止构件上的接收系统进行接收并采集记录。无线近距遥测传输是以天线耦合实现信号的发送和接收。无线近距遥测传输原理如图 6.2 所示。

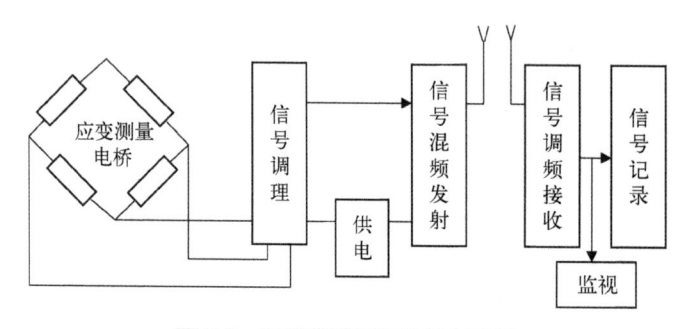

图 6.2 无线近距遥测传输原理图

遥测系统分为发射部分和接收部分。发射部分包括传感器和信号调理单元、信号混频调制/采集合成发射单元、供电单元和发射天线。接收部分包括低噪声放大器、耦合分离器、信号解调单元、供电单元和接收天线。

遥测系统按传输信号的数目可分为单路和多路。单路由单个发射机和接收机传输一个信号(即单通道),多路由一套发射机和接收机传输多个信号(即多通道),动力装置旋转件载荷测量通常选用多通道遥测传输。

2. 载荷测量校准

测量传感器和测量系统应一起进行载荷测量校准试验。校准的目的是获得载荷→应变→电压之间的关系,即标定应变/电压-载荷方程。

载荷测量时,根据构件所承受的载荷粘贴、布置应变片,测取主载荷作用产生的应变(单一方向的应变),如弯曲应变、拉伸应变、扭转应变。但是实际粘贴、布置应变片除感受主载荷所作用的应变外,还感受其他载荷作用在该应变片上所产生的微小应变,此外贴片的位置和方向的误差是未知的,这些因素的影响无法估算,只能通过校准试验来确定载荷与应变的关系。

构件载荷测量实际加载校准试验时,将被测构件安装在专用标定工装设备上,利用专用加载设备和工装夹具进行加载。加载分单项加载和综合加载,通过校准试验结果(输入和输出数据)的回归分析,给出校准载荷与应变/电压之间的关系——载荷测量校准方程。

图 6.3 为某发动机主安装节载荷校准试验设备示意图,图 6.4 为主安装节推力-应变校准曲线和方程示意图。

图 6.3 发动机主安装节载荷校准试验设备示意图

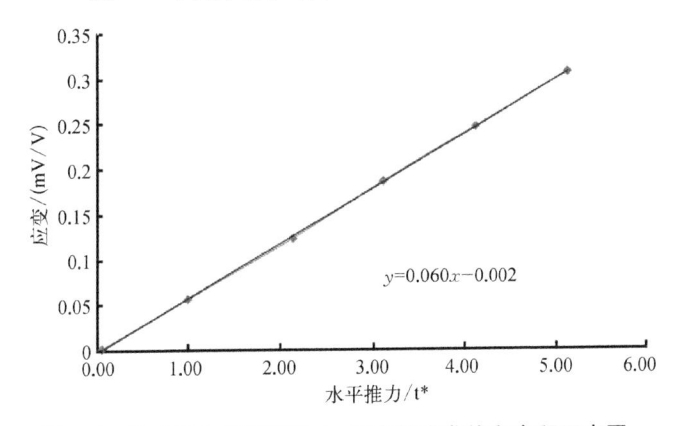

$y=0.060x-0.002$

图 6.4 发动机主安装节推力-应变校准曲线和方程示意图

* 1 t 表示让质量为 1 吨的物体产生 1 g 加速度的力。

3. 载荷测量传感器和信号传输记录系统的加改装

载荷测量传感器（应变、温度、振动）在试件上的加装（包括信号传输导线的固定）和信号传输记录系统盘在转子件的加装，必须按照被测对象的技术要求、设计的试验技术方案、传感器的技术要求和加装工艺要求、信号传输记录系统的技术要求实施，使加装的传感器和传输导线与构件、信号传输记录系统盘与转子件牢靠地固定，在使用中不应因离心力、振动等使所加装的传感器和导线、信号传输记录系统与转子件固定有松动或脱离，更不应因加装的传感器和信号传输记录系统盘的不良安装引起不安全事故的发生。加装时一般与设计生产单位一起完成。

载荷测量传感器、信号传输记录系统在机上加改装完成后，应通电检查系统工作情况，检查是否有干扰出现。保证机上所有电气设备（通信系统、控制仪表、交直流供电发电系统等）处于工作情况下，对系统抗干扰能力进行检查。

4. 装机地面试验

发动机装机后进行地面试验，测取不同的工作状态和工作环境条件下的构件载荷。主要试验的内容和方法：在各种环境条件下（高温、高寒、高原、不同的风向和风速等），飞机作地面滑行、反推力（桨）装置工作状态的试验。

5. 飞行试验

在飞机（直升机）飞行包线内和发动机工作包线内，在各种飞行状态和发动机不同的工作状态下进行试验，测取构件载荷。飞行试验应包括以下方面：

（1）飞机起飞、爬升、下滑、着陆、加速和减速飞行、大速度和小速度飞行、机动飞行、风车转速飞行、发动机空中起动、武器发射等；

（2）对于配装直升机的涡轴发动机，除参照（1）项外，还应进行悬停、以最大允许的角速度左右旋转、以允许的最大侧移速度对地侧向移动、以不同方向和风速下的着陆。

6.2.3 评定方法

将发动机地面台架试验、装机地面试验和飞行试验测量分析的典型载荷数据与对应的飞机飞行状态和发动机工作状态参数值列表，并绘制相对应的曲线、典型振动图谱和时域波形，注明试验日期、发动机的工作状态和飞行状态等，给出各试验点的振动频率所对应的载荷值。

将试验测量结果与被试构件载荷设计计算结果进行比较，给出被试对象载荷测定试验的评定结论，并说明结论适用范围。

6.2.4 注意事项

应变片使用是有寿命限制的，随着使用次数的增多，测试效果可能会越来越差或者失效。因此，应综合安排整个试飞架次和地面试验次数，减少或控制目的不明确的试验/试飞次数。需要强调的是,飞行试验和地面试验前要进行测试系统和改装质量的详细检查,确保飞行试验和地面试验能获得有效数据。

应变测量信号和发动机工作参数不是同一个记录系统,试验准备时必须检查时码发生器是否打开,并确保时统信号正常。

6.3 发动机飞行载荷谱试飞

6.3.1 试验目的

发动机载荷谱是为了进行发动机及零部件的寿命、可靠性和强度分析与试验考核而编制的有关载荷要素的组合,是发动机在规定的任务、用法和条件下载荷参数的统计结果[5-7]。发动机飞行载荷谱主要包括工作循环谱、惯性过载谱、整机振动谱和环境谱等。

发动机飞行载荷谱试飞的目的是确定发动机在使用中所承受的典型载荷状态及各种载荷状态发生的频次,进而得到发动机的重要的整机载荷信息。通过飞行测试以获取发动机飞行剖面,为发动机实际使用载荷谱的转换编制提供整机载荷数据和信息。

6.3.2 试验方法及要求

1. 发动机任务混频确定

发动机任务混频,是通过对发动机飞行任务和地面开车情况的调查和统计,所得到的发动机外场使用的任务分布规律。任务混频应给出发动机每千使用小时起动次数和各种飞行任务与地面维护开车的频次。在平时,任务混频反映的是发动机在训练条件下的用法,包括训练飞行、任务飞行、演习和地面维护开车等。在战时,任务混频反映的是发动机在部队战争条件下的用法,包括作战任务飞行、训练飞行和地面维护开车等。

发动机任务混频调查的基本方式有两种:一种是定时段抽样法;另一种是逐台抽样法。前者是在选定的日历期内,抽取若干飞行任务作为统计子样;后者是抽取若干台发动机,以其到抽样时为止的全寿命期内执行的任务作为统计子样。定时段抽样,便于得到不同时期(使用不同训练大纲,训练思想)的任务混频;逐台抽样,便于得到现役发动机经历的任务混频。随着定时段抽样选定时期的延长,其混频结果趋向逐台统计的结果。

2. 发动机飞行剖面获取

获取发动机的载荷剖面最佳途径,是直接测量使用载荷,即实测载荷剖面。

从发动机载荷分析的需求出发,飞行剖面测试记录的飞行参数应提供与发动机载荷有关的状态控制、转子转速、内流、外部作用力和环境五大类参数的时间历程。发动机状态控制参数,是发动机的操纵输入,包括战斗/训练工作状态选择、油门杆位置或发动机状态、喷口位置等。内流参数,是发动机内部气动参数,主要包括发动机入口截面、压气机出口截面、涡轮后截面等的温度、总压。外部作用力参数,是飞机通过改变运动姿态,对发动机施加的各种惯性载荷,包括三向加速度、三向角速度和三向角加速度。环境参数,是影响发动机内流、外流和喷口反压的各种参数,包括飞行高度、飞行速度、马赫数、大气压力、大气温度,以及进气道节流位置、舱压、剩余燃油量、外挂投放等。

剖面测试应包括任务飞行、训练飞行和地面维护开车。剖面测试应全面提供与发动机载荷有关的飞机发动机使用数据。

为了进行剖面测试,需要对飞机和发动机进行专门的改装。

3. 飞行剖面的事后处理

从飞行参数或专门测试获取发动机飞行剖面后,数据真实性需经合理性检验确认。真实性不足的剖面需要重新采集,有缺陷的剖面要修正。合理性检验主要包括采样频率复验、数据的相容性检验和伪读数检验。

采样频率复验,就是比较每个参数的实测变化率 dF/dt 和采样频率 f_s 是否满足误差 AF 的要求,即

$$f_s > (dF/dt)/(2AF) \quad (6.1)$$

数据的相容性检验,用于相关参数(包括测试参数和计算参数)间的协调性检查。例如,过载与角速度、转速和油门角度、转速和燃气温度、转速和速度或高度的变化等,不可存在有违反飞行力学和发动机原理的对应关系。

伪读数检验,是一种识别读数真伪的过程,主要用于跳点的判别,主要方法有梯度检验和极值检验两种。梯度检验是检查相邻测点参数差值,是否明显高于采集间隔内参数最大可能差值,如果是,则可判为跳点。极值检验是检查参数的数值是否在正常范围之内,超出正常范围的点则可判为跳点。被判断跳点的数值,要通过圆滑处理,予以剔除。

4. 飞行载荷数据统计

利用实测的飞行剖面,进行载荷数据和载荷谱统计分析。统计处理方法及过程如图 6.5 所示。

测量数据经预处理后,按载荷数据统计和载荷谱统计要求进行分类,给出飞行剖面统计数据,分类后以时间绘图方式给出飞行剖面(图 6.6),以数据表格方式给出飞行剖面统计数据,并进行数据平均处理和峰、谷值检测。

载荷数据统计的项目有:① 发动机各截面压力、温度数据统计;② 发动机壁温数据统计;③ 发动机舱压、舱温数

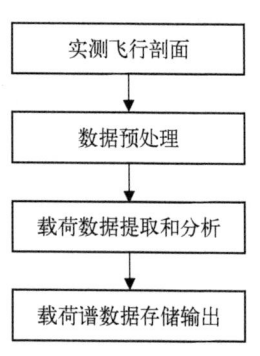

图 6.5 飞行试验载荷谱处理流程

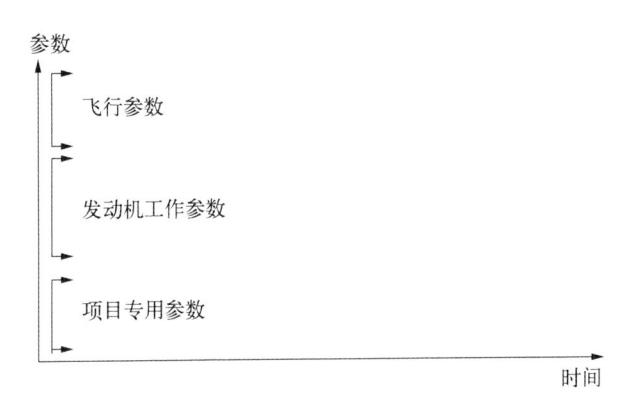

图 6.6　飞行载荷剖面

据统计；④ 飞行过载数据统计；⑤ 发动机外涵出口压力、加力燃烧室壁面静压、高压压气机后压力数据统计；⑥ 加力区供油压力数据统计；⑦ 滑油系统、轴承腔压力温度数据统计；⑧ 发动机监控信号统计。每一项统计结果包括飞行参数、发动机工作参数和项目专用参数三部分。

5. 载荷谱统计

1) 高度、马赫数分布统计

根据发动机各典型功率状态的定义（必须包括但不限于以下功率状态：地面慢车、空中慢车、巡航、中间、加力等），以矩阵形式给出各高度、马赫数下的各功率状态的分布统计。

2) 转速循环统计

包括但不限于以下三种循环方式进行循环次数统计：① 0—中间/全加力—0；② 慢车—中间/全加力—慢车；③ 巡航—中间/全加力—巡航；④ 高压转子转速循环；⑤ 低压转子转速循环；⑥ 转速循环峰谷点按高度、马赫数分布统计。

3) 发动机工作时间统计

① 高压转子工作时间统计；② 低压转子工作时间统计；③ 低压涡轮后温度工作时间统计；④ 各种功率状态使用时间统计；⑤ 加力次数统计（若全加力、部分加力和小加力有明确定义，需分类统计）；⑥ 发动机起动次数统计（分空中起动次数和地面起动次数两类）；⑦ 过载系数分布统计。

6.3.3　评定方法

列出载荷谱数据统计表格和曲线，绘制飞行剖面图和振动图谱，注明试验日期、发动机的工作状态和飞行状态等。

将试验测量结果与技术指标/设计载荷谱进行比较，得出对试验对象的评定结论，并说明结论适用范围。

参考文献

[1] 张宝诚.航空发动机试验和测试技术[M].北京:北京航空航天大学出版社,2005.
[2] 罗立,唐庆如.航空发动机振动与平衡研究[J].中国民航飞行学院学报,2014,25(2):57-60.
[3] 杨玲,王克明,张琼.某型航空发动机整机振动分析[J].沈阳航空航天大学学报,2008,25(5):9-11.
[4] 王海涛.某型航空发动机整机振动特性分析[D].南京:南京航空航天大学,2020.
[5] 马双员,张永峰.航空发动机载荷谱综述[J].现代机械,2011(5):15-17.
[6] 符娆,张群岩,赵述元.航空动力装置试飞旋转件载荷测量技术[J].测控技术,2012,31(2):130-134.
[7] 宋迎东,高德平.发动机机动飞行类综合载荷谱研究[J].航空动力学报,2002,17(2):212-216.

第7章
航空动力装置附件及系统试飞

动力装置附件及系统,指与发动机本体存在直接或紧密的交联关系(如机械、气动、控制等),保证发动机正常工作所必需的但不属于发动机本体范畴的附件及系统。本章介绍进气道与发动机相容性试飞、冷却通风系统试飞、操纵系统和指示系统试飞、反推装置试飞。

7.1 进气道与发动机相容性试飞

进气道和发动机是飞机推进系统的两大主要部件,两者以气流作为介质紧密关联在一起。进气道为"供给方",组织外界气流、调整进气流动特性(如流量、流速、高低压区、涡等)供给与发动机需求相匹配的高品质气流,以满足作为"消耗方"发动机工作的需求。因此,进气道/发动机相容性是评价飞机推进系统的重要指标。

进气道与发动机相容性的研究一直是推进系统关注方向,并且随着飞机、发动机的发展和进步,研究内容也从最早简单的进气道与发动机流量匹配,发展到流场匹配,包括进气道出口动/稳态压力流场对发动机工作稳定性影响、旋流畸变、武器发射等导致进气道出口温度流场对发动机工作稳定性影响等,并在飞机及发动机试验中越来越受到重视。

进气道与发动机相容性试飞是以飞行试验为手段,在真实使用环境中,考核评定进气道性能和功能、进气道/发动机匹配性,是新飞机或新发动机飞行试验的重要内容之一。此外,新飞机首次换装其他型号发动机或新发动机首次配装现有飞机时,也需要开展进气道/发动机相容性试飞,这也是考核飞机与发动机的匹配性的一项重要内容。

1. 试验目的

进气道与发动机相容性试飞目的包括以下方面。

(1) 考核进气道性能。获取飞机在各种不同飞行状态下进气道沿程流场及出口总压流场,计算进气道的总压恢复系数、流量系数、流场畸变等指标,考核评定飞机进气道性能。

（2）评定进气道/发动机相容性。检查飞机在地面、空中各种不同飞行状态下及特定飞行条件下进气道与发动机工作情况，考核评定进气道/发动机匹配性。特定的飞行条件包括地面滑跑时吸入前机尾气、编队飞行时吸入喷气尾迹、在大雨中飞行、吞水试验、弹射起飞、反推力打开、发射各类机载武器、发动机引气和功率提取、公用进气道的飞机双发不同状态及一发停车，接通进气道防冰系统、对进气道有影响的其他辅助系统工作。

（3）检查进气道控制系统。检查进气道控制系统与辅助装置的各项功能是否达到预期目标、调节规律是否符合设计且适用可行、控制精度是否达标等，考核评定其工作质量及可靠性。

前两项试飞目的是进气道/发动机相容性试飞科目必需的；第三项试飞内容由进气道类型及结构决定。当飞机有进气道带斜板、中心锥等调节系统或者有进气道辅助装置时需要考核。典型进气道辅助装置有"补"气门、放气门、附面层吹/吸除装置、不均气流补充装置（扰流器、导流片、隔板）、防止外来物落入进气道装置（防护网）等。

2. 试验方法与要求

在进气道与发动机相容性飞行试验设计期间，试飞工程师要与飞机、发动机设计单位进行充分的技术交流与协调，一方面熟悉掌握试飞对象的技术状态，如进气道风洞试验结果、发动机工作稳定性试验结果、试飞的特殊需求等，以支持既满足考核鉴定又支持设计研发需求的安全可行的试飞方案设计；另一方面，围绕进气流道的结构特点、机上流道外的空间环境，共同制定进气道流场测量加改装方案，包括内流道测量参数及位置、测试系统搭建方案、测量装置加装方案、分工与界面等，统一进气道/发动机相容性衡量指标的计算方法。

试验数据是进气道/发动机相容性评定最直接的依据。进气道/发动机相容性试飞所需参数包括：① 大气环境参数，如环境压力、温度等；② 飞机飞行状态参数，如飞行高度、飞行速度、迎角、侧滑角等；③ 进气流道参数，如进气道/发动机气动交界面上的总压流场、温度流场；④ 发动机工作参数，如油门杆角度、风扇转速、发动机高压转速、压气机后压力、发动机喘振信号等；⑤ 其他参数，如进气道调节系统的斜板信号、不同模式工作信号、防冰系统工作信号等。

进气流道参数是进气道/发动机相容性试飞的重要参数，需要对进气道进行测试改装，以测量进气道流道的流场。通常，进气流道测量参数包括压力与温度两类参数，其中压力又有低频信号、高频信号两类，低频信号参数包括壁面静压、流场总压、流场静压，高频信号参数包括流场动态压力、壁面脉动压力。通常根据进气道试验目的、考核指标的详细要求，确定进气道测量参数，据此研制进气流道流场测量装置。

当前,用于进气道流道测量的装置主要有壁面压力座、流场测量耙。前者的作用是获取进气流道壁面压力,后者的作用是获取进气道/发动机气动交界面上压力、温度及其组合流场。飞行试验时,通常需要对进气道进行改装,加装壁面压力座、流场测量耙,如图 7.1 所示。

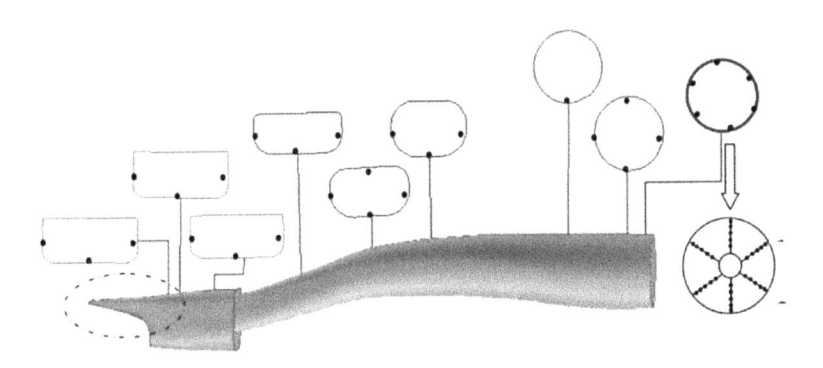

(a) 进气道壁面静压改装示意图　　(b) 进气道出口总压耙示意图

图 7.1　典型进气道加改装示意图

常用流场测量耙有"水"字耙、"米"字耙两种形式,当然也可以根据进气流道结构、试飞特殊需求等,设计其他形式的进气道测量耙。图 7.2 为试飞用的"水"字形进气道测量耙,耙臂安装有动态压力、温度、总压探针,构成流场稳态总压测点 5×6=30 个、动态压力测点 6 个、温度测点 6 个,压力流场测点分布如图 7.3 所示。与其相比,"米"字形进气道测量耙,耙臂上探针类型、分布采用"水"字耙耙臂相同方案,耙臂数量由 6 支增加至 8 支,总压测点增加至 5×8=40 个。

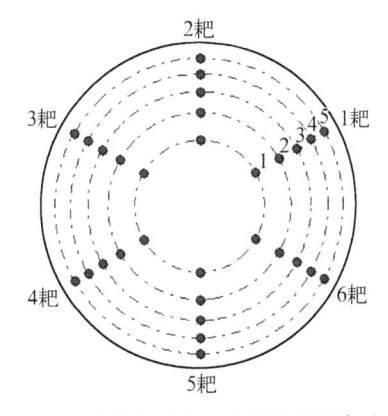

图 7.2　"水"字形进气道测量耙　　**图 7.3　"水"字形进气道测量耙测点分布**

进气道测量装置加装于进气流道,机载进气道测试系统搭建完成后,依次开展地面试验、飞行试验。

地面试验包括在无风、最大侧风速度条件下进行发动机起动、典型状态下稳定工作、推力变化、停车等不同状态下的静态试验（飞机静止）。发动机典型状态下稳定工作试验不仅指发动机本身的各个典型状态，如慢车状态、最大状态等，还需考虑影响发动机稳定工作的外部机上因素，如发动机接通引气、最大功率提取、公用进气道双发在不同状态。典型的发动机推力变化试验动作有加减速、遭遇加速、加力接通与断开等。针对舰载机的使用环境，应分别在陆基、舰基环境下，以及不同的风速、风向、起飞位（舰基）条件下开展上述静态试验。

地面除开展静态试验外，还应开展不同速度和不同条件下的滑跑试验。典型的滑跑试验条件有雨天、侧风、接通反推力装置等。

飞行试验中不仅要求试验点涵盖飞机飞行全包线，而且要求能全面考核飞机、发动机不同状态和条件下进气道/发动机相容性。具体试验内容包括以下方面。

（1）在全包线范围内的典型试验点，开展迎角、侧滑角及其组合试飞；开展发动机不同状态的工作试验，可以通过调整发动机油门杆、接通发动机引气系统等；开展发动机过渡态试验，如加速试验、减速试验、遭遇加速、加力通断等。

（2）综合飞机作战使用，开展爬实用升限试验，具体方法参照飞机爬升限方法；开展飞机允许的极限机动飞行，如俯冲、跃升、滚转、侧滑、平飞加减速、盘旋、俯冲拉起等。

（3）开展一些特殊条件下的飞行试验，如武器发射、结冰、地面滑跑或空中编队飞行时吸入前机尾气、多发共用的进气道时的其中一台发动机停车等。

对于带调节系统或辅助装置的进气道，进气道/发动机相容性试飞除开展上述试验内容外，还要针对进气道调节系统、辅助装置开展针对性试验试飞。针对性试飞从两个方面开展，一是根据调节系统投入工作条件设计试飞动作验证各项功能及可靠性，如调节系统"手动"/"自动"切换及调节、排气门打开关闭等；二是要采用爬高、平飞加减速、下滑等试验动作来验证调节系统调节规律的准确性及调节精度。

对于舰载机的进气道与发动机相容性试飞，除上述飞行试验外，需要对起飞和降落阶段进行重点试验，同时要分别在陆基、舰基环境下开展。试验时要在不同风速、风向条件下开展舰载机起飞、着陆/舰。舰基环境下，还需要考虑起飞位这一因素。

3. 评定方法

虽然每一项进气道与发动机相容性试飞时的进气道形式、发动机类型会有所差异，飞行试验内容也有差异，但是试飞结果评定都围绕进气道性能、进气道/发动机相容性进行，采用定量的指标符合性对比、定性的进气道及发动机表现评价相结合的评定方法。当然，对带有调节系统或辅助装置的进气道，除了上述评定，还要开展进气道调节系统或辅助装置工作质量和可靠性的评定。

指标符合性对比法，即以试飞数据为基础，计算相关评定指标，对比其是否符合飞机或发动机型号规范或试验指标要求。进气道/发动机相容性试飞评定用指标主要有进气道总压恢复系数、换算流量、流量系数和压力畸变指数。

进气道总压恢复系数是指进气道出口平均总压与入口前自由流总压之比,反映了来流在进气道压缩过程中的动力损失,计算式为

$$\sigma = \frac{P_{1\text{tav}}}{P_{0\text{t}}} \tag{7.1}$$

式中,$P_{0\text{t}}$ 表示进气道前未扰动的自由流总压(kPa);$P_{1\text{tav}}$ 表示进气道出口面平均总压(kPa),计算式为

$$P_{1\text{tav}} = \frac{1}{F}\int_F P_{1\text{t}} \text{d}F \tag{7.2}$$

其中,$P_{1\text{t}}$ 表示进气道出口总压(kPa)。

换算流量用于表征进气道流量特性,反映了进气道与发动机流量匹配情况。流量系数是进入进气道的实际流量与进口前自由流不经过扰动直接进入进气道的流量之比,反映了进气道入口前的流动特点,计算式为

$$\varphi = \frac{A_0}{A_c} = (1/\text{FF}) \cdot W_{\text{co}} \cdot \sigma \cdot (\sqrt{T_{\text{std}}}/p_{\text{std}}) \cdot (1/A_c) \tag{7.3}$$

式中,FF 表示流函数,计算式为

$$\text{FF} = \frac{(W\sqrt{T_t})}{(p_t A)} = \sqrt{\gamma/R} \cdot Ma \cdot \left(1 + \frac{\gamma-1}{2}Ma^2\right)^{-\frac{\gamma+1}{2(\gamma-1)}} \tag{7.4}$$

其中,W_{co} 表示发动机换算空气流量;σ 表示进气道总压恢复系数;Ma 表示自由流马赫数;A_c、A_0 分别表示进气道的捕获面积、自由流流管面积;T_{std}、p_{std} 分别表示标准大气的温度、压力;γ 表示气体绝热指数,值取 1.4;R 表示气体常数。

进气道出口压力流场分布的不均匀性不仅用于评定进气道性能,而且用于衡量进气道/发动机匹配性。总压流场畸变程序由压力畸变指数定量表征,同时通过图 7.4 所示的进气道出口截面流场压力云图直观反映压力高低区。

压力畸变指数有多种不同的表征形式,飞行试验中常用综合畸变指数表示,该指数综合了压力流场沿空间、时间维度不均匀性。因此,综合畸变指数由两个分量组成:表征压力流场在进气道出口截

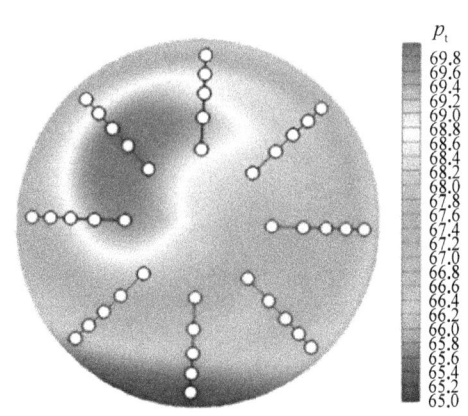

图 7.4 进气道出口截面流场压力云图

面上分布不均匀度的周向畸变指数和表征压力流场随时间变化的紊流度平均值，两个分量确定方法可以详细参照 GJB/Z 64A-2004《航空涡轮喷气和涡轮风扇发动机进口总压畸变评定指南》。

综合飞行试验中实测的进气道、发动机的工作参数、状态信号、故障告警信号等，分析进气道、发动机工作是否正常，有无喘振等异常现象，继而评定飞行包线内飞机在各种不同飞行动作、发动机不同状态时进气道/发动机匹配性。同时，对发动机各种过渡态、武器发射、结冰、编队飞行等各种特殊飞行条件下的进气道与发动机的匹配性进行评定。

综合飞行状态参数、辅助系统工作参数及信号、表征辅助装置工作状态的参数综合评定进气道辅助系统或装置工作质量。首先，检查进气道辅助系统或装置的各项功能是否正常，各种功能是否能按预定条件实现切换或触发；其次，检查进气道调节系统控制规律是否符合预期表现，控制精度是否满足要求；最后，评定进气道辅助系统或装置是否达到了预期目标，如进气道调节系统的调节是否实现了进气道与发动机匹配性达到最佳。

4. 注意事项

1）测试加改装质量检查

进气道测试加改装是进气道/发动机相容性试飞的一个重要环节，直接影响试飞的安全性、数据的准确性，因此通常在进气道测量装置加改装、进气道数据采集系统搭建完成后进行静态、动态两方面检查。

静态检查包括：① 测量装置是否完全按照技术要求实施到位，如测量耙检查维护标识是否清楚、测量耙探针封堵帽是否取掉、加装测量耙是否完成防松动措施处理等，以便试飞中测量装置安全检查，规避试飞安全风险；② 加改装的测试系统是否可靠、准确，开展压力参数的管路气密性检查、参数测量通道与流场测点位置连接的准确性检查、进气道压力参数系统联校，从而保证进气道测量数据准确性。

在静态检查无误进行动态检查，打开进气道数据采集系统、地面遥测系统等，结合进气道/发动机相容性地面试验内容，开展地面试验，完成飞行试验测试系统整体联试、发动机检查、进气道加装装置地面动态检查。

2）规避试飞技术及安全风险

通过进气道加装测量耙获取流场分布的同时，测量耙也暴露在发动机进口前流道内，一旦测量耙损坏，产生的掉块会进入发动机流道，打坏发动机，造成重大飞行事故。此外，相对于其他科目试飞，进气道/发动机相容性试飞是逐步寻找进气道畸变最恶劣的过程，发动机工作不稳定性出现概率会增大，易于出现喘振等异常现象。因此，进气道/发动机相容性试飞存在较大试飞技术及安全风险，应采取多种措施规避。

（1）试飞应采用"专项科目、集中试飞"的方法,不宜采用综合试飞等方法,即进气道测试加改装到位后,集中开展进气道/发动机相容性试飞,试飞完成后拆除进气道测量耙,再继续开展其他科目试飞,从而达到测量耙的短周期装机、试飞安全风险最小化。

（2）试飞应安排飞机或发动机飞行试验后期开展,通过前期试飞对飞机、发动机进行充分检查,降低进气道加装测量耙所带来的安全风险。

（3）试飞前需要完成发动机空中起动、发动机工作稳定性检查科目,特别是在飞行试验前需在地面检查发动机防喘、消喘系统,以保证试飞中出现发动机喘振异常时,发动机应急措施能投入工作。

（4）试飞中应严格按照测量耙使用维护要求开展检查,避免带安全隐患试飞。

3）加强与研制单位协调沟通

与发动机工作特性等科目相比,进气道/发动机相容性试飞前需要与研制单位进行多方位协调沟通,实现进气道/发动机相容性试飞一体化。具体包括：沟通试验需求,了解进气道结构特点,论证进气流道测量装置加改装可行性,共同制定切实可行加改装方案,明确接口形式、分工界面,确保设备研制顺利开展；掌握研制单位进气道数值计算、风洞试验结果、风洞试验测试系统用压力传感器等,结合飞机进气流道外部结构特点,综合评估,制定最佳的进气流道测点分布方案、测试系统组建方案,以尽可能减小流场测试误差,提高不同类型试验数据的可比性；掌握研制单位进气道风洞试验畸变结果、发动机畸变模拟试验（地面试验、高空台试验）情况,明确试飞重点验证区、高风险区,以支持试飞优化设计,实现高效、安全、充分的进气道/发动机相容性试飞；统一进气畸变指数计算方法,明确动态压力滤波形式、截止频率等,使得风洞、飞行试验结果具有可比性。

4）重视进气道其他形式畸变试飞考核

压力流场畸变是进气道/发动机相容性所面对的基本问题,也是进气道/发动机相容性试飞的主要内容,本章介绍的相容性试飞内容均是围绕此项展开的。然而,在飞机武器发射、飞机编队试飞、舰载机地面开车、舰载机蒸汽弹射起飞时,进气道流场除了压力畸变,还存在着温度畸变、压力-温度组合畸变,严重影响着进气道/发动机相容性。因此,针对特殊试飞条件或飞机,进气道/发动机相容性试飞也要考虑温度流场畸变及压力-温度组合流场畸变。

在考虑温度畸变因素时,进气道/发动机相容性试飞需要研制温度流场测量耙或压力-温度流场测量耙用于代替原有压力流场测量耙,装机以实现特殊试飞环境下单独的温度流场或压力-温度组合流场测量,温度流场畸变评价指标可以参照GJB/Z 211-2002《航空涡轮喷气和涡轮风扇发动机进口温度畸变评定指南》,本书不再赘述。

7.2 动力装置冷却通风系统试飞

为了保障飞行安全、减少飞行阻力,将航空发动机及其附件结构置于发动机整流罩中,发动机和发动机整流罩之间的通道为发动机舱。

航空发动机和附件在工作过程中会在发动机舱内释放大量的热和少量的废气,发动机舱内的温度升高可能影响到发动机本体和舱内的附件、结构等的正常工作,且废气集聚增加了发动机舱内发生火灾的可能性。为了发动机本体和舱内的附件、结构的正常工作,降低火灾风险,需要对发动机舱进行必要的冷却和通风。

从进气道或者发动机整流罩外部的通风口引入部分冷空气在发动机舱内流过,然后从喷管或发动机整流罩尾段结构上的一些开口(开缝)排出机外,这部分空气流称为冷却通风气流。围绕着冷却通风气流而设计的系统称为发动机冷却通风系统[1]。

发动机冷却通风系统为发动机本体、发动机附件、舱内的部件装置等提供冷却和通风,使发动机舱内的结构温度保持在可接受的范围内,同时通过气流流动来防止易燃、腐蚀性蒸气和易爆气体在发动机舱内的集聚,以达到降低火灾风险的目的。

1. 试验目的

发动机冷却通风系统试飞的目的:① 考核在地面和飞行包线内以及发动机停车过程的所有条件下,包括可能遇到的最大环境温度条件,与发动机安装相关的所有设定温度均不得超过其限制值,包括发动机和发动机部件、线缆、装置、附件和结构部件等;② 通过测试通风气流在发动机舱内的流动是否存在死区,来考核系统设计是否能够防止易燃性气体在发动机舱内的积聚;③ 测量冷却通风气流量,评价系统的工作质量。

2. 试验方法与要求

冷却通风系统必须保证在所有条件下,与发动机安装相关的所有设定温度均不超过其限制值。应在整个飞行包线和地面以及关车后可能遇到的最高外界大气温度下完成发动机和发动机部件、线缆、装置、附件和结构部件的环境试验。因此,冷却通风系统试验应包含地面和空中两部分,试验应考虑航空器可能遇到的最高外界大气温度条件。

在发动机冷却通风系统试验/试飞开展之前,需要航空器研制方提供必要的设计文件,包括:发动机及有关零、部件和附件的表面温度、舱内气流温度、发动机所用的液体温度等使用限制;发动机舱内的进气温度、冷却通风流量、流量分配计算和有关试验报告;冷却通风气流在发动机舱内的分布特征和限制。

发动机冷却通风系统的考核需要包含地面试验和飞行试验两部分,地面试验要求在满足最高外界大气温度、无风或者风速不大于 5 m/s 的条件下,将飞机置于侧风位置停放,在试验发动机的功率提取最大和引气量最大的条件下进行。试验要求试验发动机应在各典型状态进行连续工作,各状态下连续工作时间的选取原则为:所考核的结构、零部件和发动机舱环境温度达到稳定的时间,或者是该状态所允许的连续工作时间,或者是该状态下的所测温度达到使用限制值,这三者中取其较短者。在发动机停车后,还应该继续记录数据,直到所测结构、零部件和发动机舱环境温度出现峰值并开始下降。

发动机冷却通风系统飞行试验同样需要在满足最高外界大气温度的条件下进行。

发动机冷却通风系统飞行试验方法如下。

(1) 试验发动机以飞机手册规定的使用状态,飞机进行连续爬升,直至所测温度出现最大值并转下降或者达到飞机的实用升限;

(2) 发动机以允许的最大连续工作状态,飞机以可以保持的不同速度(含最小速度和最大速度)进行水平飞行;

(3) 发动机以允许的最大连续工作状态,飞机以可以保持的最小速度进行稳定盘旋飞行;

(4) 发动机在长时间使用最大状态后转入慢车状态下的飞行。

对于运输类飞机,还需要满足以下要求:

(1) 在规定的最高外界大气温度条件下开展试验,根据中国民用航空局颁布的适航标准/适航规定,最高外界大气温度应规定为相当于海平面条件下不低于 37.8℃(约 100°F),如果试验时的大气温度偏离了规定的最高外界大气温度,需要对所记录的表面温度、环境温度和发动机所用的液体温度等温度参数进行修正;

(2) 每种试验条件下,应使所测量的温度达到稳定,按照适航标准中给出的要求,当所测的温度变化率小于 1.1℃(约 2°F)/min 时,可以判定为温度已达到"稳定";

(3) 为了实现试验发动机的功率提取最大,可以通过加装电负载系统来消耗机上剩余功率的方式来实现。

3. 评定方法

系统设计是否能满足发动机舱内冷却和通风的目的,应从以下几个方面来评定:

(1) 试验中所记录的发动机炽热部位表面温度、发动机舱内附件表面温度和环境温度、发动机舱内气流温度,应按照飞机的温度包线进行修正,修正后的温度不应超过制定的限制值;

(2) 根据发动机舱内的总压、静压测量,结合发动机舱内的分布特征流量分配的设计计算报告,分析发动机舱内的每个火区的流动不应存在死区,以防止可燃蒸汽的集聚;

(3) 根据测试/计算的冷却通风流量,结合舱内温度,评定系统设计是否合理。

4. 注意事项

为了提高试验结果的精度,试验/试飞前的外界大气温度应尽量符合规定的最高外界大气温度,如果不能达到最高外界大气温度,建议在外界大气温度 35℃ 以上的温度条件下开展发动机舱冷却通风系统试验/试飞。

在进行冷却地面试验前,发动机舱的所有维护口盖应该处于关闭位置,这一要求是为了避免试验过程中冷气从维护口盖进入发动机舱,提高试验结果的正确性和可信性。

7.3 反推力装置试飞

反推力装置,是指改变发动机推力方向的装置,主要用于缩短飞机着陆时的滑跑距离。现役的军民用大、中涵道比涡扇发动机都带有反推力装置,其不但能够减少刹车磨损,延长刹车装置寿命,还能够增加起飞/着陆以及在地面运动中操纵的控制裕度,提高安全性。部分军用涡扇发动机的反推力装置允许在空中使用以完成必要的机动飞行动作。尽管反推力装置的工作时间只占发动机整个工作时间的很小一部分,但是反推力装置的可靠工作对飞机安全飞行有着至关重要的影响。

迄今,发动机反推力装置已经发展了近六十年,按照不同的结构形式,现有的反推力装置主要分为三类:抓斗式折流板反推力装置(又称蚌式反推力装置,图 7.5)、瓣式转动折流门反推力装置(又称门式反推力装置,图 7.6)和格栅式反推力装置(图 7.7)。虽然反推力装置的结构形式不同,但其工作原理都是相同的:通过某种方式改变发动机喷流的方向,使其与飞机的运动方向相反,从而产生反推力。

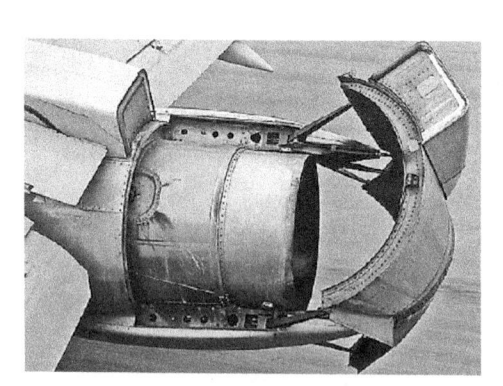

图 7.5 蚌式反推力装置

图 7.6 门式反推力装置

图 7.7 格栅式反推力装置

安装在飞机上的反推装置一般包括作动机构、机械锁、人工锁止机构、反推力壳体等。其相关子系统主要包括操纵器件、指示告警和控制单元等。

反推力装置的使用一般分为正常着陆使用和应急使用,应急使用又可分为中断起飞和应急着陆。

1. 试验目的

反推装置试飞的主要目的:① 在飞机所有允许的不同的机场跑道、规定的侧风条件、反推装置允许使用的速度范围、正常着陆使用及应急使用等条件下,验证反推装置的功能及使用特性,主要包括:验证反推装置打开及关闭功能的一致性及可靠性,反推使用速度范围是否合理,反推装置操纵程序的合理性及可靠性;评定反推装置打开及关闭的时间是否符合设计要求,反推装置控制逻辑是否符合设计要求;② 在反推装置所有允许的使用条件下,验证反推装置的使用对发动机及其他系统工作的影响;③ 在飞机所有使用条件下,验证反推装置的使用、故障及失效,不会对飞机造成任何不安全的情况。

2. 试验方法与要求

发动机反推力装置在使用过程中,存在许多风险性,主要包括以下方面:

(1) 反推力装置的反推气流再次吸入发动机,可能导致发动机工作不稳定,易于引起发动机失速、喘振等;

(2) 反推力装置严重失效的表现为:该打开(工作)时未能打开,不该打开时却突然打开,这两种失效都可能造成严重影响飞机安全的事故。在着陆滑跑阶段,当单侧反推因故障而无法打开时,对飞机会产生一个偏转力矩,有可能使飞机转弯而偏出跑道。在空中飞行时,某侧反推力装置如果意外打开,产生与飞机飞行方向相反的"反推力",可能造成飞机无法操纵而进入翻滚,严重时可造成飞机在空中爆炸解体;

(3) 为了避免反推力装置出现"该打开时未能打开,不该打开时却突然打开的"的故障,反推力装置在设计时采取了多种安全措施,包括控制线路、液压系统与机械部件等多层保护,因此考虑在地面或飞行过程中对反推力装置进行故障模拟试验;

(4) 在不同的跑道上验证反推力装置的功能及有效性检查时,反推气流激起的碎石、冰粒等外物撞击机身,有可能造成机身或构件的损伤。

在反推装置试验前期,应根据反推装置试验项目,针对试验方法及试验过程中的难点及风险点,通过模拟计算、对比分析等方法进行分析及评估。充分地与设计单位、飞行机组进行沟通协调,编制试验程序,确定试验中风险科目的安全措施及如果出现问题后的应急预案,并通过模拟器演示、机上训练等方式降低误操作带来的风险。试验过程中,实时关注反推装置、发动机及飞机的相关工作参数,与飞行机组密切保持通信联系,在满足试验要求的前提下,保证发动机反推装置试验过程的安全性,力争采用最安全可行的试验程序对每项需要考核的指标进行试验验证。

在发动机反推装置试验开展之前,需要发动机及反推装置研制方完成必要的试验,并提供相关的设计及试验文件,主要包括以下方面:

(1) 需要完成带反推装置的发动机地面台架试验,并提供相关试验报告;

(2) 提供反推装置对飞机强度及发动机工作影响的计算和分析报告;

(3) 提供反推装置操纵程序及控制逻辑。

发动机反推装置试飞测试参数包括:① 大气环境参数,如大气温度、大气静压、地面风速和风向等;② 飞行基本参数,如高度、速度、马赫数、飞机姿态角和过载等;③ 发动机主要工作状态参数,如油门角度、转速、排气温度等;④ 反推装置相关参数,如反推位置、反推打开/关闭信号等;⑤ 发动机主要告警信号,如发动机超温、超转、喘振、振动超限等。

发动机反推装置试飞包括功能试验、使用效能试验、匹配性试验和故障模式试验四方面的内容。

(1) 功能试验:主要包括反推装置操纵系统、驾驶舱指示和告警系统、反推装置锁定机构、反推控制逻辑等系统的功能及可靠性的检查和验证。

(2) 使用效能试验:主要验证飞机在各类可使用的不同跑道(包括正常跑道、简易跑道、湿跑道等)条件下,采用反推装置进行减速的有效性。

(3) 匹配性试验:主要检查反推装置对飞机和发动机工作的影响。

(4) 故障模式试验:飞机滑跑及着陆过程中,开展反推不对称打开故障模拟试验。

反推装置试飞的主要试验方法如下。

(1) 反推力装置使用功能检查。① 分别在反推装置允许使用的不同跑道(包括正常跑道、简易跑道、湿跑道等)着陆及滑跑期间,在反推装置允许打开的速度范围内,检查反推系统的功能;② 在反推装置允许使用的最大侧风条件下进行着陆及滑跑期间,在反推装置允许打开的速度范围内,检查反推力系统的功能;③ 在中断起飞过程中打开反推力装置,检查反推装置的功能。

(2) 反推装置操纵及控制逻辑检查。在着陆滑跑期间,在反推装置允许的速度范围内,打开反推装置,飞行员对反推装置进行不同状态的转换,在反推装置允许的最小速度下收回反推装置,记录反推装置各控制信号及机械锁位置,记录与反推装置相关的液压系统压力。

(3) 反推装置对发动机工作的影响。① 在反推力装置允许打开的速度范围内,以从慢车到最大反推力的几种反推力状态进行着陆和滑跑;② 飞机静止状态,反推装置在不同状态工作,检查反推打开时对发动机的影响。

(4) 反推装置故障模拟试验。在着陆滑跑期间,通过油门杆操作进行反推装置的不对称工作,试验包括从慢车到最大反推的几种反推使用状态。

(5) 反推装置有效性检查:① 飞机在规定使用的各类跑道(包括正常跑道、简易跑道、湿跑道等)以规定的速度着陆滑跑,试验过程中不打开反推装置,记录滑跑距离;再以同样的速度着陆滑跑,试验过程中打开反推装置滑跑至允许的反推使用的最小速度,记录滑跑距离;② 在允许使用的不同环境(包括高温、低温、高原、高寒等)条件下,飞机以规定的速度着陆滑跑,试验过程中不打开反推装置,记录滑跑距离,再以同样的速度着陆滑跑,试验过程中打开反推力装置滑跑至允许的反推使用的最小速度,记录滑跑距离;③ 飞机以不同的着陆重量进行①项及②项试验。

3. 评定方法

发动机反推装置是否满足设计及使用要求,可以针对试验方法按下述要求进行评定。

(1) 反推装置使用功能检查:① 评定反推装置打开及关闭时间是否符合规定指标;② 评定反推装置工作包线的各项速度限制是否符合设计指标;③ 给出中断起飞最佳操纵使用方法。

(2) 反推装置操纵及控制逻辑检查:① 评价反推装置锁定机构及控制逻辑是否符合相关规定;② 飞行机组评价反推装置操纵系统、告警及显示系统的操纵性及可靠性。

(3) 反推装置对发动机工作的影响:① 在反推装置允许工作的速度范围内,发动机不应出现超限、失速、喘振或熄火等不正常现象;② 确定从慢车到最大反推力状态下可以保证发动机正常工作的飞机最小允许速度。

(4) 反推装置故障模拟试验:① 飞行机组评定反推装置故障或失效的情况下飞机的操纵性及安全性;② 评定反推系统故障逻辑与设计指标的符合性;③ 评定反推装置故障或失效情况下,故障处置及自动保护设计的合理性和可靠性。

(5) 反推装置有效性检查:① 评定反推装置的有效性;② 给出不同使用跑道及环境,以及不同重量及构型下,飞机采用反推装置减速的滑跑距离范围。

4. 注意事项

跑道长度:在中断起飞过程检查反推装置试验科目时,需要较长的跑道供飞机滑跑。足够的试验跑道长度是防止飞机因跑道长度不够而冲出跑道的一个重要措施。因此,在开始中断起飞过程反推装置飞行试验前,需要估算飞机最大滑行距离。

7.4 操纵系统和指示系统试飞

操纵系统是指发动机油门杆操纵系统和飞机座舱内用于打开或关闭发动机相关功能的开关、按钮和触摸屏按键等,主要为发动机提供油门杆输入信号以及起动、停车、战斗/训练、控制器上下电等开关量信号,用于控制发动机状态和相关功能。发动机指示系统是指飞机座舱内用于显示发动机转速、涡轮后温度等参数和应急操纵处置措施等的仪表、显示屏,以及指示发动机起动状态、加力接通状态、故障状态的起动灯、加力灯、告警灯等,用于反馈飞行员各种操纵下发动机的响应信息,以帮助飞行员掌握发动机的状态,为飞行员的正常操纵和判断提供依据。

操纵系统和指示系统是在飞机或直升机的各种运行和使用环境下,研究发动机操纵系统和指示系统的人机交互界面设计的可用性和友好性,也就是系统、飞行员和环境三者之间的协调、匹配性。随着科学技术的发展,发动机操纵系统和指示系统由机械化向综合化、数字化、智能化的方向发展。

CCAR-25-R4《运输类飞机适航标准》中要求"与发动机各控制装置、系统仪表有关的各动力装置系统的设计必须能合理保证,在服役中不会超过对涡轮转子结构完整性有不利影响的发动机使用限制",并规定"必须提供警告信息,向机组指出系统的不安全工作情况,并能使机组采取适当的纠正动作。系统、控制器件和有关的监控与告警装置的设计必须尽量减少可能增加的机组失误",其中就包含了对发动机操纵系统和指示系统的适航要求和规定。GJB 243A—2004《航空燃气涡轮动力装置飞行试验要求》中的5.1.4节针对发动机操纵系统和指示系统提出了具体的试验要求。

1. 试验目的

发动机操纵系统和指示系统试飞的目的:① 在地面和空中各种运行与使用的条件下,评定发动机油门杆操纵系统和飞机座舱内用于打开或关闭发动机相关功能的开关、按钮和触摸屏按键等的位置和功能布局及设计的合理性,且是否操纵简便符合使用要求;② 在地面和空中各种运行与使用条件下,评定飞机座舱内用于显示发动机转速、涡轮后温度等参数和应急操纵处置措施等的仪表、显示屏,以及指示发动机起动状态、加力接通状态、故障状态的起动灯、加力灯、告警灯等,是否齐全和指示正确,布局位置、色彩、亮度、精度等是否易于确定和判读。

2. 试验方法与要求

发动机操纵系统和指示系统试验前,试飞工程师应对被试对象结构、原理及功能进行全面了解和掌握。

(1) 了解和掌握发动机油门杆操纵系统的类型和结构,机械式操纵系统应分清其是软式(滑轮、软轴)、硬式(拉杆、摇臂)还是软硬结合,这是机电式操纵系统应掌握系统的工作原理和机、电转换的关键。

(2) 了解和掌握发动机相关的操纵开关、按钮、按键的功能和在飞机或直升机座舱内的布局位置,掌握其操纵方法,以及操纵时发动机的响应。

(3) 了解和掌握发动机指示系统在飞机或直升机座舱内的布局位置,仪表类应清楚其结构形式和测量范围,显示屏类应了解显示数据的来源、传输方式,对于状态灯、告警灯还应掌握其表征的信息以及因果逻辑关系。

(4) 掌握发动机操纵系统和指示系统的技术指标要求。

为准确反映和评定,若加装了传感器或抽引原机传感器信号,应减少对系统的操纵、指示影响,并采用联合校准确定误差。

试验所需参数包括飞行高度、飞行速度、飞机姿态、油门杆(功率杆)角度、发动机转速、涡轮后温度、起动信号、加力接通信号、战斗/训练信号、发动机超限信号(超温、超转、超振等)以及相关系统故障信号等。必要时,还可测量操纵油门杆施加的力。除测试参数之外,还需记录、整理不同飞行员对发动机操纵系统和指示系统的评价信息。

发动机操纵系统试验应在飞行包线范围内,以不同的飞行状态和发动机工作状态进行飞行:① 检查操纵过程中,油门杆位置固定情况及与发动机状态的一致性,检查移动油门杆的灵活性、移动范围和止动位置;② 对于双发或多发配置,在单独操纵和复合操纵的不同情况下,检查施加于油门杆的操纵力特性,以及油门杆连锁系统的使用特性;③ 结合地面和空中起动试验、加力通断试验等,检查发动机各种开关、按钮、按键等的功能,以及使用的方便性和可靠性;④ 测取发动机转速与油门杆角度的关系;⑤ 对于双座舱操纵系统,检查前后舱或上下舱或左右舱操纵的准确性,以及相关交联的逻辑。

发动机指示系统试验应在飞行包线范围内,以不同的飞行状态和发动机工作状态进行飞行:① 检查发动机参数显示的布局、位置、精度、亮度和颜色;② 对于告警灯和语音,通过地面模拟设备或遭遇故障,检查告警信息的正确性和及时性;③ 选取白天、黑夜、雨天、雪天等不同外界环境下进行试验,空中飞行时检查不同阳光射入角度下指示系统的可读性。

3. 评定方法

根据试验内容,整理试验数据和信息:① 以试验曲线和表格的形式给出发动机油门杆和飞机或直升机座舱内相关开关、按钮、按键等的操纵及响应结果;② 绘制发动机转速和油门杆角度对应的关系曲线;③ 制作调查表格,由不同飞行员填写,形成评价信息数据。

评定标准如下:① 发动机操纵系统功能完整,油门杆止动和固定位置便于确定和保持,快/慢速变化油门杆无卡滞现象,油门杆、开关、按钮、按键等的布局合理,操纵简便,且操纵与发动机状态和响应过程相符;② 指示仪表、信号灯、告警灯、显示屏等的功能、数量和安装位置、精度、亮度、色彩满足设计和使用要求,便于观察、确定和判读;③ 发动机转速和油门杆角度的关系曲线符合要求,在大转速范围内变化平缓,进近着陆、空中油门等飞行时油门杆操纵的灵敏度满足使用要求。

参考文献

[1] 《飞机设计手册》总编委会.飞机设计手册 第13册 动力装置系统设计[M].北京:航空工业出版社,2006.

第 8 章
螺旋桨系统试飞

螺旋桨是依靠桨叶在空气中旋转,将发动机转动功率转化为推进力的一类装置。螺旋桨由多个桨叶和中央桨毂组成。中央桨毂通过减速器与发动机轴连接并带动桨叶旋转。螺旋桨与活塞发动机和涡桨发动机配套使用。按照国内外相关标准规范要求,螺旋桨的主要试飞考核项目包括地面和空中拉力确定试飞、振动应力/1P 载荷试飞、防冰系统试飞、控制系统试飞等。螺旋桨拉力确定试飞内容在第 4 章中已经介绍过,本章重点介绍振动应力/1P 载荷试飞、防冰系统试飞和控制系统试飞。

8.1 螺旋桨振动应力/1P 载荷试飞

8.1.1 试验目的

航空螺旋桨是将发动机输出功率转换为拉力的关键部件,在地面和空中不同工作条件下持续受到机械和气动力作用,在桨叶和主要承力部件上产生振动应力,螺旋桨振动应力是导致螺旋桨疲劳破坏的主要原因。美国一架塞斯纳-185 飞机配装的 U-17 螺旋桨就曾在飞行中发生桨叶断裂,造成严重后果[1],如图 8.1 和图 8.2 所示。经调查发现,该事故是由于桨叶在飞行过程中遭受外物撞击产生初始损伤,然后在振动应力作用下导致裂纹扩展,最终发生破坏。

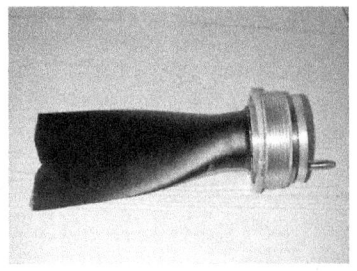

图 8.1 塞斯纳-185 飞机   图 8.2 断裂的 U-17 螺旋桨

因此,无论是美国、欧洲还是我国的军用标准和民航适航规章中都将螺旋桨振动应力作为一个重点考核科目,其主要目的是分别在地面和飞行条件下,发动机和螺旋桨以不同功率状态运转时,测定螺旋桨振动应力特性,从而为螺旋桨疲劳寿命评估提供依据。以美国为例,美国著名的 E-2C 预警机(图 8.3)配装汉密尔顿标准公司的 NP2000 螺旋桨(图 8.4),NP2000 螺旋桨在 E-2C 预警机上开展了螺旋桨振动应力飞行测试,其结果如图 8.5 所示。

图 8.3　美国海军 E-2C 预警机

图 8.4　NP2000 螺旋桨

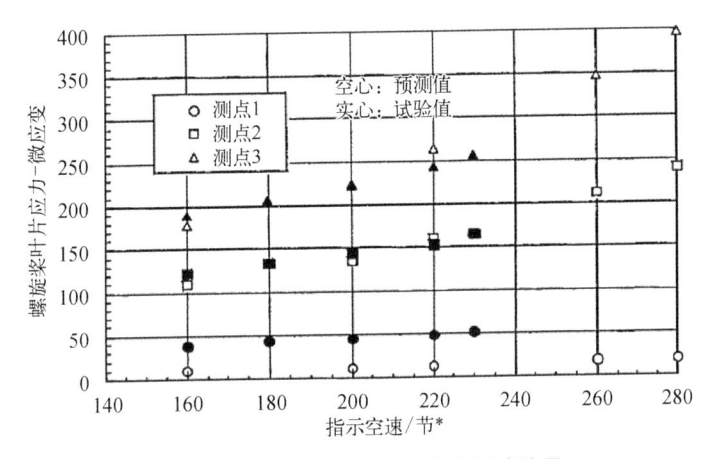

图 8.5　NP2000 螺旋桨试飞应变测试结果

除振动应力外,1P 载荷是螺旋桨的另一个非常重要的使用载荷。当螺旋桨拉力轴线方向与飞行方向夹角不为 0 时,在螺旋桨上会产生与转速相同频率的动态弯矩和侧向载荷,称为 1P 载荷。1P 载荷不仅影响螺旋桨的寿命,而且由于载荷作用到发动机功率输出轴上,也影响到桨轴和桨轴支撑轴承的使用寿命。1P 载荷受到飞机构型、飞行姿态、发动机功率、大气条件等因素综合作用,通常较难通过理论

---

* 1 节 ≈ 0.514 m/s。

计算准确获得,必须在实际飞行条件下进行实测,从而为桨轴、桨轴支撑轴承等部件寿命确定提供准确的载荷数据。

8.1.2 试验方法及要求

1. 测点的确定

典型的螺旋桨振动应力波形如图 8.6 所示,包含稳态成分(静应力 σ_s)和瞬态部分(动应力 σ_d),静应力是由旋转离心载荷和稳态气动载荷引起的,产生机理较为明确,而动应力根据螺旋桨结构、飞机布局、发动机类型等都有所不同。一般通过有限元静力分析和模态分析获取静应力或动应力较大的位置,作为振动应力测点[2]。图 8.7 为某型螺旋桨振动应力测点布置,12 个测点分布于从叶根到叶尖的不同位置。

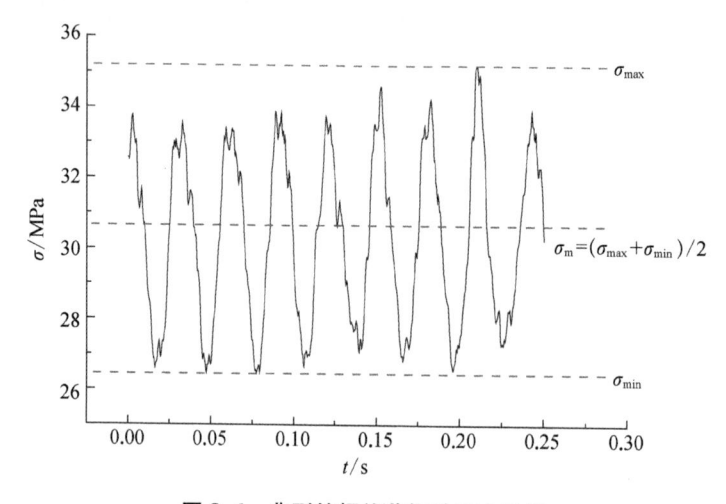

图 8.6 典型的螺旋桨振动应力波形

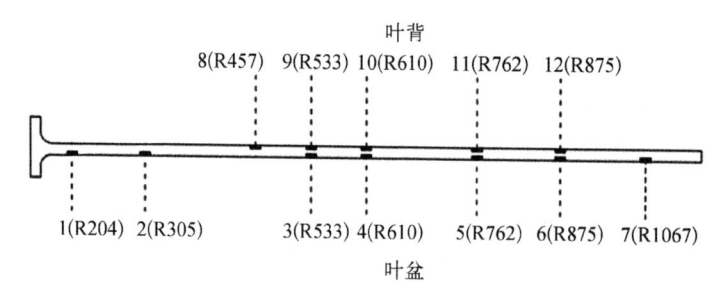

图 8.7 某型螺旋桨振动应力测点布置

而对于螺旋桨 1P 载荷,试验目的是获取作用于螺旋桨的各向动态载荷而非应力,测试方式有两种,分别是在桨轴上和桨叶根部加装应变片。

(1) 桨轴应变测试。直接测取 1P 载荷在桨轴上产生的弯曲应变,再由应变导出螺旋桨 1P 力矩。这种方法操作和换算都较为简单,但对于盘旋、水平转弯、机动等飞行状态,螺旋桨会产生惯性力和陀螺力矩,从而对测量结果造成干扰。

(2)桨叶应变测试。通过测量桨叶叶根的应变获得螺旋桨 1P 载荷,惯性力、陀螺力矩等螺旋桨载荷对桨根应变不会产生大的影响,并且简单易行,桨根应变与 1P 载荷的换算关系是测量成功的关键。

2. 测试手段

螺旋桨振动应力与 1P 载荷的测试手段相同,都是通过在桨叶表面粘贴应变片,并组成相应的电桥,当桨叶受力变形时,应变片随之一起变形,引起应变片的电阻变化,并转换为电压变化。

螺旋桨作为高速旋转部件,应变信号从转子部件到静子部件之间的传输是测试的关键问题,旋转件应力信号传输基本采用以下三种方法。

1)引电器传输

引电器传输是将转子部件上传感器所测量的信号经引电器传输到安装在静子部件上的记录设备进行采集记录。引电器分为接触式和非接触式两种,接触式引电器主要包括刷环引电器和水银引电器,非接触式引电器主要为感应式引电器。刷环引电器的结构简便,成本较低,但接触电阻大,传输信号稳定性差,长时间工作磨损严重;水银引电器的导电性好,性能稳定,接触电阻小,缺点是在高速和高温条件下性能急剧下降,产生的水银蒸气对人体有一定危害。

2)无线近距遥测传输

无线近距遥测传输是将旋转件上的测量传感器和测量设备所测的载荷信号,经由安装在转子部件上的发射系统进行发送,由安装在静子部件上的接收系统进行接收并采集记录。无线近距遥测系统原理如图 8.8 所示,主要包括遥测发射盘、发射和接收天线、接收机和数据采集器等。各传感器采集到的应变信号经过遥测模块(发射机)调理放大后,转换为数字信号,通过转子天线发射;静子天线接收到信号,传输至接收机进行解调输出,再通过专用记录器和软件对数据进行记录和处理。

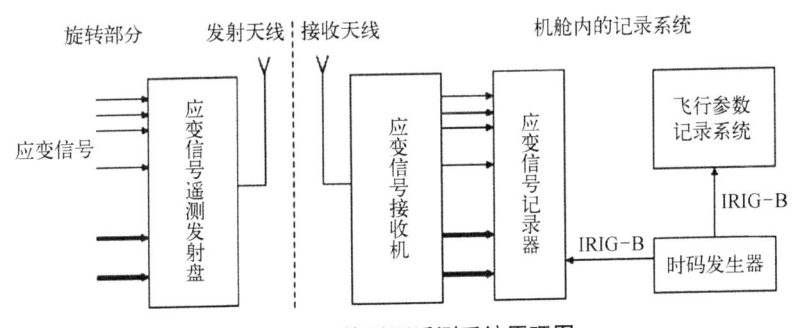

图 8.8 无线近距遥测系统原理图

无线近距遥测系统的信号传输稳定,精度较高,能适应宽泛的转速和温度范围,是飞行试验最优先采用的测试方法,其缺点是研制周期长、成本较高[3]。

3）固态采集记录仪

固态采集记录仪是安装在旋转件上直接采集记录载荷传感器测量输出信号，不需要任何中间环节的转换与传输。固态采集记录仪采用固态存储器单片机技术，集信号调节、采集、记录、电源于一体，设备体积小巧，随螺旋桨一起旋转，无须再配套其他静止部件，环境适应性高，缺点是无法进行实时监测和远程控制。

3. 试飞方法

在开展正式试飞前应先完成螺旋桨与发动机配套的地面台架应力测量试验及1P载荷测量试验，以获取在地面台架环境下的螺旋桨振动特性和1P载荷特性[4]，对1P载荷测量试验还应在地面台架上完成载荷校准，以获取应变桥路电压-载荷方程，图8.9为螺旋桨载荷校准示意图。

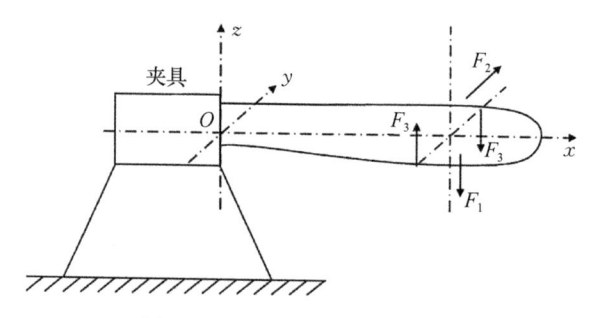

图 8.9　螺旋桨载荷校准示意图

试飞测试参数一般包括飞行参数、发动机参数、螺旋桨参数和大气环境参数，具体见表8.1。

表 8.1　螺旋桨振动应力和1P载荷试飞测试参数

序　号	参数类型	具　体　参　数
1	飞行参数	起飞重量、飞机构型、高度、速度、马赫数、姿态角、过载等
2	发动机参数	燃气发生器转速、动力涡轮转速、功率、扭矩压力、油门杆位置、功率杆位置、涡轮进口温度、排气温度、可调导叶角度等
3	螺旋桨参数	选速杆位置、螺旋桨转速、变距油压、顺桨状态参数、中距限动开关位置、反桨状态参数、桨叶角、加装应变
4	大气环境参数	大气总温、静压、风速、风向、天气状态等

螺旋桨振动应力飞行试验科目一般包括地面试验和飞行试验。

（1）地面侧风试验。飞机以迎风位置为0°起始点，逆时针方向每隔30°摆放一个侧风位置，直至起始点。在型号规范规定的侧风范围内，发动机和螺旋桨以不同功率状态工作，测定螺旋桨振动应力特性。

（2）飞行试验。主要包括：发动机以不同功率状态起飞和爬升；发动机以不同功率状态下稳定平飞(包括大、小速度)及平飞加、减速;发动机以不同功率状态工作,飞机做侧滑、盘旋、小角度俯冲、以最大允许过载拉起、复飞、着陆和反桨制动等。

8.1.3 评定方法

CCAR-25 对螺旋桨振动应力评定的规定是"所确定的振动应力不得超过业已表明对连续工作是安全的应力值"。由于桨叶应力循环的累积速度非常快,若产生损伤,将在几个架次内迅速破坏,因此在飞机型号合格审定中应表明疲劳应力低于疲劳极限,即验证无限寿命设计。桨叶的疲劳极限可以有很多种形式,包括 Goodman 曲线用于评估应力是否低于持久极限、S-N 曲线用于安全寿命评估等。FAA 咨询通告 AC35.37 推荐的方法,通过能够代表螺旋桨设计和制造特征的全尺寸疲劳试验来确定疲劳极限,若通过飞行试验测得的螺旋桨振动应力低于该疲劳极限,则可认为螺旋桨振动应力符合连续安全使用要求。

螺旋桨 1P 载荷的评价与振动应力有所不同,采取如下的方式进行:

(1) 将试验中记录的应变数据代入载荷标定方程,得到对应的载荷;

(2) 对所选时间段内载荷数据进行频谱分析,获得转速基频及倍频对应的载荷分量;

(3) 利用转速基频对应的载荷数据计算 1P 载荷。

当采用桨根应变法测量 1P 载荷时,根据应变计算单片桨叶 1P 载荷的公式如下[4]:

$$M_{1Pb}(\omega t) = C(\theta) E W_j \varepsilon_j(\omega t) \quad (8.1)$$

$$C(\theta) = \cos\theta_{rc} + r_m/r_{ac} \quad (8.2)$$

式中,$M_{1Pb}(\omega t)$ 为单片桨叶 1P 力矩(N·m);$C(\theta)$ 为桨根贴片位置系数,无量纲;E 为桨叶材料的弹性模量(MPa);W_j 为桨叶剖面抗弯模量(mm³),根据载荷标定试验获得;$\varepsilon_j(\omega t)$ 为测量应变(mm/mm);θ_{rc} 为桨叶气动中心剖面入流角(°);r_m 为应变测量截面翼型剖面所在半径(mm);r_{ac} 为桨叶气动中心剖面半径(mm)。

根据桨叶数量,按照 1P 载荷的合成方法获得整台螺旋桨的 1P 载荷。

当采用桨轴直接测量法时,按照载荷的合成与分解方法,可获得对应方向的 1P 载荷。1P 载荷所代表的是作用于桨轴的疲劳载荷,应根据试验结果给出不同飞行状态和不同发动机功率状态下的螺旋桨 1P 载荷,并结合桨轴疲劳试验,确定桨轴是否具有无限寿命,或根据损伤累积法则,给出寿命小时数。

8.1.4 注意事项

(1) 螺旋桨振动应力和 1P 载荷试飞涉及对螺旋桨进行重大改装,属于风险科目,应按照试飞质量安全体系对试飞安全性进行评估和控制。

(2) 对于多发飞机,应考虑螺旋桨拉力不对称对于飞机操纵的影响,确保飞机处于可正常控制范围内,对于单发飞机,着重评估螺旋桨改装对推进效率的影响,在规划试验科目时,在目标飞行状态下适当提高发动机功率或降低高度,以适应螺旋桨效率下降。

8.2 螺旋桨防冰系统试飞

8.2.1 试验目的

飞机螺旋桨在结冰气象条件下飞行时,大气中的过冷水滴会迅速聚集在高速旋转的螺旋桨桨叶和整流罩上并凝结成冰,螺旋桨结冰的危害有:① 改变螺旋桨桨叶气动外形,降低气动效率;② 加大转子不平衡量,造成螺旋桨和发动机出现额外的振动,损坏相关部件;③ 冰块脱落后可能打伤机身部件或被吸入发动机,对转子叶片造成损伤,并使发动机不稳定工作、喘振熄火等。

螺旋桨防冰系统可分为两大类:一类是防冰系统,即不允许在螺旋桨上产生冰;另一类是除冰系统,即螺旋桨少量结冰后,周期地去除冰层。根据防冰能量方式的不同,又可分为以下四类:① 涂料防冰,将此类物质涂抹在桨叶前缘,可以降低冰点或减小冰对桨叶表面的附着力;② 化学除冰,将酒精、甘油的混合物喷到桨叶上,由此形成一层防冰的薄膜,这种薄膜能使冰变软,而冰受到离心力的作用就会从桨叶上脱落;③ 电热防/除冰,在桨叶前缘铺设一层导电材料,通电后发热,从而实现桨叶防/除冰;④ 热气防冰,利用发动机废气的热量防冰。

国内外军用标准和民航规章如美军标 MIL-E-5007D、适航条例 FAR-25,以及我国国军标 GJB 243A—2004、民航规章 CCAR-25 等,均规定申请设计定型或型号合格审定的飞机要进行螺旋桨防冰系统试验,其目的是确定螺旋桨防冰系统在规定的结冰气象条件下能否有效防止冰在螺旋桨上的生成,保证螺旋桨在整个飞行包线内与结冰条件下能满意地工作,避免由于结冰而出现威胁飞行安全的事件。

国产某螺旋桨配装于推进式布局的某无人机上,为通过发动机尾气喷流对螺旋桨进行加热,实现防冰功能。在定型试飞中开展了螺旋桨桨叶温度测量试验,以验证尾气防冰功能的有效性,如图 8.10 所示。

Dowty 螺旋桨公司的 R391 复合材料螺旋桨配装于 C130-J 运输机,桨叶采用电热除冰措施,向桨叶前缘上的电加温元件周期供电以加热桨叶表面,破坏冰层与桨叶表面的黏结力,再借助来流吹拂和螺旋桨旋转的离心力将所结冰层甩掉。桨毂整流罩采用电热防/除冰措施,前缘采用连续电加温的不完全蒸发防冰措施,靠近桨叶的整流罩部分采用周期电加温的除冰措施。

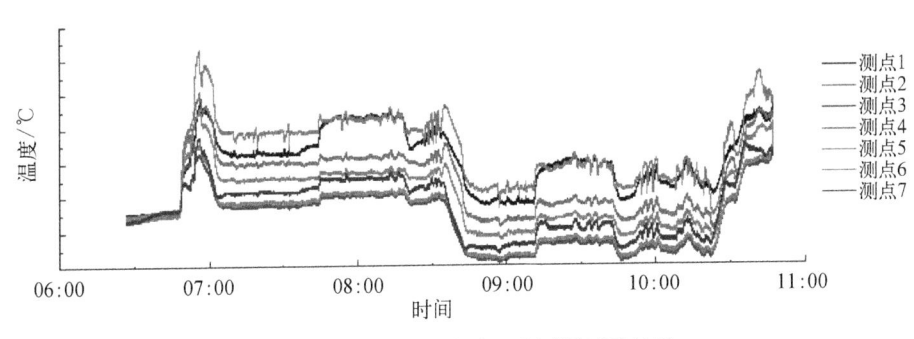

图 8.10 某螺旋桨桨叶温度测量试验结果

8.2.2 试验方法及要求

螺旋桨防冰系统飞行试验一般结合发动机防冰系统试验一起开展，分为以下两种方法。

1) 自然大气条件下的防冰系统飞行试验

装有新螺旋桨的试验机，直接在结冰气象条件云层中飞行，考核发动机防冰系统效能。在试验机上要加装结冰气象参数测试系统和结冰探测系统，这种试验真实、经济，但受空域和气象条件影响较大。日本三菱重工的 MU-2B 飞机就是采用的这种方法，三菱重工进行了大量的地面和飞行试验，以证明 MU-2B 飞机在 FAR-25 附录 C 和 SLD 条件下的特性。MU-2B 飞机采用 4 叶螺旋桨，前缘布置电热防冰，如图 8.11 所示。飞行试验中，螺旋桨桨叶全展长范围内结冰情况如图 8.12 所示。

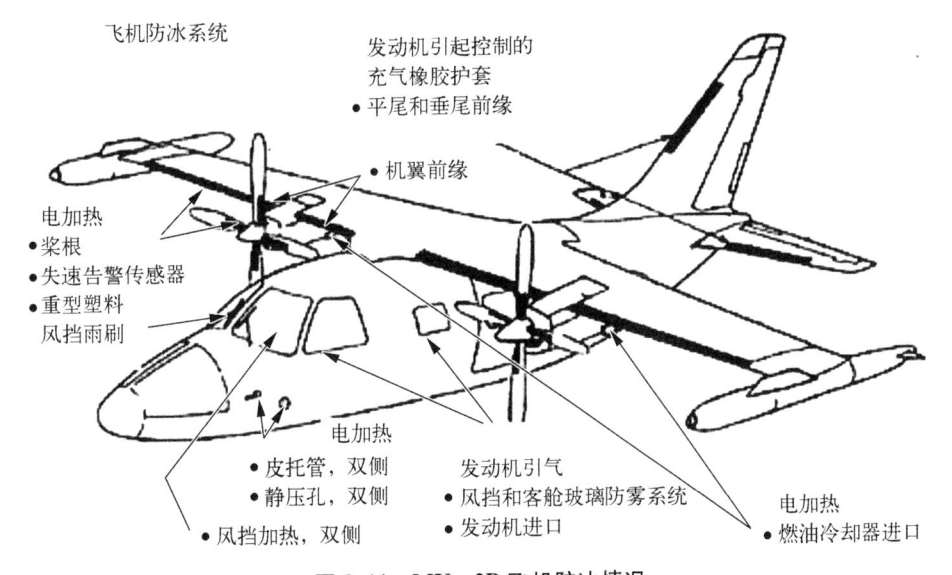

图 8.11 MU-2B 飞机防冰情况

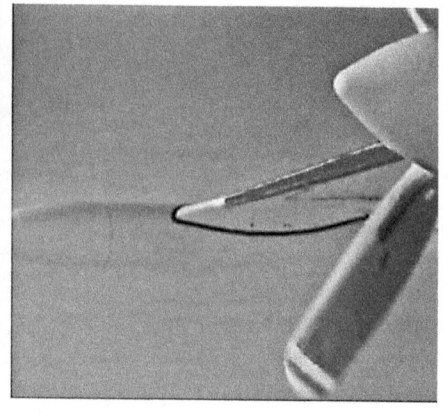

图 8.12　MU-2B 飞机螺旋桨结冰试验结果

2) 模拟自然结冰气象条件的防冰系统飞行试验

这种试验有两种方式：一种是在安装被试螺旋桨的试验载机上加装喷水模拟结冰装置制造结冰云开展试验；另一种是安排制造结冰云的飞机伴飞，试验飞机跟在其制造的结冰云区中，F-16 飞机采用的就是这种方式。

当采用自然结冰飞行试验时，试验内容包括地面试验和飞行试验。

地面试验包括以下方面：

（1）在干燥空气条件下及满足标准规章要求的自然结冰条件下，发动机在地面慢车及以上状态工作，检查螺旋桨防冰系统的工作可靠性及工作参数，并测量被加热部件的表面温度。

（2）在满足(1)的自然结冰大气条件下，发动机在地面慢车运转 30 min，随后发动机以起飞功率做短暂运转。在上述 30 min 慢车运转期间，发动机可以按照使用方可接受的方式间歇地加大转速到中等功率。在此过程中检查螺旋桨防冰系统的工作可靠性及工作参数，并测量被加热部件的表面温度。

飞行试验包括以下方面：

（1）在无结冰条件的 2~3 个高度，以 2~3 种速度飞行，接通螺旋桨防冰系统，检查防冰系统工作可靠性及工作参数，测量被加热部件的表面温度。

（2）在满足标准规章要求的自然结冰条件下，飞机进行平飞，检查螺旋桨防冰系统功能及防冰效能。进入结冰区后，飞行速度不应小于在复杂气象条件下飞行的最小允许速度。不管涡轮后排气温度有无增高，飞机在结冰区域内完成试验内容后应立即退出结冰区域低速飞回机场，飞机着陆后立即检查螺旋桨有关部件有无结冰。试验过程中测试参数(包括水含量和水滴尺寸)和高速摄影应连续记录。

（3）对运输类飞机，还应进行如下试验：① 在进入结冰区域前打开螺旋桨防冰开关，监测防冰参数，在桨叶等部件表面温度稳定后需保持 20 min 方可脱离结冰区域,脱离结冰区域后根据有关参数可以关闭螺旋桨防冰开关;② 进入结冰区域前,飞机稳定平飞,试验发动机在飞行慢车状态下工作,进入结冰区域后延迟 2 min 或结冰厚度达到最大值(以先到为准)时打开螺旋桨防冰开关,监测防冰参数,在桨叶等部件表面温度稳定后需保持 20 min 方可脱离结冰区域。

当采用人造结冰飞行试验时,按军用标准或适航规章要求构造相应的结冰气象条件,试验方法与自然结冰试验相同。

8.2.3 评定方法

(1) 将地面试验时大气条件和无结冰条件下试验的飞行状态、发动机和螺旋桨工作状态、防冰系统工作参数和工作信号整理成表格,鉴定螺旋桨防冰系统在地面和"干燥"空气飞行条件下的工作可靠性及有关参数值。

(2) 将自然结冰条件下的飞行试验状态、大气条件、云层性质、结冰前后发动机和螺旋桨的工作参数和状况,以及螺旋桨防冰参数、结冰性质等整理成表格,记录飞行过程中桨叶、桨帽等有关部件的视频资料、记录飞机着陆后螺旋桨有关部件上有无冰层的视频资料或照片等,鉴定防冰系统的效能。如果在自然结冰条件下,螺旋桨防冰系统能有效地防止有关部件结冰,螺旋桨未受到损坏,螺旋桨与发动机工作稳定,工作参数正常,则防冰系统效能合格。

(3) 对于运输类飞机,在自然结冰条件下进入结冰区域前和延迟 2 min 打开螺旋桨防冰开关的情况下,记录(2)中所述参数,防冰系统能有效地防止有关部件结冰,螺旋桨未受到损坏,螺旋桨与发动机工作稳定,工作参数正常,则防冰系统效能合格。

8.2.4 注意事项

(1) 螺旋桨防冰试验属于高风险科目,应按照试飞质量安全体系对试飞安全性进行评估和控制,做好应急预案;

(2) 试飞中应密切关注飞机、螺旋桨、发动机工作状态,若出现在其他条件不变的情况下,飞机速度大幅下降、发动机涡轮后温度或振动大幅升高,表明螺旋桨结冰已严重影响推进系统效率和飞机正常飞行,应中止试飞科目,迅速返航。

8.3 螺旋桨控制系统试飞

8.3.1 试验目的

螺旋桨控制系统主要完成螺旋桨桨距的控制,通过调节桨叶角的大小达到调节螺旋桨转速和功率的目的。

螺旋桨控制系统可分为机械液压控制、数字电子控制和发动机/螺旋桨一体化电子控制器控制三种。

早期的涡桨发动机螺旋桨为机械液压控制系统,如 PT6A、TPE331 等。

随着螺旋桨工作时需测量和调节的参数越来越多,控制功能不断增加,除转速控制功能外,还包括相位同步控制功能、自动顺桨控制功能,为了满足螺旋桨越来越多的功能需求,数字电子控制已逐渐替代传统的机械液压控制,20 世纪 90 年代开始研制的螺旋桨均采用数字电子单独控制螺旋桨,典型的发动机如 AE2100、PW150A(图 8.13)等。

新一代涡桨发动机采用多变量控制技术,将发动机控制系统和螺旋桨控制系统综合起来设计。过去的涡轮螺旋桨飞机中,螺旋桨和发动机的控制系统各自都是独立的;新一代螺旋桨的控制系统综合到全权限数字式发动机控制系统中,能自动控制桨叶的运行状态,使螺旋桨始终保持在一个恒定、最佳的效率速度,并具有过速保护、喘振监测和恢复、螺旋桨自动变距和自动顺桨功能。这种设计可将发动机与螺旋桨的性能匹配发挥到最佳,但因发动机控制系统软件包含了对螺旋桨的控制,故控制逻辑较为复杂,对控制软件的要求更高。典型的发动机如 TP400 - D6(图 8.14)、GE Gatalyst 等。

螺旋桨控制系统试飞的目的是考核螺旋桨控制系统各类功能和工作质量。我国国军标 GJB 243A—2004、民航规章 CCAR - 25 和美标 JSSG - 2007A、FAR - 25 等,均对螺旋桨控制系统提出相关试验要求。

图 8.13 R408 型螺旋桨(配装 PW150A 发动机)

图 8.14 FH385 型螺旋桨(配装 TP400 - D6 发动机)

8.3.2　试验方法及要求

螺旋桨控制系统试验一般包括地面试验和飞行试验。

地面试验应包括以下方面：

（1）在不同大气温度、标高、引气和功率提取、风向、风速等条件下进行不同状态的稳定工作和推拉油门试验；

（2）对顺、回桨系统、局部顺桨系统、扭矩压力（功率）下降自动顺桨系统、负拉力自动顺桨传感器、负拉力自动顺桨停车、应急顺桨系统、螺旋桨中矩限动和反桨矩系统进行检查。

飞行试验一般包括以下方面：

（1）螺旋桨控制功能试验。验证不同飞行条件下、不同发动机状态下的螺旋桨控制功能,包括：① 发动机不同工作状态下稳定平飞；② 在不同飞行高度和速度下进行发动机加减速试验；③ 飞机在不同高度进行机动飞行；④ 爬升至升限飞行、下滑飞行；⑤ 空中起动过程中检查螺旋桨控制功能。

（2）螺旋桨顺桨系统试验。试验应包括：① 确定在起飞安全速度条件下螺旋桨从风车转动（螺旋桨变距机构调到起飞状态）到顺桨位置所需的时间；② 单发停车巡航速度条件下的顺桨时间；③ 为了演示顺桨系统能满意工作,应在飞机使用包线内对螺旋桨最不利的条件下使螺旋桨顺桨。

（3）螺旋桨反桨系统。试验发动机反桨状态,飞机分别在正常条件、侧风条件下进行正常着陆及中断起飞。

8.3.3 评定方法

（1）绘制有关参数的变化曲线,根据曲线评定螺旋桨控制系统的各类功能是否符合要求。

（2）顺桨系统、回桨系统、局部顺桨系统、扭矩压力（功率）下降自动顺桨系统、负拉力自动顺桨传感器、负拉力自动顺桨停车、应急顺桨和螺旋桨中矩限动过程中的桨叶角、各路油压、各类信号应工作正常,动作时间应符合规定。

（3）螺旋桨转速应符合规定,在发动机加减速、空中起动、机动飞行等过程中螺旋桨应工作可靠。

（4）各类顺桨停车应工作可靠,顺桨时间、扭矩顺桨时的扭矩压力、应急顺桨时的应急停车压力、顺桨泵后压力、桨叶角和各路油压应符合设计指标。

（5）着陆后解除限动对飞机操纵应无不良影响,超转值和各路油压应正常,着陆时反桨矩系统应工作可靠。

8.3.4 注意事项

螺旋桨顺桨系统试验由于要在起飞安全速度条件下进行顺桨试验,属于高风险科目,应按照试飞质量安全体系对试飞安全性进行评估和控制,做好应急预案。

参考文献

[1] Kushan M C, Diltemiz S F, Sackesen I. Failure analysis of an aircraft propeller[J]. Engineering Failure Analysis, 2007, 14(8): 1693-1700.

[2] 牛宏伟,郭海东,张永峰. 推进式螺旋桨振动应力特性飞行试验与分析[J]. 科学技术与工程,2020,20(3):7507-7515.

[3] 牛宏伟,郭海东,文敏. 航空螺旋桨振动应力适航符合性验证方法研究[C]. 沈阳:第四届中国航空科学技术大会,2019.

[4] 屈玉池,张永峰,宋卫岗. 螺旋桨1P力矩飞行试验研究[J]. 飞行力学,2007,25(2):68-71.

第9章
航空发动机环境适应性试验

航空发动机环境适应性指发动机及其附件在不同环境条件下的工作适应性，环境条件包括高温、高寒、高原、侧风、电磁、雨雪、砂尘、结冰、盐雾等特殊环境。航空发动机环境适应性试验验证发动机及其附件在不同环境条件下的工作适应性，评价发动机的性能、工作特性和匹配性等是否符合预期，以及环境变化的影响。

早在20世纪70年代美国颁布的发动机通用规范中，就已经将环境试验作为重点内容。JSSG-2007中规定，环境试验包括大气条件（湿度、霉菌、腐蚀性大气、结冰条件）试验、吞咽能力（吞鸟、外物损伤、吞冰、吞咽砂石和灰尘、吞入大气中液态水、吸入武器排气、吸入水蒸气）试验、电磁环境效应（电磁干扰、系统内电磁兼容性、系统间电磁兼容性、雷电）试验，并在发动机性能、工作特性试验中强调了高温、高寒等环境条件的试验及其影响。

我国GJB 243A—2004在发动机性能、工作特性中强调了高温、高寒、高原等环境条件的试验及其影响，并在动力装置环境适应性试验章节中简要提出了盐雾、高湿、砂尘、霉菌状态等试验要求。

限于篇幅，并考虑到试验的重要性和影响，本章主要阐述航空发动机高温、高寒、高原、侧风和电磁干扰试验。

9.1 高温试验

高温条件下，发动机流道内部温度较高，空气密度降低，吸入的空气质量流量变小，发动机热态起动、连续起动等情况下极易发生起动失速、超温、转速悬挂等异常情况，同时，高温条件下发动机加速过程也容易出现喘振。此外，发动机舱长期处于高温环境，易出现舱温超限、燃油、滑油等在高温环境下工作，可能出现燃油、滑油超温等情况。

GJB 243A—2004规定高温试验在+40℃极限高温或实际可能达到的极限高温下进行，且规定地面起动应在水泥停机坪上高温暴晒5 h后进行。

9.1.1 试验目的

试验目的包括以下方面：

（1）评定发动机在高温条件下的起动性能；

（2）测定发动机在高温条件下的工作参数和工作稳定性；

（3）评定发动机在高温条件下的加减速性和加力燃烧室工作质量。

9.1.2 试验方法及要求

试验方法包括以下方面：

（1）在大气温度不低于40℃或可能达到的极限高温条件下，高温暴晒5 h后进行地面起动试验，应在不同起动电源或气源条件下进行，还应进行手动、自动起动及连续起动试验；

（2）在高温条件下，在规定的发动机慢车运转时间内进行长时间的慢车运转及加速至中间、加力状态的试验，检查发动机的滑油及燃油是否超温；

（3）应进行发动机慢车、节流、中间及加力等典型状态的工作稳定性试验以及不同起止状态的加减速性试验；

（4）应进行滑行、起飞试验，同时应选择2~3个高度，检查发动机的工作稳定性、空中起动功能、加减速性和加力燃烧室工作质量；

（5）若规定一种以上的燃油或滑油，应使用这些燃油或滑油进行（1）~（4）项试验；

（6）进行3次以上的高温起动。

试验要求包括以下方面：

（1）如系统规定可用不同品种的燃、滑油，必要时可分别进行试验，以确定使用每一种规定的燃油或滑油时的高温起动特性；

（2）高温环境温度应不低于40℃或可能达到的极限高温条件。

9.1.3 评定方法

数据处理及试验结果评定要求如下：

（1）获得发动机及起动相关系统的参数，绘制成曲线或统计表格；

（2）发动机地面起动性能、稳定性、加减速性和加力燃烧室工作参数以及稳定性应满足研制要求、型号规范的规定；

（3）发动机空中稳定性、起动功能、加减速性和加力燃烧室工作参数以及稳定性应满足研制要求、型号规范的规定。

9.2 高寒试验

低温条件下，发动机燃油黏度增大，流动性、挥发性和雾化质量变差（油珠直径变大),油珠表面与空气接触面积减少,油气混合不均匀,不利于燃烧室点燃。另外,还可能引起起动机电解液等温度过低,电瓶内阻增加,造成输出功率降低,导致起动前期转子加速缓慢,并且起动系统的橡胶材质密封圈等很容易失去弹性,严重的情况甚至可能引起齿轮箱比其内部的齿轮收缩得更快,引起严重的齿轮损坏。极低温度下,滑油的黏度也会增大,使滑油润滑特性恶化,这将使摩擦面间隙增大,使摩擦阻力矩增加,进而增大了起动负荷。由于阻力矩增大,起动机带转缓慢,转子加速时间增长。

GJB 243A—2004 规定高寒试验在 -35℃ 极限低温或实际可能达到的极限低温度下进行,且规定地面起动应在水泥停机坪上低温冷冻 10 h 后进行。

9.2.1 试验目的

试验目的包括以下方面:
(1) 评定发动机在低温条件下的起动性能;
(2) 测定发动机在低温条件下的工作参数和工作稳定性;
(3) 评定发动机在低温条件下的加减速性和加力燃烧室工作质量。

9.2.2 试验方法及要求

试验方法包括以下方面:
(1) 在大气温度不高于 -35℃ 或可能达到的极限低温条件下,低温冷冻 10 h 后进行地面起动试验,应在不同起动电源或气源条件下进行,还应进行手动、自动起动及连续起动试验;
(2) 应进行发动机慢车、节流、中间及加力等典型状态的工作稳定性试验以及不同起止状态的加减速性试验;
(3) 应进行滑行、起飞试验,同时应选择 2~3 个高度,检查发动机的工作稳定性、空中起动功能、加减速性和加力燃烧室工作质量;
(4) 若规定一种以上的燃油或滑油,应使用这些燃油或滑油进行(1)~(3)项试验;
(5) 进行 3 次以上的冷浸透起动。

试验要求包括以下方面:
(1) 如系统规定可用不同品种的燃、滑油,必要时可分别进行试验,以确定使用每一种规定的燃油或滑油时的低温起动特性;
(2) 若规定需进行加注滑油及发动机的预热,应配备相应的加温设备;
(3) 低温环境温度应不高于 -35℃ 或可能达到的极限低温。

9.2.3 评定方法

数据处理及试验结果评定要求如下:
(1) 获得发动机及起动相关系统的参数,绘制成曲线或统计表格;

（2）发动机地面起动性能、稳定性、加减速性和加力燃烧室工作参数以及稳定性应满足研制要求、型号规范的规定；

（3）发动机空中稳定性、起动功能、加减速性和加力燃烧室工作参数以及稳定性应满足研制要求、型号规范的规定。

9.3　高原试验

高原条件下，空气密度小，含氧量降低，使得起动时进入发动机的空气质量流量减少，余气系数降低。发动机起动时，极易富油燃烧，导致点火困难，严重时将导致燃烧室出口和涡轮后排气温度突升，造成发动机起动超温，起动失败，同时会影响发动机推力等性能和工作稳定性、加减速性等工作特性。

GJB 243A—2004 规定发动机应在不同标高机场进行地面试验。

9.3.1　试验目的

试验目的包括以下方面：

（1）评定发动机在高原条件下的起动性能；

（2）测定发动机在高原条件下的工作参数和工作稳定性；

（3）评定发动机在高原条件下的加减速性和加力燃烧室工作质量；

（4）检查发动机在高原条件下的性能。

9.3.2　试验方法及要求

试验方法包括以下方面：

（1）在规定的高原机场进行不同温度下的地面起动试验，应在不同起动电源或气源条件下进行，还应进行手动、自动起动及连续起动试验；

（2）按照技术要求，进行带载或不带载、补氧或不补氧情况下的发动机起动；

（3）在规定的高原机场，应进行发动机慢车、节流、中间及加力等典型状态的工作稳定性试验以及不同起止状态的加减速性试验，同时应进行滑行、起飞试验；

（4）在规定的高原机场，检查发动机性能；

（5）每种起动方式的起动次数应不少于 3 次。

试验要求应包括以下方面：

（1）开展试验前，应完成发动机高空台高原起动试验，且起动性能合格；

（2）机场海拔应满足发动机研制总要求的规定。

9.3.3　评定方法

数据处理及试验结果评定要求如下：

（1）获得发动机及起动相关系统的参数，绘制成曲线或统计表格；

（2）发动机地面起动性能、不同工作状态的稳定性、加减速性和加力燃烧室工作参数以及稳定性应满足研制要求、型号规范的规定；

（3）高原机场的发动机性能情况应满足研制总要求的规定。

9.4 侧风试验

风向相对于发动机的轴线呈一定的角度，在一定的角度范围内，将会对发动机的起动性能和发动机的稳定工作产生不利影响。

对于发动机地面起动，一般存在如图9.1所示的地面起动风环境包线。侧风和尾风对发动机起动性能影响较大，存在最大风速限制，而首风则无限制。侧风和尾风，一方面可能导致高温尾气吸入进气道或起动机进气口，起动失败；另一方面不利于热态起动前发动机流道内温度的降低，可能导致起动过程发动机失速。

SAE-APR-1420《燃气涡轮发动机进口气流畸变指南》指出发动机进气畸变应考虑地面工作时侧风的影响。CCAR-25规定在申请批准的所有运行条件下发动机工作正常，所有运行条件其中就包括地面侧风条件，地面侧风试验是进气畸变项目中必做的适航验证科目。发动机整机侧风试验常采用侧风源设备开展不同风向、风速下的侧风试验，而对于安装在飞机上的发动机，进气道和机身的影响不可忽略，这也是必须开展装机状态地面侧风试验的原因。

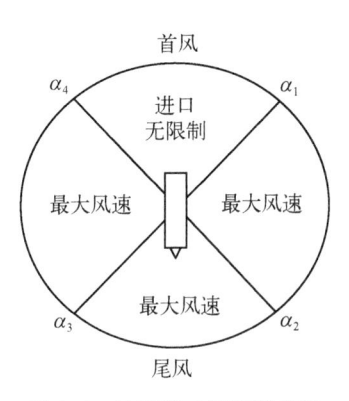

图 9.1 地面起动风环境包线

9.4.1 试验目的

试验目的包括以下方面：

（1）评定发动机在大侧风条件下的起动性能；

（2）评定发动机在大侧风条件下的工作稳定性。

9.4.2 试验方法及要求

试验方法应包括以下方面：

（1）在满足型号规定的正侧风、顺风条件下，在地面进行不同起动电源、气源的地面起动试验，还应进行手动、自动起动及连续起动试验；

（2）在规定的正侧风条件下，在地面进行发动机慢车、节流、中间、加力等典型状态的工作稳定性试验以及不同起止状态的加减速性试验；

（3）在规定的正侧风条件下，进行滑行、起飞试验。

试验要求应包括以下方面：

（1）开展试验前，研制单位应完成侧风条件下的发动机地面台架试验，并给出明确的结论；

（2）所选的机场侧风应满足发动机研制总要求的规定。

9.4.3　评定方法

数据处理及试验结果评定要求如下：

（1）获得发动机及起动相关系统的参数，绘制成曲线或统计表格；

（2）发动机地面起动性能、不同工作状态的稳定性应满足研制要求、型号规范的规定；

（3）正侧风包括 90°和 270°两种情况。

9.5　电磁兼容性试验

复杂的电磁环境包括敌我双方的电子对抗、各种武器装备和系统所释放的电磁波以及民用电磁设备的辐射和自然界产生的电磁波等，这可能会降低或妨碍发动机的性能、工作特性和匹配性等，另外，发动机也是飞机系统的一个干扰源。

鉴于电磁环境的复杂性，本节电磁兼容性试验主要阐述发动机电气、电子设备及其子系统之间，以及与飞机各系统、机外典型电磁环境（机场、航母）之间的电磁兼容性试验。

9.5.1　试验目的

试验目的包括以下方面：

（1）检查动力装置电气、电子设备及其子系统之间的电磁兼容性；

（2）检查动力装置电气、电子设备及其子系统与飞机各系统的电磁兼容性；

（3）检查动力装置电气、电子设备及其子系统与机外（如机场、航母）的复杂电磁环境的电磁兼容性。

9.5.2　试验方法及要求

试验方法包括以下方面：

（1）不开车情况下，动力装置电气和电子设备上电，顺序打开和关闭部分机载电子设备；

（2）地面和空中发动机以不同状态稳定工作，顺序打开和关闭部分机载电子设备；

(3) 雷达、通信系统等机载电子设备处于最大发射功率状态,发动机以不同状态稳定工作；

(4) 在地面和空中发动机以不同状态稳定工作,可加载不同频率的机载短波电台和超短波电台等通信、导航设备,应在不同频率下使用。

(5) 检查动力装置电气、电子设备及其子系统在如机场、航母等复杂的电磁环境下的工作稳定性。

试验要求包括以下方面：

(1) 飞行试验前,研制单位应完成动力装置及试验载机电磁兼容性试验,并提供相应的试验报告；

(2) 试验载机电气和电子设备应齐全。

9.5.3 评定方法

数据处理及试验结果评定要求如下：

(1) 获得发动机工作参数,绘制成曲线或统计表格；

(2) 不应出现由于电磁干扰导致的动力装置不稳定工作现象；

(3) 不应出现由于电磁干扰导致飞机机载电子设备的不正常工作现象。

第 10 章
航空发动机试验载机

试验载机是"安装发动机或动力装置附件、系统,并对其进行飞行试验的载体,一般有原型机、专用试验机、飞行台等"。本章对这些载机一一作介绍。

10.1 航空发动机试验载机分类

10.1.1 飞行台

航空发动机飞行台,是一种用于新型或改进型航空发动机及其相关系统开展空中试验的试验飞机。飞行台一般用大型运输类飞机改装而成,试验发动机不作为其主要动力。普遍使用的通用飞行台是用配装四台发动机的飞机如伊尔-76、波音747等改装而成,试验发动机替换原机机翼内侧的某一台发动机;也有用双发轰炸机改装而成的飞行台,试验发动机一般均安装在炸弹舱内,可以上下收放。对于中小型的试验发动机,也可以选用双发运输类飞机改装成飞行台,试验发动机可装在机身侧方、上方或下方。

以俄罗斯最著名的发动机飞行台伊尔-76发动机飞行台(图10.1)为例,试验

图 10.1 伊尔-76 发动机飞行台

过的发动机有 NK-86 发动机、D-18T 涡扇发动机、PS-90A/P/-12 涡扇发动机、D-236T 对转桨扇发动机、D-27 对转桨扇发动机、TV7-117A 涡桨发动机、NK-93 共轴反转桨扇发动机、Sam146 涡扇发动机、D-30kP-3 涡扇发动机、Kaveri 涡扇发动机等。

图 10.2 和图 10.3 分别是波音 747 发动机飞行台和空客 340 发动机飞行台。

图 10.2 波音 747 发动机飞行台

图 10.3 空客 340 发动机飞行台

10.1.2 专用试验机

专用试验机一般由成熟的双发、多发飞机或直升机平台改装而成，试验发动机取代该飞机的一台发动机安装在其短舱内。专用试验机原装发动机与试验发动机类型一致，尺寸、推力/功率等级大致相当，需要试验发动机提供动力。这种试验机由于受发动机安装空间及飞机-推进系统匹配等方面因素限制，只能适用于与原装发动机尺寸、推力量级或功率等级大致相当的一类发动机。

当发动机装在专用试验机上时，需要对试验机提供动力，操纵由飞行员直接控制，试验发动机的液压、电功率、引气等与飞机系统交联。由于受发动机结构形式、安装空间以及飞机推进系统匹配的限制，只能对特定或改型发动机进行试验，不具有通用性。

20 世纪 80 年代中期，作为增强战斗机机动性能的一部分，俄罗斯苏霍伊飞机试验设计局（简称苏霍伊设计局）开始试验推力矢量控制技术。1989 年，苏霍伊设计局和 NPO Staurn 把一架早期生产型苏-27"侧卫"-B 改装成试验机，飞机装一个平直的二元矢量喷管和一个常规喷管，用于研究推力矢量控制技术，如图 10.4 所示。

图 10.4　苏-27 二元推力矢量验证试验机

10.1.3　原型机

原型机是指与试验发动机一同开展鉴定/定型试飞的飞机或直升机，是试验发动机的目标配装对象，一般为新研的飞机/直升机。原型机试飞用于在预期的飞行高度、飞行速度、过载等实际使用条件下对试验发动机性能及其与飞机/直升机匹配性等进行全面的验证考核。

在 GJB 243A—2004 中明确规定：以新型号飞机、直升机为首选配装对象的新型号动力装置的飞行试验，只有在发动机及对飞行安全有重大影响的动力装置附件和系统，通过高空模拟台或飞行台、专用试验机试验的前提条件下，才允许选择该新型飞机、直升机作为试验载机。

10.2　航空发动机飞行台

10.2.1　飞行台的作用

飞行台作为军用、民用航空发动机试验的平台，在军用发动机研制/鉴定和民用发动机取证中起着不可替代的作用，其内容已经纳入国内外相关的标准和规范中。

1. 飞行台试飞是缩短发动机研制周期、降低研制风险的重要手段

发动机研制是一项复杂的系统工程，每一型发动机都有其自身的特点。新型号发动机往往采用了大量的新设计、新工艺、新材料，在新型号发动机研制中，当完成了必要的地面试验后，应尽快装机进行飞行试验，验证发动机的性能和功能，及早暴露发动机的缺陷，为修改设计及下一步的研制决策提供第一手的数据和资料，从而缩短发动机的研制周期，降低研制风险。

根据国内外发动机的研制经验，为了降低配装原型飞机试验的风险，一型发动

机在开展定型/鉴定试飞前必须经过飞行台试验。

发动机飞行台试验的目的是初步验证发动机的性能及功能,暴露存在的故障及设计缺陷,为修改设计及下一步的研制工作提供决策依据。此外,对于定型/鉴定试飞过程中遇到的重大技术问题的攻关,如果原型机为单发平台,为了化解试飞风险,也会选择飞行台开展攻关试飞。

通过飞行台试飞,可以提前验证发动机的工作稳定性/可靠性,暴露发动机设计缺陷,为原型机试飞打好基础。发动机飞行台上还可以进行各种不利工况的模拟,如在飞行台上模拟大迎角和侧滑角时的进气总压畸变、模拟S弯进气道的旋流畸变、模拟导弹发射时的吞烟以及总温畸变等,通过这些模拟可以提前研究不利工况下发动机性能以及工作稳定性的变化,从而提前预知风险、合理规避风险。

图10.5为美国TF39发动机配装B-52飞行台开展试飞,试飞内容包括发动机功能试飞(机械、振动、应力特性的安全性)、空中起动和点火试飞、瞬态工作特性、发动机润滑系统、发动机短舱系统、机动飞行过载效应(评价发动机/进气道/短舱安装的一体化)、防冰系统、反推力系统、噪声特性等。试飞中发现了大量的滑油蒸发并从油气分离器出口排出,后检查发现是滑油箱中的油气分离不够充分,更改后的滑油箱内增加了涡流发生器,并重新进行了试飞验证,滑油压力在整个飞行高度内保持良好,滑油消耗量降低至设计限制以下。

图10.5 TF39发动机配装B-52飞行台开展试飞

2. 发动机飞行台试验是国军标的规定试验内容

俄罗斯每研制一种新型号发动机,必定要在飞行台上进行试验。俄罗斯的《航空燃气涡轮发动机与飞行器动力装置系统在飞行实验室上进行飞行试验和飞行研究的工作条例》中明确规定"用作飞机动力装置的试验发动机,在飞行试验台上进行飞行试验,是该发动机允许用于指定飞机、开始飞机飞行试验所必备的条件"。

据介绍，飞行试验台主要用于新发动机的调整试飞和特种试验。高空模拟试验台上难以完成的发动机过渡态和飞机姿态、过载变化对发动机工作影响，以及一些特种试验（如武器发射对发动机工作的影响）等项目都是在飞行台进行。

美国的 MIL-E-5007D《航空发动机通用规范》及 JSSG-2007（JSSG-2007A、JSSG-2007B）《航空发动机联合使用规范指南》中，均在航空发动机系统试验（engine systems tests）中明确规定了高空试验（altitude test）。最新的联合使用规范指南 JSSG-2007C 中明确规定在"初始飞行许可阶段（IFR）""全面飞行许可阶段（FFR）""初始使用许可阶段（ISR）""工作能力许可阶段（OCR）"均要进行高空试验，高空试验包括飞行试验和高空台试验。试验内容包括高空性能点试验、瞬态工作和功能试验、发动机进口畸变试验、起动和再起动试验、风车试验、停车试验。其中，飞行试验就包括飞行台试验。

我国的《航空涡轮喷气和涡轮风扇发动机通用规范》从 GJB 241—87 变更到 GJB 241A—2010，其中 GJB 241—87 参考了 MIL-E-5007D，GJB 241A—2010 参考了 MIL-E-87231A 和 JSSG-2007 等，无论是 GJB 241—87 还是 GJB 241A—2010 均在航空发动机系统试验中明确规定了高空试验。最新的《航空涡轮喷气和涡轮风扇发动机通用规范》（GJB 241A—2010）中明确规定在"初始飞行前规定试验阶段""设计定型试验阶段"均应进行高空试验，也明确规定"高空试验应在高空台或飞行台进行"。试验内容包括高空规定点性能、瞬态工作、功能试验、进气畸变、起动和再起动、空中风车试验。另外，在"生产定型阶段"也明确规定了如果发动机技术状态与设计定型时不同，且其差异对发动机高空性能、功能有影响，则应参考"设计定型试验阶段"的高空试验规定补充进行有关试验。

国内高空台和飞行台作为高空试验的两种手段，相互补充，一般试验发动机既要上高空台，也要上飞行台。

3. 民用航空发动机必须在飞行台上进行他机取证

民用飞机的型号合格审定在美国及我国分别是按照 FAR-25、FAR-23 和 CCAR-25、CCAR-23 进行的，其中发动机部分是按照 E 分部适航条款进行的。CCAR-25.903(a)(1)明确规定"每型发动机必须有型号合格证"，即在进行民用飞机的型号合格审定试飞前，配装的民用航空发动机必须取得型号合格证。

民用航空发动机的取证在美国、欧洲及我国分别是按照 FAR-33、CS-E、CCAR-33 进行的，在具体型号的审定基础和符合性方法表中规定了需要进行飞行验证的适航条款。飞行台试验是民用航空发动机取证必不可缺的一个阶段。例如，GEnx、GP7200、GE90-115B、CF34-10E 在通用电气公司的 B747 飞行台上进行了取证试飞，图 10.6 为 GE90 发动机在波音 747 飞行台上开展试飞；遄达 900 和遄达 1 000 分别在罗·罗公司的 B747 和 A340 飞行台上进行了取证试飞；配装 A400M 的 TP400-D6 涡桨发动机在 C-130 飞行台上进行了取证试飞；HK-93 在

图 10.6　GE90 发动机在波音 747 飞行台上开展试飞

俄罗斯的伊尔-76 飞行台上进行了取证试飞等。

通用电气公司将一架 B747 改装成飞行台,该飞行台成为通用电气公司主要的民用发动机试验载机,先后承担了 GE90、CFM56-7、CF34-8C1 等发动机的试飞。GE90 发动机在 B747 飞行台上的首次空中起动失败,由于飞行台安全性好,控制系统工程师在该架次内通过实时增加起动供油量进行了发动机空中起动尝试,该架次结束后通过数据处理完善了起动供油规律,并在紧接着的一架次试飞中发动机成功起动。

4. 美国通用电气公司对 B747-100 飞行台使用经验的总结

通用电气公司对 B747-100 飞行台的使用经验总结如下[1]。

(1)"飞行试验是每型航空发动机研制中的必要环节。通用电气公司学到了:在飞行台上进行的内部研制试飞,使得通用电气公司能以更大的信心完成发动机交付。通过飞行台试飞降低了发动机研制风险、提升了发动机技术成熟度,使得飞机公司在适航取证中受益匪浅。通过飞行台试飞,使得发动机能在飞机取 FAR25 部证之前及时暴露问题并采取有效措施。"

(2)"通用电气飞行试验平台对新型商用航空发动机的研制和发展具有很大的价值。飞行台具有很高的试验能力,可以在很大范围的飞行包线内完成多型航空发动机的飞行试验。"

以上分析说明,尽管欧美等国的航空发动机研制水平和技术成熟度高得多,但它们对新型发动机的研究从未停止,而且在发动机研制过程中毫无例外地都使用了飞行台,包括使用最昂贵的飞行平台,如 B747、A380 等。

10.2.2　国外飞行台的使用情况

航空发达国家一贯重视发动机飞行台的系列化建设,俄罗斯、美国、英国、法国的试飞机构均有系列化的航空发动机飞行台。除官方试飞机构拥有之外,通用电气、普惠、罗·罗三家发动机巨头公司也有各自的飞行台用于民用发动机取证试飞,甚至主要进行小型发动机及辅助动力装置研发的霍尼韦尔公司也有自己的飞行台。

1. 俄罗斯飞行台及试验情况

俄罗斯根据发动机型号的发展需求,多年来形成了庞大的航空发动机飞行台系列。据统计,到目前为止俄罗斯飞行试验研究院先后投入使用的试验机将近 200 架,其中飞行台 30 余架。

发动机飞行台是俄罗斯飞行试验研究院最引以为豪的设备之一。从发动机飞行台完成的任务可以看出从苏联到俄罗斯多年来在航空领域的发展。1947~1957 年,俄罗斯飞行试验研究院用 4 架图-2 来试验第一台喷气发动机,用 6 架图-4 来试验轰炸机和运输机以及超声速战斗机的各种发动机;1951~1952 年,用 3 架图-4 分别试验用于图-16、M-4、米格-19、雅克-25、米格-21、雅克-28、雅克-30 及苏-7、苏-9、别-10、米格战斗机试验机等飞机的各种发动机;1953~1957 年,用伊尔-28、图-12、图-14 试验用于截击机在高空加速的火箭发动机;1956~1990 年使用的发动机飞行台是图-16 轰炸机,如图 10.7 所示,共用 9 架之多;1975~1990 年,采用了 1 架图-95 和 2 架图-142 来试验功率更大的涡桨发动机;1987~1996 年,用 1 架图-134A 试验战略巡航导弹的小型涡喷发动机。1991~1997 年,用 1 架雅克-42E 试验 D-236T 后置发动机布局桨扇发动机,如图 10.8 所示。

图 10.7　图-16 飞行台

图 10.8　雅克-42E 飞行台

20世纪90年代,俄罗斯飞行试验研究院系列化建设了多型航空发动机飞行台以满足不同型号系列发动机的试飞需求,该时期同时共有10多架发动机飞行台。这些飞行台承担了大量军用和民用发动机的飞行试验。所有新设计的发动机无一例外,包括有人驾驶和无人驾驶的飞机发动机以及火箭发动机。以俄罗斯最著名的发动机飞行台伊尔-76飞行台为例,共有7架之多,如图10.9~图10.13所示,

图10.9 Sam146涡扇发动机在伊尔-76飞行台上开展试飞

图10.10 D-236T对转桨扇发动机在伊尔-76飞行台上开展试飞

图10.11 Kaveri涡扇发动机在伊尔-76飞行台上开展试飞

试验过的发动机有 NK-86 发动机、D-18T 涡扇发动机、PS-90A/P/-12 涡扇发动机、D-236T 对转桨扇发动机、D-27 对转桨扇发动机、TV7-117A 涡桨发动机、NK-93 共轴反转桨扇发动机、Sam146 涡扇发动机、D-30kP-3 涡扇发动机、Kaveri 涡扇发动机等。

图 10.12　NK-93 共轴反转桨扇发动机在伊尔-76 飞行台上开展试飞

图 10.13　D-30kP-3 涡扇发动机在伊尔-76 飞行台上开展试飞

2. 美国飞行台及试验情况

20 世纪 70 年代至 21 世纪初美国通用电气公司曾利用多种不同飞机作为飞行台以进行推进系统的研究工作，改装为飞行台的机型有 Saber liner 75A/80、Grumman G1、波音 707、空客 A300、波音 727、MD80、Lear24。1994 年开始，通用电气公司将一架波音 747 改装成飞行台，该飞行台成为通用电气公司主要的民用发动机试验载机，先后承担了 GE90、CFM56-7、CF34-8C1 等发动机的试飞[2]。

在波音 747 机翼和挂架无法承受 GE90 发动机推力重量载荷的情况下，通过对机翼和左机翼靠近机身的挂架的结构加强，开展了 GE90 发动机的试飞。通过采用挂架转接器，在不破坏原左机翼靠近机身的挂架的情况下，完成了 CFM56-7 发动机及其双环形燃烧室的试飞。另外,这种方法不仅能够完成发动机的试飞,还能对新研挂架、反推力装置以及飞机引气系统等进行试飞。除了使用原左机翼靠近机身的发动机舱位置,还在其内侧新建了备用的发动机舱,CF34-8C1 发动机安装在该舱内完成了相关科目试飞工作[2],如图 10.14 所示。

图 10.14　CF34-8C1 发动机在波音 747 飞行台上开展试飞

通用电气公司波音 747 飞行台开展的试飞内容包括发动机性能试飞、发动机 FADEC 系统研究、发动机工作特性试飞(包括油门瞬态响应和空中起动)、进气畸变时风扇应力试飞、大迎角直至飞机失速时的发动机气动机械试验、声学特性试飞、自然结冰试飞、短舱部件冷却试飞、零负过载下滑油系统试飞等。该飞行台在发展新型和改型民用发动机中发挥了巨大作用,是一架可试验多类型发动机、具有宽广飞行包线的试验平台。

美国普惠公司也拥有多架发动机飞行台,其中包括 A340-600 飞行台和波音 747 飞行台,"洁净动力"PW1000G 齿扇验证发动机曾在这两架飞行台上进行性能和操纵性等试验。图 10.15 是 PW1200G 验证机在波音 747SP 飞行台上进行验证试飞。

美国霍尼韦尔公司将一架波音 757-225 飞机改装成为发动机飞行试验台,如图 10.16 所示,命名为 N757HW,用于庞巴迪 Challenger 300 商务机和湾流 G250 商务机的 HTF7000 发动机的飞行试验。考虑结构和气动强度的要求,试验发动机安装的最佳位置在前机身右侧,这样的结构设计使发动机试验舱所受气流扰动更小。发动机

图 10.15　PW1200G 验证机在 Boeing747SP 飞行台上进行验证试飞

图 10.16　HTF7000 发动机在波音 757-225 飞行台上开展试飞

试验舱的侧支臂设计可满足推力最大达到 16 500 lbf(约 7 500 kgf)* 的发动机试飞。

3. 其他国家飞行台及试验情况

欧洲涡桨国际公司为装备 A400M 军用运输机研制的新的 TP400-D6 涡桨发动机采用了一架 C-130 飞机作为飞行台,如图 10.17 所示。

图 10.17　TP400-D6 发动机在 C-130 飞行台上开展试飞

---

* 1 lbf = 4.448 22 N;1 kgf = 9.806 65 N。

除了前面提到的美国通用电气公司和普惠公司拥有波音 747 飞行台,英国罗·罗公司也拥有波音 747 飞行台,并进行了 Trent1000 发动机的试飞,如图 10.18 所示。

图 10.18　Trent1000 发动机在罗·罗公司的波音 747 飞行台开展试飞

除了普惠公司拥有 A340 飞行台,欧洲空客公司也拥有该飞行台,并进行了 Trent900 和齿扇验证发动机的试飞,如图 10.19 所示。

图 10.19　Trent900 发动机在空客公司的 A340 飞行台上开展试飞

10.2.3　我国飞行台的发展历史及贡献

1965 年,当时我国自行研制的涡喷-13 发动机已进入地面试验阶段,另一型号的涡轮风扇发动机也在拟定发展中,为完成发动机飞行前规定的试验,第三机械工业部决定将图-16 飞机 04 架机改装成飞行台,以在该飞行台上对新研制的发动机进行研制试飞,即图-16"086"号飞行台,如图 10.20 所示,该飞行台在炸弹舱内加装可收放式发动机试验吊舱及机载数据采集记录系统等。图-16 飞行台建设中充分考虑了通用性和安全性。通用性体现在气动、强度、结构、系统等方面设计保证它无须做很大改装就能承担不同推力等级、不同外形尺寸的涡喷/涡扇发动机的试验。安全性体现在针对试验对象工作可靠性较差而采取了一系列技术措施,包括:设置吊舱应急投放系统;采用先进余度技术,保证应急情况下飞行对试验发动机实施控制;加强吊舱防火系统设计;加强火情报警系统设计,提高火情报警的灵敏度、准确性和灭火效率。图-16"086"号飞行台于 1976 年 12 月正式投入使用,于 1996

年 10 月退役,服役整整 20 年。该飞行台先后对 13 种型号发动机进行过飞行试验,为我国航空发动机的研制和改进,以及新型飞机的安全飞行和定型做出了重大贡献。

图 10.20 "086"号飞行台

该飞行台进行过的试验项目包括发动机风车特性试验、发动机空中起动试验、发动机加减速试验、加力燃烧室接通、切断和工作稳定性试验、发动机防喘系统试验、导弹喷流模拟试验等。"086"号飞行台在服役期间做出的贡献证明:飞行台是发动机研制过程中不可缺少的试验设备,是缩短发动机研制周期,保证试飞安全的重要手段。

目前在役的飞行台为第二代飞行台,由四发飞机改造而成,具有良好的三发飞行性能,飞行试验安全性好。该飞行台试验的发动机具有与列装飞机负载安装环境基本一致的模拟发电机负载、试验发动机引气和液压泵负载系统,使飞行试验更具真实性。该飞行台还具有试验发动机进气扰动系统、热扰动系统,以及功能齐全的机载测试系统和发动机数据实时监视系统,为航空发动机研究和发展各阶段的预先研究、试验验证和鉴定等提供了十分理想的试验平台。

参考文献

[1] Borg D, Krejmas A. Propulsion flight testing on General Electric's B747 flying test bed[C]. San Diego:2000 World Aviation Conference, 2000.
[2] Borg D. Flight testing of the CF34 – 8C engine on the GE B747 flying test bed[R]. AIAA – 2001 – 5271, 2001.

第 11 章
航空发动机试飞保障

为确保航空发动机飞行试验顺利、安全地按计划实施和完成,试验设施、设备以及各种安全措施等保障不可或缺。试验单位制订飞行试验保障计划,并组织协调试验单位内部各专业、各部门以及参试单位和其他可能涉及的厂、所,统筹规划试验资源,确保各类保障在相应试验开展前达到满足试验要求的状态。

在飞行试验过程中,必须识别航空发动机涉及的各类保障,并与制订的飞行试验计划相匹配,否则,可能需要试飞工程师调整其试验科目和内容的执行顺序,从而导致试验周期延长和经费增加,严重时可能导致试验无法继续进行。航空发动机飞行试验保障涉及各个方面,主要包括以下方面。

(1) 试验设施/设备类保障。主要有用于发动机性能标定试验的地面露天标准试车台、用于发动机参数测试的测量耙/受感部和专用测试设备,以及相关试验校准设备/平台和专业实验室等。

(2) 建模与仿真类保障。建模与仿真在飞行试验中主要是发挥辅助作用,因此可将其归属为试验保障,主要包括热力学循环模型与仿真、数据驱动的模型与仿真、CFD仿真、ANSYS等结构强度仿真、燃/滑油建模与仿真等。

(3) 试验安全措施类保障。识别试验发动机试飞的技术风险和安全风险,并评估风险的等级,然后采取针对性的安全措施,以降低或缓解风险,保障飞行试验的安全。

(4) 其他保障。高原、高温、高寒、大侧风、自然结冰等特殊环境试验所需试验机场及其空域的保障,以及通用的机载测试及遥测设备、供外场使用的移动遥测方舱、发动机燃、滑油加温及保温设备等。此外,还包括试验载机、试验发动机的成附件保障等。

本章主要介绍试验设施/设备类保障、建模与仿真类保障、试验安全措施类保障。

11.1 地面试车台

地面试车台主要包括固定式室内/室外试车台、地面全机推力台等,它是飞行试验不可缺少的地面试验设施。按照航空发动机鉴定、定型程序的要求,试验发动机必须在飞行试验开始前进行地面试车台试验,调试、标定和检验试验发动机的性能。在全部飞行试验结束后,也必须开展地面试车台试验,再次确定试验发动机性能,并评估性能衰减情况。除此之外,在飞行试验中,地面试车台还承担以下任务或具备以下功能。

(1) 支撑和验证试飞技术。利用地面试车台可校准和标定试飞用装机测试系统或设备,验证测试方法的适用性,以及检查试飞验证方法的正确性等。例如,开展了某型发动机加力燃烧室燃气温度测量验证试验,验证了采用耐高温复合材料设计研制的受感部,如图 11.1 所示;开展了某型发动机安装节推力测量验证试验,验证了安装节推力测量方案的正确性、有效性,图 11.2 为安装节应变计改装。

图 11.1 耐高温受感部

图 11.2 安装节应变计改装

(2) 发动机故障排故验证。航空发动机飞行试验的目的之一就是充分地暴露发动机潜在的故障。对某些排故验证风险较大的故障,可先利用地面试车台进行故障排故验证,化解或降低风险后,再装机进行飞行试验验证,以保障飞行试验的安全。

(3) 特殊环境和吞咽试验。侧风、结冰、吸雨、吸雹、吞冰、吞砂、吞鸟、吸入火药气体等特殊环境和吞咽试验,通常也采用地面试车台进行,如图 11.3~图 11.5 所示。国内曾先后开展了多型发动机的侧风、吸雨、吸雹、吞冰、吞鸟、吸入火药气体等试验。在进行相应的地面试车台试验时,试车台、测试系统和试验设备如侧风风源、喷水装置、冰雹生产和发

图 11.3 Trent1000 发动机吸雨试验

射装置、鸟体发射装置、发烟装置、外围防护装置等保障设施、设备必须满足试验要求。开展试验时,还应配置消防车以及安全警戒人员等。

图 11.4　GEnx 发动机吸雹试验　　　　图 11.5　发动机吞鸟试验

11.2　专业实验室

专业实验室是辅助和支持飞行试验的重要配套设施,可具有气体/油液测量与分析、结构强度/振动测量与分析等在内的广泛支持能力。美国爱德华空军基地的 NASA 德莱顿飞行试验中心,设有一个专门的飞行载荷实验室(Flight Loads Laboratory, FLL)[1],主要开展压气机/涡轮叶片动应力测量、矢量推力发动机推力直接测量、螺旋桨载荷测量、涡轮叶尖间隙测量等。美国阿诺德工程发展中心(Arnold Engineering Development Center, AEDC)拥有精加工车间、化学和冶金实验室、精密测量设备实验室等。

1. 气体和油液实验室

气体和油液实验室主要承担发动机进气和引气/排气成分测量与分析、发动机燃油和滑油流量的测量、燃油密度及热值测量、油液检测(如光谱分析)和相关测试测量装置的开发应用,以及相关先进技术的探索研究。

实验室在气体方面的工作,主要包括发动机引气和排气成分测量与分析、相关测试测量装置的研发以及先进测试测量技术的研究。引气测量与分析是测量发动机进气和引气,分析气体组分如 CO、CO_2、O_3 等气体浓度以及引气中所含发动机产生的颗粒含量,评估是否满足设计和相关标准的要求。例如,JSSG-2007A 要求引气中所含发动机产生的颗粒总量不应超过 5.0 mg/m³ 引气。排气测量与分析是测量发动机尾喷口喷出的高温尾气,分析高温尾气的气体成分如碳氢化物、碳氧化物等气体浓度。发动机引气和排气由专用测量装置进行测量和分析。图 11.6 为发动机排气污染测试分析装置,试验时进行现场校准和检查,可测量发动机排气中 HC、CO、CO_2、NO_x 等气体浓度,可用于尾气排放、发动机尾流气体组分测量试验。

实验室在油液方面的工作,主要包括燃/滑油流量的测量和校准、燃/滑油光谱分析(铝、铁、镁等成分及含量)、相关测试测量装置的研发以及先进检测技术的研究,是发动机性能、燃油系统和滑油系统工作质量飞行试验的重要组成。燃/滑油流量的测量和校准是通过在油流管路上加装流量计,在装机飞行试验前,必须对流量计和安装管路进行流量校准。燃/滑光谱分析(铝、铁、镁等成分及含量)是飞行后按规定提取发动机不同位置处的油液样品,确定其化学组成和含量,评估发动机零部件润滑和磨损情况等。

图 11.6 发动机排气污染测试分析装置

2. 结构强度与振动实验室

结构强度与振动实验室主要承担发动机旋转件载荷、发动机安装节/拉杆载荷、发动机振动等的测量与校准和相关测试测量装置的开发应用,以及相关先进技术的探索研究。

发动机转子部件因其工作环境温度范围不同可分为冷端部件和热端部件。冷端部件振动应力/温度测量多采用无线电近距遥测系统(图 11.7);热端部件则采用非接触测量系统。为了保证旋转件载荷测量系统在发动机工作转速范围内满足使用要求,必须对测量系统的转子件进行超转试验、整体动平衡试验、高低温环境试验、振动耐久性试验等。

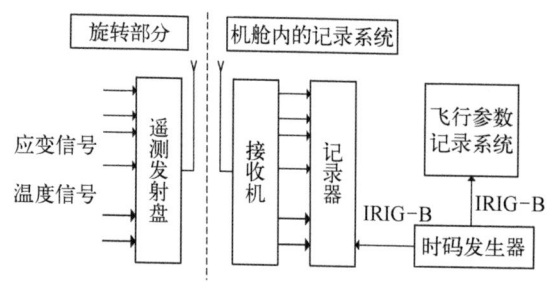

(a) 冷端部件振动应力/温度测量系统原理图　　(b) 风扇叶片动应力测量设备

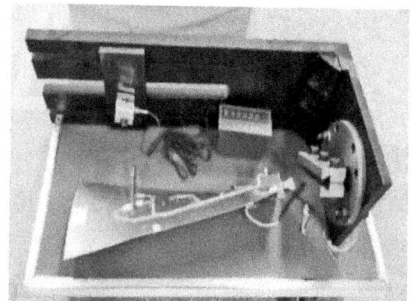

图 11.7 发动机冷端部件载荷测量系统

发动机推力/螺旋桨拉力也可通过在发动机安装节/拉杆加装应变计的方式获取。为了保证测量精度，必须对测量系统进行校准。图 11.8 为发动机安装节推力校准系统。

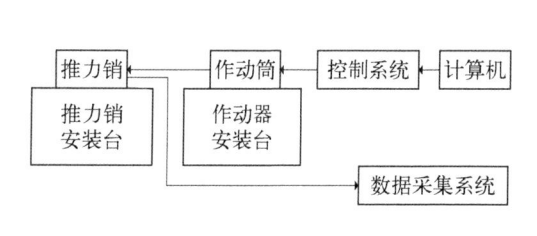

(a) 发动机安装节推力校准试验台原理图　　(b) 安装节推力校准台

图 11.8　发动机安装节推力校准系统

在发动机振动测量方面，主要研究飞行条件下发动机振动特性的测量和检测，以及测试测量装置的开发和应用，图 11.9 为某发动机振动监控系统。

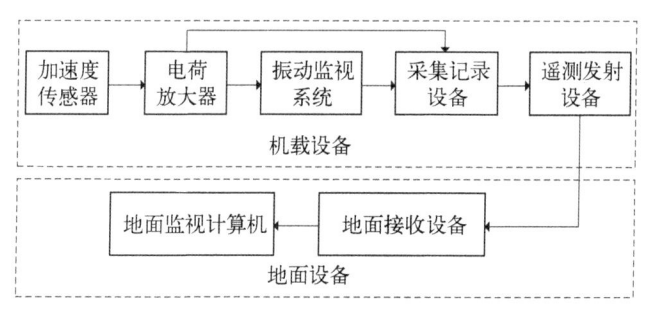

(a) 某发动机振动监控系统原理图　　(b) 振动监视系统组装效果图

图 11.9　发动机振动监控系统

11.3　建模与仿真

欧美等航空强国的飞行试验注重基于"预测-试飞-比较"的试飞模式。以建模与仿真为基础支持试验设计方案的优化，推演试验过程，预测试验结果，补充和扩展试验边界状态和试验构型，并利用飞行试验数据对模型进行验证迭代，以模型结果补充试验数据，为飞行试验提供有力的保障支持。

将建模仿真与飞行试验紧密融合，可显著提高试验效率，缩短试验周期，降低试验成本，并有效地降低飞行试验的风险。应用于航空发动机飞行试验的建模与仿真可归类为以下几个方面。

1. 发动机性能建模与仿真

发动机性能建模通常以发动机部件特性为基础，建立发动机热力循环"基准"模型，利用飞行试验数据，对"基准"模型进行修正和验证，得到发动机全包线性能计算模型，如图 11.10 和图 11.11 所示。基于性能模型，可根据需要计算出飞行包线内任一状态下发动机的装机性能和非装机性能，具有可靠的性能参数计算精度，可评估发动机的性能及衰减情况。

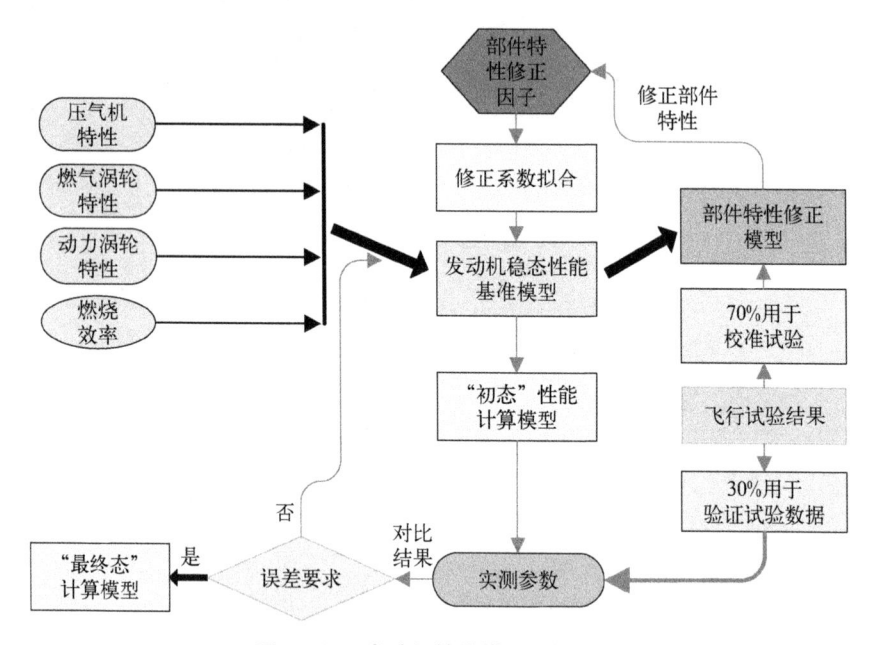

图 11.10 发动机性能模型建模流程

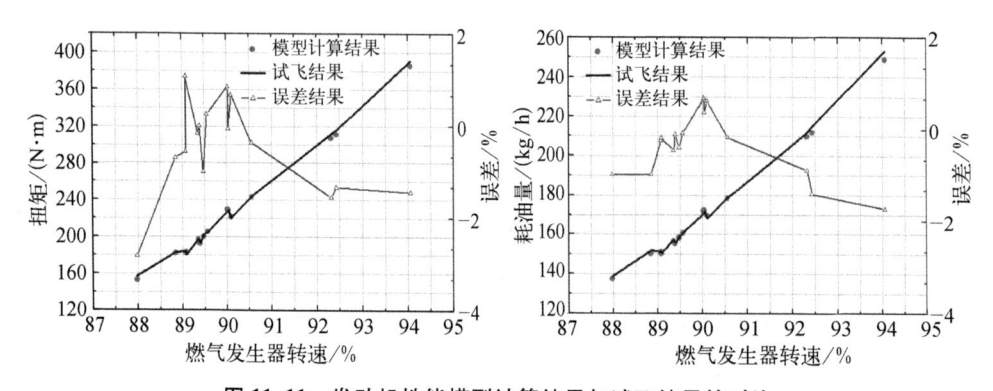

图 11.11 发动机性能模型计算结果与试飞结果的对比

2. 基于数据驱动的发动机建模与仿真

随着飞行试验的开展和试飞数据的逐步积累，采用神经网络算法、机器学习算

第 11 章 航空发动机试飞保障

法等挖掘历史数据中隐藏的信息特征,并基于这部分特征对发动机未来状态发展进行预测监控,可进一步提升试飞的安全性。

基于某涡扇发动机大量历史数据,通过遗传算法对最小数据样本需求和模型最优化结构等进行优化,应用 NARX 系统模型结构,对发动机参数依赖关系进行参数辨识,确立输入输出参数集,再基于人工神经网络技术对模型进行辨识,得到某涡扇发动机的全状态动态模型,并与遥测地面监控系统进行无缝对接,实现了真正意义上的基于模型的实时智能监控[2],如图 11.12 和图 11.13 所示。

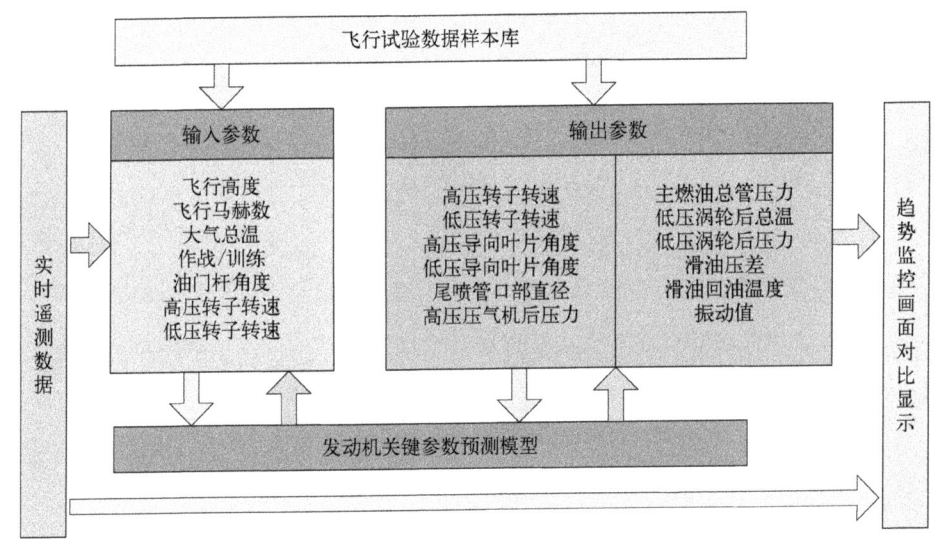

图 11.12　某涡扇发动机趋势监控原理

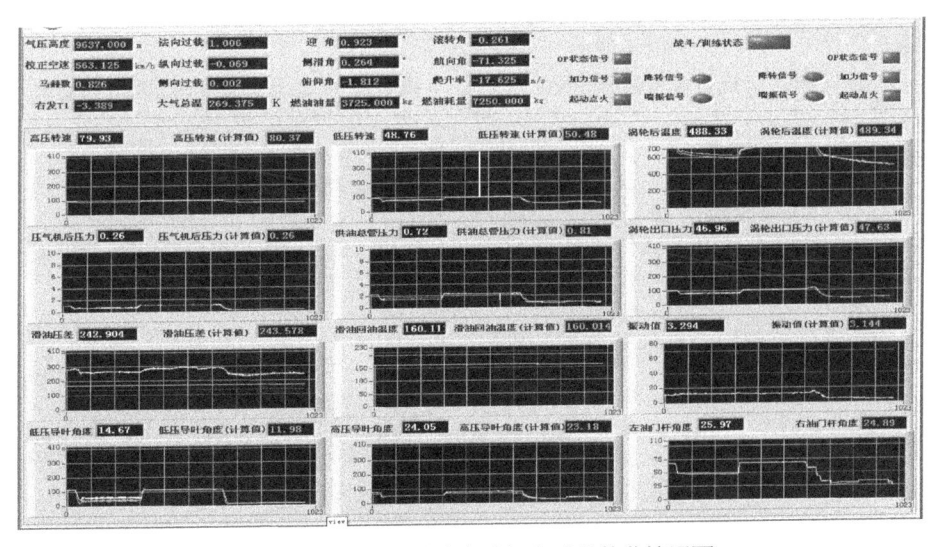

图 11.13　基于模型的发动机实时趋势监控画面

3. 发动机内外流场仿真

反推装置打开时尾喷流前向流动与进气道流场耦合特性、偏流板前高温尾喷流前向辐射与进气道流场耦合特性、矢量喷管内流特性、发动机舱复杂空气流动与冷却特性等难以采用台架试验、高空台试验获取,通常可在飞行试验前采用流场仿真计算获取相关的先验信息,以应用于测试方案设计、试飞方案设计、结果评估等,如图 11.14~图 11.17 所示。

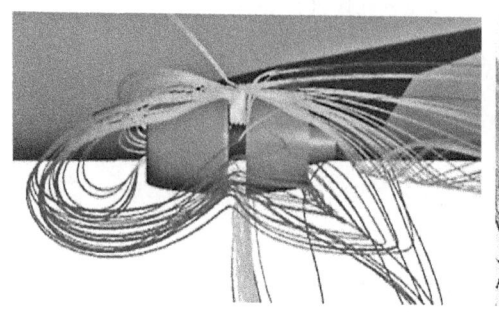

图 11.14 反推装置与进气道流场仿真

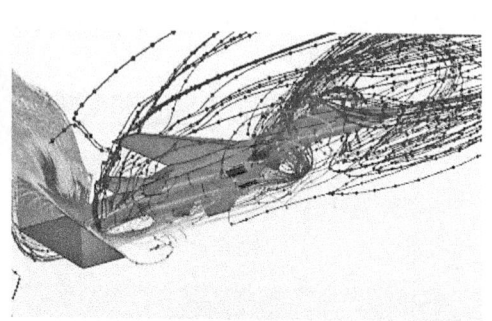

图 11.15 偏流板与进气道流场仿真

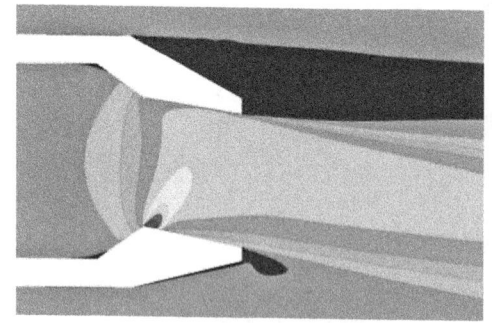

图 11.16 矢量喷管内流场仿真

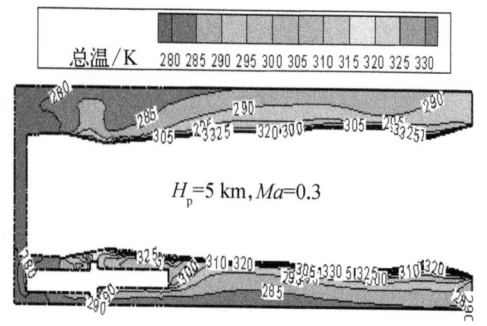

图 11.17 发动机舱冷却通风特性仿真

4. 发动机结构强度仿真

结构强度仿真主要包括测试设备、发动机零部件及附件的结构强度计算与分析,如进气道/发动机流道加装测量耙的动力学特性分析、用以计算推力的发动机推力销六分力天平应力分析、用以确定测点位置的发动机大尺寸叶片的结构特性仿真、附件传动系统转子动力学特性仿真和疲劳特性等。仿真分析结果可用于飞行试验测试方案设计、试验点规划、被试对象安全分析和试验结果评估等环节,如图 11.18~图 11.21 所示。

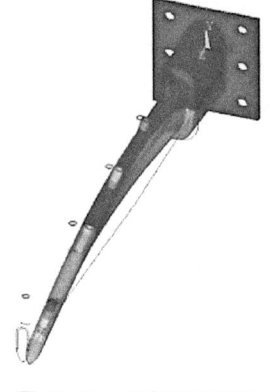

图 11.18 进气道测量耙结构强度仿真

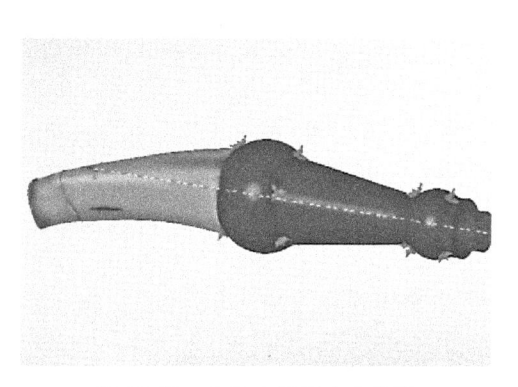

图 11.19　六分力天平应力分析 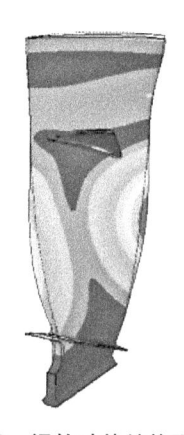　　　图 11.20　涡轮叶片结构强度仿真

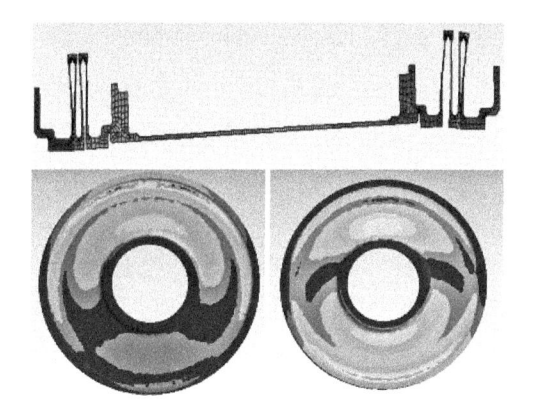

图 11.21　附件系统传动部件强度仿真

11.4　试　飞　安　全

飞行试验的探索性和真实性决定了它的高风险特征,尤其在失速、尾旋、过失速机动和发动机空中起动等试飞中,面临巨大的安全挑战。这些挑战既来自技术方面,也来自人为因素和组织因素。倘若不能采取有效的措施控制、降低风险、保障试飞安全,将带来严重的后果。因此,必须对飞行试验的全过程进行危险识别、风险评价,并采取针对性的控制措施,从而降低试飞风险,将其控制在可接受的范围内[3]。

11.4.1　危险源识别

危险源识别可以由过去不安全事件统计给出,也可由具有丰富经验的专家确定,或由工程技术人员采用小组讨论的方式确定,具体识别方式如下。

（1）不安全事件统计。通过对近一个时期以来所发生的不安全事件（如事故或事故征候、飞行问题、维修差错）进行统计分析，识别出发生次数有增长趋势的、后果严重的不安全事件。

（2）信息报告系统。对不安全信息进行统计分析，从中识别出频繁出现的、后果严重的不安全事件。

（3）安全评估。在实施任何潜在影响试飞安全的重大变化前，通过专项安全评估识别危险源。

（4）安全检查和审核。通过日常的安全检查和定期的安全审核，从中发现日常运行中存在的安全问题。

（5）小组讨论。邀请一些经验丰富的飞行人员、科研人员、机务保障人员和场务保障人员，通过有组织的小组讨论的方式对存在的各种风险进行广泛的讨论和详细的分析，从而识别出存在的安全隐患。

（6）通过现场观察、人员访问、查询资料、问卷调查等形式识别出当前运行中存在的风险。

（7）访问信息库。如已形成的作业危险源清单、使用手册中的危险事件信息表、计算机中危险源信息数据库。

以发动机空中起动试飞科目为例，识别的风险源通常包括以下几个方面：

（1）有辅助动力系统的飞机，发动机停车后，辅助动力系统工作异常；

（2）发动机起动过程喘振；

（3）发动机起动过程热悬挂；

（4）发动机起动过程超温；

（5）发动机软硬件故障或缺陷导致起动不成功；

（6）误操作导致发动机起动不成功；

（7）发动机起动超温停车后转子卡滞，无法再次起动；

（8）单发飞机预估空滑比偏差较大，导致空滑迫降过程飞机偏离空滑迫降航线；

（9）双发飞机单发起动失败，飞机单发着陆。

11.4.2　风险评估

风险分析通常采用层次分析法（analytic hierarchy process，AHP），它是一种定性与定量分析相结合的多目标决策分析方法，也可采用其他分析方法，如因果分析法、危险日志等。为使分析结果能够得到普遍性应用，层次分析法对可能性（P）和严重性（S）两种因素进行分析，以风险度 R 度量风险的大小。用数学公式可表示为

$$R = PS \tag{11.1}$$

式中，R 为风险度；P 为发生的可能性；S 为后果的严重性。

可能性 P 值表示事件的发生概率。频繁的,可能会发生许多次的,规定对应分值为 5;极不可能的,几乎不能想象事件会发生的,规定对应的分值为 1。以此为基础判定其他介于两种情况之间相对应的分值,P 的取值见表 11.1。风险发生可能性的分值(P)通常是由过去不安全事件统计概率给出的,也可由具有丰富经验的专家确定,或由工程技术人员采用小组讨论的方式确定,保证给出数据的有效性。

表 11.1 发生的可能性 P

可能性等级	定义	分 数 值
频繁	可能会发生许多次(频繁发生)	5
相当可能	可能会发生几次(偶尔发生)	4
不大可能	不大可能发生,但是有可能(少有发生)	3
极小可能	很不可能发生(据了解未发生过)	2
极不可能	几乎不可想象会发生	1

严重性 S 值表示事故造成的人身伤害与设备损失变化范围,规定分值为 A~E。将相当于飞行事故的分值规定为 A,将可忽略的、后果微乎其微、几乎没什么影响、达不到不安全事件标准的分值规定为 E,以此为基础判定其它介于两种情况之间相对应的分值,S 取值见表 11.2。

表 11.2 后果的严重性 S

严重性等级	定义	分 数 值
灾难性的	相当于飞行事故的事件	A
重大的	相当于事故征候级别的事件	B
严重的	相当于飞行问题	C
轻微的	小麻烦;操作限制;较小的事件	D
可忽略的	后果微乎其微、几乎没什么影响	E

根据式(11.1),计算出该项危险源的风险分值,确定风险等级,完成对该风险源等级的评估,见表 11.3。

表 11.3 风险等级划分

严重性	A	1A (缓解后可接受)	2A (缓解后可接受)	3A (不可接受的)	4A (不可接受的)	5A (不可接受的)
	B	1B (缓解后可接受)	2B (缓解后可接受)	3B (缓解后可接受)	4B (不可接受的)	5B (不可接受的)
	C	1C (可接受的)	2C (缓解后可接受)	3C (缓解后可接受)	4C (缓解后可接受)	5C (不可接受的)

续　表

严重性	D	1D（可接受的）	2D（可接受的）	3D（缓解后可接受）	4D（缓解后可接受）	5D（缓解后可接受）
	E	1E（可接受的）	2E（可接受的）	3E（可接受的）	4E（缓解后可接受）	5E（缓解后可接受）
		1	2	3	4	5
		\multicolumn{5}{c}{可能性}

11.4.3　控制措施

根据危险源风险等级评价结果，针对危险源制定风险控制措施，主要风险控制措施如下。

1. 完成前置试验

前置试验是控制试飞风险的重要手段。在相应科目的飞行试验实施之前，应先完成该科目的前置试验。GJB 243A—2004 中对各试飞科目前置试验提出要求。例如：

（1）发动机空中起动试飞前置试验。包括：① 单发飞机模拟空滑迫降训练或双发飞机模拟单发着陆训练；② 空中起动试飞前，通过地面模拟空中起动试验，确定发动机和起动相关系统、测试系统、飞机液压系统、环控系统、电源系统、燃油系统、应急动力系统、空地通信系统、座舱显示系统等相关系统工作状况良好。

（2）武器发射对发动机工作的影响前置试验。包括：① 武器发射试飞开展前，完成武器发射逻辑的地面检查，确保武器发射逻辑正常；② 完成不开车条件下的航炮发射，检查航炮发射系统功能及其对飞机结构的影响；③ 完成发动机防喘系统和消喘系统的地面模拟试验，确保防喘系统和消喘系统工作可靠；④ 完成发动机空中起动包线内的起动性能检查试验，明确空中可靠起动包线区域。

2. 明确试飞限制

发动机在广泛的飞行高度、飞行速度及发动机的工作状态等范围内，既要稳定工作，又要发挥出优异的性能，还要具有高度的可靠性，同时满足这些要求是困难的，这就导致发动机的使用存在诸多的限制[4]。

编队滑行或飞行时发动机吸入高温尾喷流，起飞和着陆过程中飞机的大迎角姿态以及复杂多变的风速、风向等环境条件，热传递、磨损等降稳因子的影响，以及发动机为追求性能的提升而降低稳定裕度，都可能导致发动机在使用过程中出现喘振等不稳定工作现象。而喘振可能造成发动机超温、熄火、停车，甚至损害发动机的结构完整性，直接威胁飞行安全。鉴于发动机喘振等不稳定工作的危害，一方面在设计过程中就采取针对性措施，如压气机级间放气、风扇和压气机导叶调节等措施，以及防喘、消喘系统的研制应用等；另一方面在使用过程中采取某些限制措施,如对油门杆移动做出限制,如某型飞机在马赫数 1.5 以上限制油门杆不能收至最大位置以下,以防止进气道喘振引起发动机出现不稳定工作现象。

在结构强度方面,为保证发动机及其系统、零部件等结构具有足够安全的强度储备,通常做出如下限制。

(1) 限制最大转速和最高的涡轮前温度。研究表明,在其他条件不变的情况下,转速增大 1%,涡轮叶片的强度储备就会降低 5%~10%;该限制一般通过控制系统自动进行限制,当发动机出现超出转速或涡轮后温度限制的趋势时,控制系统会自动减少燃烧室供油,以保证不触发告警。

(2) 压气机压力的限制。在低空,随着飞行速度的增大,通过发动机的空气流量增加,导致压气机叶片和涡轮叶片上的气动载荷和振动载荷及轴的扭转力矩增大。研究表明,压气机后的允许压强能够表达出发动机主要构件中达到的最危险状态。该限制一般通过控制系统自动进行限制,当发动机出现超出压气机最大压力限制的趋势时,控制系统会自动减少燃烧室供油,以保证不触发告警。

(3) 最高飞行马赫数的限制。飞行马赫数的增大会引起压气机进口气流的温度以及沿压气机通道的气流温度的升高,压气机流道的构件和滑油系统的工作条件也恶化。该限制需要飞行员在驾驶中完成。

(4) 最大飞行速度的限制。速压的极限值是由飞机及发动机的构件强度限制的,主要是气动载荷影响进气道及压气机叶片强度。该限制需要飞行员在驾驶中完成。

为保证使用的安全性、可靠性等,发动机还存在其他各类限制。发动机的使用,一般存在地面起动高度限制、空中起动边界限制、加力接通边界限制,这些边界由主/加力燃烧室的点火、稳定燃烧能力、起动辅助系统能力等因素决定,使用过程中若超出边界,将不能保证相关能力的可靠性。另外,为优化发动机能力分配,提高使用效率和寿命,通常发动机会限制不同状态的使用时间,如发动机战斗和训练状态,分别对战斗和训练状态下发动机的中间状态、全加力状态进行限制。该限制需要地面维护人员统计或软件自动统计完成。

需要说明的是,无论是需要飞行员在驾驶中完成的限制,还是控制系统自动完成的限制,这些限制都可能由于人为因素或技术因素被突破,而严重威胁飞行安全,因此必须在飞行试验中予以关注,以保障试飞安全。

3. 实时监控飞行过程

国内外的试飞经验均证明,飞行实时监控可有效地降低试飞风险。因此,飞行实时监控已成为试飞安全保障的必备措施。在飞行时,通过机载遥测系统实时传输飞机、发动机的状态信息至地面监控设备或设施,技术人员能够实时掌握飞行的信息,为飞行员决策提供技术支持。

承担试飞实时监控的人员,必须选拔技术能力突出、试飞经验丰富的技术人员担当；他们应充分、准确掌握监控试飞科目主要参数变化的规律和特点、设计指标和限制数据以及可能出现故障或问题的应急处置措施。为此，要求监控人员必须熟知被试对象的"型号规范""技术说明书""使用维护说明书""飞行手册"等相关技术文件，充分地利用所能获取的一切信息资源如半物理仿真试验、地面台架试验、高空台试验等飞行前应完成的相关试验的数据或报告，了解和掌握被试对象的工作特性、性能特性等以及曾出现的故障或问题。将可能出现的问题、参数显示特征和数据限制以及应急处置方法嵌入实时监控画面，为试飞监控做好信息储备。监控人员的职责包括以下方面：

（1）监控人员必须按规定的试验程序、试验内容和试验方法，通过实时显示的遥测参数数据和地面监控指挥员监视试飞员或空中机械师的试验操作，保证试验操作的质量，同时判断和确认试验数据的正确性；

（2）发现试飞员或空中机械师操作失误或未达到要求的，监控人员应及时向监控指挥员报告，要求试飞员或空中机械师按试验方法正确操作；在允许的条件（如剩余油量足够）下，提出重新试验或补充试验的要求；

（3）发现超限飞行或超限操作的，监控人员应及时向监控指挥员报告，必要时向监控指挥员提出改变飞行状态或发动机状态的方法与建议；

（4）发现被试对象出现故障或可能危及飞行安全的异常情况（如喘振、超温、超转、超振、熄火停车和其他机械故障等），监控人员应立即向监控指挥员报告，并按技术文件规定给出处置措施（如中止试飞、空中起动、返航、单发着陆或迫降等）。

实时监控画面通常按发动机专业和试飞科目选取能表征被试对象工作情况以及飞行安全的主要参数、报警报故信号（灯）和开关量等主要参数设计。监控画面显示的参数数量不宜过多，画面设计不宜繁杂。这是因为在紧张的飞行过程中，监控人员精力有限，应全神贯注于主要参数变化和主要信息的显示上。因此，实时监控画面通常应包含以下参数。

（1）飞机参数（随时间变化曲线）。包括试验高度、表速、马赫数、迎角、侧滑角、倾斜角、三向过载和飞机剩余油量。

（2）发动机参数。包括油门杆角度、高/低压转子转速、高压压气机出口压力、涡轮后燃气温度、主燃油供油总管压力、加力各区供油压力、可调导叶转角、喷口直径、滑油压差、振动值等；这些参数应按照随时间的变化或发动机控制规律等进行显示，以便于识别异常。

（3）必需的报警报故信号（灯）、开关量。

（4）应急处置措施。针对识别的危险源，必须针对性地制定应急处置措施，以便当危险发生时，能够及时地采取正确的处置措施。参与试飞的飞行员和实时监控的技术人员，应牢记这些应急处置措施。

需要明确的是，即使采用了有效的控制措施，完全消除风险也几乎是不可能的。因此,在这些控制措施设计完成后且投入使用前,必须评估控制措施是否有效及是否会带来衍生风险。

4. 明确试飞应急处置

航空发动机飞行试验中可能出现的问题、参数判断和一般处置方法如下。

(1)发动机超温处置。发动机超温指涡轮后温度超出限制要求,超温告警灯闪烁。此时应立即收油门杆至慢车位置,解除超温;一般喘振过程常出现超温现象,此种情况应按喘振处置。处置后应停止执行任务,尽快返航。

(2)发动机超转处置。发动机超转指风扇转速或高压转子转速超出限制要求,也有发动机会限制风扇换算转速,目的是在较低的进口温度下限制风扇换算转速,保证发动机的稳定裕度。超转时,超转告警灯闪烁,此时应立即收油门杆至慢车位置,解除超转。处置后应停止执行任务,尽快返航。

(3)发动机超振处置。发动机超振指发动机整机振动超出限制要求,超振告警灯闪烁。此时应立即收油门杆至慢车位置,解除超振后应停止执行任务,尽快返航。若超振现象未消除,则收油门杆至停车位置,对双发飞机单发着陆,对单发飞机按预先演练的航线迫降。

(4)发动机喘振处置。发动机共同工作线越过稳定工作边界,高、低压压气机出口压力突降后低频大振幅振荡,可能出现涡轮后温度急增,甚至发动机熄火停车,喘振警告灯闪烁。此时应立即收油门杆至慢车位置,停止执行任务,尽快返航。若喘振未消除,收油门杆至停车位置,操作飞机进入空起包线,进行空中起动。

(5)发动机停车处置。发动机转速、涡轮后温度等参数急剧下降,飞机轴向过载减小。若发动机有惯性起动功能,则自动执行惯性起动;若惯性起动失败,则收油门杆至停车位置,进入空起包线重新起动;起动成功后,停止执行任务,返航。

飞行手册或发动机技术手册中,通常会给出常见故障或问题的应急处置措施,但在飞行试验中这些措施也是被验证的对象,其并不一定是最优甚至正确的处置措施,这就要求试飞员具有一定的消化、识别、转化和优化的能力。

参考文献

[1] Wolfe D M, Bakalyar J A. NASA Dryden: flight loads lab capabilities and mass properties testing[R]. National Aeronautics and Space Administration, 2011.

[2] 马明明,潘鹏飞.航空发动机试飞关键参数趋势监控的实现及应用[J].航空发动机, 2017,43(1):79-84.

[3] 中国飞行试验研究院.试飞安全管理体系管理手册[Z].西安:中国飞行试验研究院, 2019.

[4] 聂加耶夫,费多洛夫.航空燃气涡轮发动机原理[M].姜树明,译.北京:国防工业出版社,1984.

第12章
国外典型航空发动机试飞

为了更好地理解航空发动机飞行试验,本章介绍国外4种典型的航空发动机飞行试验实例,包括F119、T700、CF43-10A、TP400发动机。从用途上看,涵盖了军用型、民用型;从发动机类型上看,涵盖了涡扇型、涡轴型、涡桨型;从装机平台上看,涵盖了固定翼机型、旋翼机机型。各种发动机由于特点不同,使用条件不同,遵循的标准规范不同,试飞要求及内容也会有差异。

12.1 F119 发动机试飞

12.1.1 发动机简介

F119 发动机(图12.1)是由美国普惠公司设计研发的一款小涵道比涡扇发动机,为F-22战斗机所配套的动力装置(图12.2)。其性能参数如下:最大推力为155.7 kN(15 888 kg)、中间推力为105.0 kN(10 714 kg)、总压比为35、涵道比为0.3、推重比大于10、涡轮前温度为1 577~1 677℃。

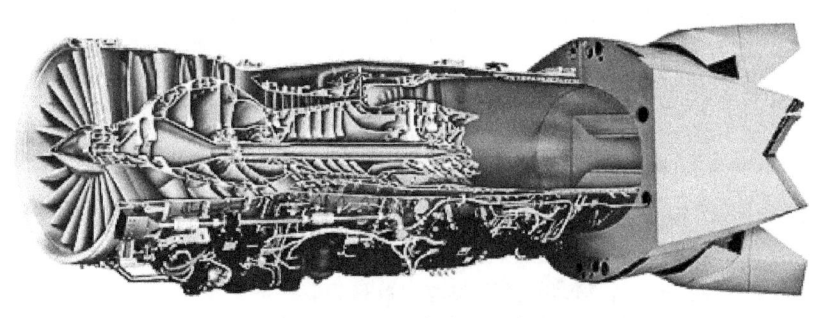

图 12.1　F119 发动机示意图

F119 发动机的风扇/高压压气机采用三维黏性流叶片设计,并且采用新型材料和制造工艺,因此通过6级高压压气机就可以获得较高的增压比。采用单级高压涡轮驱动高压压气机,单级反转低压涡轮驱动3级风扇。这一设计方案不仅减轻了发动机的重量,缩短了其长度,而且降低了发动机的生产成本。高压压气机和

图 12.2　F119 发动机安装在 F-22 上

2、3 级风扇采用整体叶片转子。燃烧室为浮壁式设计,加力燃烧室为三区供油结构,尾喷管为二元收敛-扩张矢量喷管,尾喷管和加力燃烧室改用了阻燃钛合金,以减轻重量、提高耐久性和安全性。

F119 发动机控制系统采用了第三代双余度全权限数字电子控制系统,进一步提高了可靠性,可对发动机进行故障诊断和处理,并能根据飞机推进系统一体化来确定发动机的最佳工作参数。因增加了推力矢量喷管,控制功能大大增加,达到了 16~20 种。通过采用余度技术,可靠性大大提高,平均非计划维修间隔时间大于 800 h。

12.1.2　研制试验历程

F119 发动机的研制始于 20 世纪 70 年代中期,其核心机、技术验证机、型号验证机和型号工程研制分别始于 1980 年、1983 年、1986 年和 1991 年[1,2],至 2005 年 12 月第一支 F-22/F119 作战部队具备初始作战能力,其型号研制耗时 15 年,发动机研发长达 30 年。

从战斗机发动机的主要设计参数和性能指标综合起来看,F119 发动机的发展速度大大低于 F100 投入使用前美国 30 多年军用涡喷/涡扇发动机的平均速度,其主要原因是改变了过去主要追求高性能的做法,而采取性能、工作特性、可靠性、耐久性和维修性并重的研制理念。

1. 设计研究阶段

为了确定发动机的技术、尺寸、循环、费用、可靠性、维修性与保障性等,美国军方和工业界开展了未来发动机空海军战斗机方案研究。其计划包括先进技术发动机研究(advanced technology engine study,ATES)和战术系统推进评估(propulsion assessment for tactical system,PATS)。

1) 先进技术发动机研究

该项目是美国海军在 1980~1982 年主持进行的不针对特定飞机系统的技术研究项目,其目的是制订政府和工业界长远的推进技术计划,以便能在满足性能要求的同时降低寿命期成本。此外,还要按照各种武器系统要求确定发动机设计参数,如推力量级、循环参数、成本、可靠性、维修性和后勤保障性;确定高收益的关键技术和技术成熟方法;确定成本收益最高的研制和鉴定策略;比较共用核心机和独特发动机方案,从而确定成本效益最高的途径。

普惠公司的 ATES 设计是一种涵道比为 0.15 的对转涡扇发动机,其推力为 98 kN 级,总增压比为 24,燃烧室出口温度为 1 866 K,耐久性指标为 12300 战术循环,采办成本降低 30%,维修成本降低 55%。

2) 战术系统推进评估

该项目于 1982 年 9 月至 1983 年 9 月进行,其目的是为美国空军和海军战斗机评估推进系统需求和新技术发动机的优势。同时,进行关键发动机技术的寿命期成本权衡,并针对特定任务需求优化发动机构型。

普惠公司按照修改的性能需求继续完善其研究中的发动机,全面考虑了未来全尺寸发动机的研制要求和整个武器系统的研制需求,进行了与战斗机研制工作的协调,与战斗机/发动机用户开展了 200 多项研究工作,确定了研制需求,为后来发动机取得的综合平衡性能和较高成熟度打下了坚实的基础。

2. 型号验证机地面试验阶段

1983 年 5 月,联合先进战斗机发动机(Joint Advanced Fighter Engine, JAFE)项目的招标书发布后,普惠公司就进行了 JAFE 发动机 PW5000(后由美国空军命名为 XF119 - PW - 100 发动机)的详细设计。PW5000 发动机采用三级整体叶盘结构的风扇、6 级压气机、浮壁式燃烧室、单级高压涡轮和单级对转涡轮、双余度全权限数字电子控制系统等。

1985 年 9 月,普惠公司开始进行 PW5000 验证发动机的部件加工,并开始进行风扇和压气机试验件试验,进行中介机匣、涡轮和加力燃烧室流量模型试验以及控制系统验证台试验;1986 年 9 月,开始组装 PW5000 发动机。

1986 年 10 月和 1987 年 5 月,XF119 发动机第一台 FX601 - 1 和第二台 FX602 - 1 先后开始试车,其后 4 年内,4 台 FX601 发动机(FX601 - 1、FX601 - 2、FX601 - 3 和 FX601 - 4)、2 台 FX602 发动机(FX602 - 1 和 FX602 - 2)、1 台 FX603 发动机、2 台 FX604 发动机(FX604 - 1 和 FX604 - 2)、1 台 FX605 发动机共计 10 台发动机共进行试验 2 504.6 h(890+713.4+255.1+336.6+309.5),其中包括 FX601 - 2 发动机 125.5 h、FX603 发动机 230 h 和 FX605 发动机 309.5 h 的在 AEDC 的高空模拟试验。

FX601 发动机和 FX602 发动机是纯粹意义上的地面型号验证机,4 年中 6 台发动机成为研制项目的主角,累计试验超过 1 600 h。FX603 发动机、FX604 发动机和 FX605 发动机是飞行许可验证发动机,验证发动机技术以取得飞行许可。

1) 地面演示验证

早期的验证机上移除了尾喷管扩张段,安装了修改的 F401 轴对称平衡梁喷管进行试验。1988 年初,FX601 发动机完成了带第 3 代二元收敛-扩张矢量喷管(two-dimensional convergent-divergent, 2DCD)的首次试验,普惠公司在 FX602 发动机上完成了带第 3 代二元收敛-扩张矢量喷管的首次试验,验证了加力状态±20°的俯仰矢量推力。

2) 飞行许可验证

第一型飞行许可验证发动机即 FX603 发动机使用 XF119 的结构和 YF119 的气动/控制系统,是一台混合配置发动机,于 1989 年 1 月开始地面台架试验,并在 AEDC 完成了 230 h 的高空模拟试验,检查了 YF119 较之 XF119 的多数关键气动机械构型所带来的变化,包括气动改进、重量减轻、控制系统改进等。

第二型和第三型飞行许可验证发动机分别为 FX604 发动机和 FX605 发动机,均按飞行许可发动机标准加工,FX604-1 发动机和 FX604-2 发动机用于验证发动机的耐久性,FX605 发动机用于在 AEDC 的模拟高空条件下验证发动机的性能和操纵性。1990 年 8 月,FX604-2 发动机完成了加速任务试验,FX605 发动机完成了飞行许可试验。

3) 海平面耐久性试验

对于即将开始的短期的飞行演示验证,耐久性试验飞行许可的主要目的是验证发动机在地面和飞行工作条件下,期望任意一台发动机累积两倍的试飞计划使用时间。典型事件包括低循环疲劳(low cycle fatigue, LCF)的热/离心循环疲劳[以总累积循环(total accumulated cycles, TACs)方式测量,1TAC=0.5 发动机飞行 h]、中间及以上状态的工作时间、加力燃烧室点火次数、加力状态工作时间等。海平面耐久性试验必须尽可能准确地复制期望的实际试飞使用情况,对零组件损坏无影响或影响不大的工作状态(non-damaging usage)如慢车状态工作时间从试验中删除,这就是加速任务试验(accelerated mission test, AMT)。

F119 发动机的加速任务试验循环由三个混合任务组成,三个混合任务中的每一个均包含不同数量的总累积循环数、加力工作时间等。

至 1990 年早期,加速任务试验发动机(诺斯罗普构型)完成了一次高循环疲劳试验和一半的加速任务持久试验,足以满足诺斯罗普构型的 YF119 发动机的初始飞行许可。随后,发动机被改变至洛克希德构型(包括尾喷管),完成了尾喷管加速任务试验,满足了初始飞行许可。随后,发动机又被改变至诺思罗普构型,完成了剩余的加速任务总累积循环和另外一次高循环疲劳试验。加速任务试验发动机最终完成了 312 个总累积循环,大半的险情出现在高循环疲劳试验中,很少出现低循环疲劳的相关问题。虽然经过了加速任务试验,但发动机的性能和稳定性保持得非常好。

另外,一些飞行许可试验通过 XF119/YF119 发动机海平面试验完成,如液压和滑油压力损失、转子超转/超温、近场噪声、电气功率损失等。其中,除了超转试验外,均未出现问题,超转试验未能确定是硬件和控制系统故障联合导致发动机超转的问题。

4) 高空模拟试验

高空模拟试验的目的包括演示和确认气动机械和结构的完整性、空中起动能力、发动机性能、工作特性以及控制程序和逻辑。高空模拟试验的发动机是 FX605 发动机。

预计进行飞行试验的飞行马赫数/高度包线(包括空中起动包线)需要定义和确定,先进战术战斗机飞机承包商的关注焦点在跨声速至马赫数 1.6 区域,所以包线右边界能力的确定关注度降低,而在爱德华空军基地的空中起动包线的研究和确定限制在包线中间区域。最大的关注点是通过期望的飞行试验包线的验证,研究和确定发动机的结构与工作特性,这些工作主要通过利用安装效果来实现,如进气畸变模拟网模拟飞机进气道压力畸变图谱,以及环境控制系统引气和齿轮箱功率提取,并进行了很多试验点的稳定性试验,优化了失速恢复控制逻辑,成功进行了整个包线内的瞬态工作试验,加力燃烧室的工作非常好。大量的高空模拟试验数据被用来更新和验证发动机模型,这一点对确定发动机飞行性能预测的质量是非常重要的。

3. 型号验证机飞行演示验证阶段

型号验证机飞行演示验证的主要目的是验证已经掌握的和准备应用于产品的先进技术。验证内容包括 YF119 发动机的可靠性、维修性、工作特性、性能特性以及机身/发动机/发动机控制系统的匹配性。

1990 年 6 月,两台用于飞行的诺斯罗普构型 YF119 发动机 YF1 和 YF2 获得飞行许可;1990 年 9 月,两台用于飞行的洛克希德构型 YF119 发动机 YF1 和 YF2 获得飞行许可。YF119 发动机的诺斯罗普构型和洛克希德构型的主要差别包括:尾喷管的扩张段和控制逻辑的不同;飞机进气道流量以及发动机安装形式的不同;发动机与飞机进气道的接口形式前者为两个半圆柱面的组装而后者为一体的圆柱面。

1990 年 8~12 月,开展了 YF119 发动机飞行演示验证,取得了全面成功。在短短的 4 个月内,发动机的表现非常完美,具体表现在:发动机未出现空中停车;未因发动机问题中途停飞;在整个飞行包线内包括武器发射时发动机未出现失速现象,油门杆可以无约束使用;发动机空中起动能力得到验证;发动机中间状态飞机超声速巡航能力得到验证;推力矢量喷管得到验证;1 天完成飞行 6 架次,其间发动机不需要维护;在飞机空中加油、编队飞行、拦截和跟踪训练期间,飞行员按照油门响应适度反馈即可。

4. 工程研制阶段

1991年8月3日，美国空军授予了普惠公司工程研制阶段发动机研制合同，普惠公司获得13.75亿美元的工程研制合同，包括9台研制试验发动机、8 900 h的验证试验、7 400 h的喷管验证试验、33台（后减为27台）飞行试验发动机、飞行试验计划现场保障、保障系统发展和以计算机为基础的培训系统发展。

1991年10月，第一台F119预EMD发动机在普惠公司开始恢复试验，主要试验尾喷管/加力燃烧室冷却结构和涂层，第二台预EMD发动机安装了较大直径和流量的风扇、三区供油的加力燃烧室和改进了气动设计的压气机。

F119发动机与YF119发动机的区别是：前者增大了低展弦比风扇的直径，以增大推力和提高效率；采用特殊技术以提高隐身和生存能力；加力燃烧室由四区供油改为三区供油，以减轻质量和降低成本与复杂程度；压气机采用整体叶盘结构；取消了尾喷管外壁的空气冷却管。

1992年12月17日，工程研制阶段飞行试验F119发动机第一台FX621进行海平面试验。1993年1月，F119发动机的研制工作在投资减少后进行调整，将原计划研制的33台飞行试验发动机减少至27台。1993年8月，F119发动机第二台FX622进行海平面试验，用于早期的耐久性试验和接下来的加速任务试验。1993年9月，F119发动机第三台FX623在AEDC进行高空模拟试验。1995年上半年，F119发动机第四台FX630进行海平面试验。1995年中期，F119发动机第四台进行试验。

1997年2月，AEDC和普惠公司完成了F119发动机的加速任务试验和初始飞行规定试验。1997年3月，F119发动机被认定达到了初始飞行许可（initial flight release，IFR）状态。1997～1999年，F119发动机继续在AEDC的推进系统试验舱C-1、J-2进行了发动机性能试验、工作特性试验以及耐久性试验，具体包括气动机械性能、燃烧室和加力燃烧室适用性、矢量和非矢量状态的喷管性能、风扇性能、压气机失速裕度和空中起动能力等试验，至1998年末，F119发动机在AEDC完成了3 500 h的试验。

1997年9月，首架装有工程研制型F119发动机的F-22（编号为4001架）成功首飞，1998年开始推进系统飞行试验，验证了超声速巡航、大迎角矢量推力等状态下发动机的使用性能，推进系统飞行试验在F-22型4002架进行。1999年9月，F119发动机达到全面飞行许可（full flight release，FFR）状态。

2000年5月，F119发动机开始了初始使用许可（initial service release，ISR）。第18号飞行试验发动机在普惠公司的西棕榈滩海平面试验台上进行了试验，完成750个总累积循环和246 h的加速任务试验，之后该发动机被运到AEDC，安装在C-1舱进行了110h性能试验，在SL-2试验舱进行了加速任务试验，到2001年5月初，F119发动机按时完成所有4 330个总累积循环。经过广泛的发动机地面试验和推进系统飞行试验,证实了 F119 发动机良好的使用性能。2002 年 9 月,美国空军向 F119 发动机颁发了初始服役使用许可证。

2005 年 12 月,F119 发动机达到工作能力许可(operational capability release, OCR)。

12.1.3　试飞过程及结果

1. 型号验证机飞行演示验证阶段

1990 年 8~12 月,型号验证机飞行演示验证期间,其中 6 台 YF119 发动机(其中 YF1、YF2 和 YF3 为诺斯罗普构型,配装 YF-23 试飞,试飞 34 架次,飞行时数为 81.4 发动机飞行小时;YF4、YF5 和 YF6 为洛克希德构型,配装 YF-22 试飞,试飞 31 架次,飞行时数为 71.7 发动机飞行小时;YF3 和 YF6 为备份发动机)[3,4]。飞行演示验证期间,6 台发动机共运行 580.3 h(151.3+93.4+81.9+61.5+109.3+82.9),总累积循环数为 648 个,安装试验时数为 362.2 h,飞行 65 架次,飞行时数为 153.1 h,加力工作时数为 19.1 h,空中起动 6 次,最长距离飞行 3.2 h。

1) 发动机性能

发动机性能试飞目的包括对安装推力和耗油率的评价、超声速巡航能力的验证、性能保持的证明和飞机加速、减速、爬升和下滑性能的验证。除了这些目的,重点放在发动机飞行工作中安装推力和耗油率预测能力上,这一目的通过飞行推力计算平台来完成,该平台采用计算机模拟来预测推力、耗油率、发动机内部的压力和温度以及高低压转速。

在计划实施期间,整个飞行包线内,进行了大约 50 个稳定状态条件下飞行推力和耗油率的评价,采用飞行推力计算平台预测的推力和耗油率在发动机中间状态实测推力的 1%~3% 内变化,在全加力状态 0%~3% 内变化。考虑到测试系统的测量误差和计算机模拟误差,结果是非常一致的。

另外,也进行了同一高度飞机从最小速度加速至最大速度的推力预测评价,与稳定状态条件试验结果相同,在飞行包线的亚声速和低超声速时,预测推力和耗油率也在实测性能的 1%~3% 内变化,但是,在高马赫数时,预测推力达到了不可接受的程度。采用地面试验数据、高空台试验数据和飞行试验数据对温度和转速修正软件进行了更新,对飞行试验数据进行重新处理获得了更加准确的结果。

超声速巡航性能在两架飞机上均得到了验证。演示验证试飞开始前,采用飞行推力计算方法对超声速巡航速度进行了预测。飞行剖面包括全加力状态加速/下滑至期望飞行状态,然后切断加力后使飞机速度稳定。EAFB 超声速飞行航线的限制一般不允许整个过程稳定超声速飞行,因此,最终的飞行试验数据不仅要修正至标准状态,还要考虑额外的能量损失。在两架验证机上超声速飞行能力均超过了马赫数 1.4,这与试飞前预测的结果相差在 0.01 马赫数范围内。

2) 发动机工作特性

工作需求不仅包括明确的发动机科目如推力瞬变、加力燃烧室接通和切断特性、油门响应特性、推力矢量特性以及空中起动能力,也包括与飞机综合和匹配性科目,如匹配飞机进气道特性的空气流量变化、畸变容限、安装效果和武器系统匹配性。所有这些特性和匹配性均需要通过飞行演示得到验证。为了评估 YF-23 飞机的进气总压恢复和畸变水平,在前 4 架次的飞行中,在飞机左侧发动机前方安装了诺斯罗普/普惠进气道测量耙。测量耙由 8 个径向受感测点组成,包括测压点和测温点。试飞前,测量耙完成了实验室结构试验和安装在一台海平面 YF119 发动机进口试验,验证了设计预测。

3) 发动机推力瞬变

试飞验证了整个飞行包线的加力和非加力推力瞬变。在正常和增稳两种模式下,完成了超过 700 次慢速和快速油门杆瞬态试验,验证了发动机系统完美的瞬态能力,未出现安全事故。另外,加力燃烧室在高空和低速度飞行中工作非常好,完成了 15 240 m(50 000 ft)高度的最小速度飞行和在不同高度飞机从最小速度加速至最大速度飞行的加力燃烧室检查,获得了一致的加力供油顺序结果。

除了出现两次小的意外,加力燃烧室工作良好。在飞机大迎角工作,8 534 m(28 000 ft)高度/最小速度时,在加力切断过程中出现了两次加力燃烧室喷火现象。之前 AEDC 高空模拟试验结果表明,加力燃烧室处于临界稳定状态(飞行包线的左边界,源于减小的空气流量和增压比)。飞行数据分析表明,减小空气流量和增压比是没有必要的,通过设计新的供油时序解决了这一问题。

4) 发动机油门响应特性

发动机油门响应一般指任务过程如空中加油、编队飞行、拦截和跟踪、空中表演、通场及着陆中快速小行程的油门输入响应。传统意义上,评价发动机油门响应的成功标准是 Cooper-Harper 准则,由飞行员给出 1~10 的个人评定等级。除了飞行员输入,更有效的数据解析方法是通过比较 YF119 推力响应的幅度和相位,这一方法是基于之前 F100 发动机的飞行试验经验而获得的。

试飞期间,发动机对于油门杆小行程移动的响应满足标准,获得了很好的 Cooper-Harper 等级和飞行员非常肯定的评价,特别是在空中加油训练中。然而,通过解析方法计算发动机油门响应的结果是令人失望的,这些数据的计算分析很依赖于精确的可重复的油门输入。

5) 推力矢量

F-22 飞机是第一型采用推力矢量喷管作为基本设计标准的超声速飞机。该飞机采用推力矢量喷管来补偿平尾的动作,利用轴向俯仰,推力矢量技术改善了大迎角飞行中的操纵品质,提高了超声速飞行中的飞机机动性、敏捷性和大迎角条件下的飞行性能和操纵性。推力矢量的效应相当于增加了两侧的平尾的面积,从而也减轻了飞机的重量。二元矢量喷管扁平的尾焰增大了冷气的掺混,因此红外辐射也得以减小。另外,喷管的上下缘都被设计成锯齿形状,这进一步减小了喷管的雷达散射面积。

试飞验证了在很大迎角情况下矢量喷管向上和向下的俯仰运动,也验证了超声速飞行状态下的可观的滚转能力,前者是通过逐步增大迎角的方法(大迎角→28°→32°→36°→40°→44°→60°)来验证的,后者是通过推力矢量喷管与襟副翼、平尾和垂尾位置的协同动作来实现的。

6) 发动机空中起动

YF119 发动机在飞行演示验证期间,虽然在 AEDC 完成了降转起动、风车起动和起动机辅助起动能力验证,但是高空模拟试验不能准确模拟飞机过载效果,所以最终起动包线的确定通过飞行试验来完成。然而,由于时间和优先权的问题,飞行演示验证空中起动试验进行了有限的验证。

YF-23 和 YF-22 两架飞机上均进行了 YF119 发动机 6 096 m(20 000 ft)高度、556 km/h(300 kn)表速的降转起动和交叉引气辅助起动,降转起动为高压转速降转至50%时起动,交叉引气辅助起动为高压转速降转至35%~42%时起动。所有起动均成功,主燃烧室能够快速稳定地重新建立并平稳地加速至期望工作状态。由于时间限制,使用 YF-22 辅助动力装置的空中起动未实施。

7) 进气道/发动机相容性

试飞目的是评价飞机基本适航、操纵品质、包线扩展等飞行时发动机的工作特性和工作稳定性。正如期望的那样,在大迎角、恒航向侧滑、收敛转弯机动以及12°和16°大迎角试飞中发动机推力瞬态时,YF119 发动机未出现失速、熄火或其他异常情况。

在执行非加力瞬态和武器发射试验时验证了失速裕度增强模式。当在该模式工作时,未出现恶劣的发动机工作特性。进气道/发动机相容性试验的亮点包括:验证了超声速工作至飞机最大速度时未出现不稳定工作迹象;亚声速时,在一次发动机起动时出现了不稳定工作现象,但因程度很低,所以没有什么影响;在 YF-22 飞机发射 AIM-9M 和 AIM-120 导弹时未出现燃气吸入的迹象。

8) 发动机可靠性和维修性

试飞中未出现发动机空中停车以及因发动机问题而导致的延期或中途停飞。飞行试验环境下发动机表现出了显著的能力。

YF119 发动机 FADEC 包括一台发动机状态监控/数据管理微处理器,该微处理器执行传感器(滑油压力、滑油油位等)的健康事件监测以及记录寿命使用数据如起动次数、总累积循环次数、运行小时数、喷管工作循环数等。需要发动机维护的事件以及趋势信息事件由数据管理微处理器存储以进行飞行后分析。试飞期间,数据管理微处理器正确报告了所有部件故障,未出现误报及漏报事件。在部件故障失效的情况下,成功使用安装在笔记本电脑上专家维护指导系统软件来解决事件、验证部件故障和评价维护工作。

未发生导致飞行中停车、中途停飞和性能衰减的发动机故障,很少发生燃油和液压系统部件、传感器的维修和更换。基于低的维护工作、有限的飞行试验问题和相对无意义的问题的发生,飞行试验进展特别顺利。当然,这一完美的可靠性记录对于此期间的飞行试验是重要的,或者说,非计划性的发动机维护没有延误或中断试飞进程。出现的少量的故障也是很重要的,因为这些故障提供了验证故障监测与处理系统效果、验证专家维护指导系统的故障发现和隔离能力、验证维修方便性以及验证拆除和更换外场可更换件等的工具使用和维修时间的机会。

从一开始,外物损伤就是关注的重点,新飞机和新的发动机结构容易产生损伤。外物损伤受到关注,只发生了一起小事件:发动机的一些风扇叶片出现划痕。止动螺母的预加载解除时,发生了一起燃油泵叶轮磨损的意外问题,这一情况在台架和地面试验中从未发生过。奇怪的是,它仅发生在机身一侧的燃油泵上,尽管研究表明,机身两侧的燃油泵工作环境是相似的。关于发生的低压涡轮叶片光学测温计的耐久性问题,这是在预料中的。

2. 工程研制阶段

关于F119发动机工程研制阶段的性能、工作特性等飞行试验详细内容未见报道。在此介绍该阶段进气道/发动机相容性飞行试验[5]和排气污染地面试验[6]。

1) 进气道/发动机相容性飞行试验

F-22进气道采用可变通道系统(variable bypass system,VBS)以保证超声速飞行状态的进气道/发动机流量匹配和进气道稳定工作。可变通道系统安装在发动机前约发动机进口直径两倍处,从进气道上部放下。当超声速飞行时,可变通道放下程度增加以减小空气流量和应对不利的迎角和侧滑角。

发动机进口参数测量耙与整流支板做成一体,共8个测量耙,每个测量耙沿径向布置7个测试区域(除其中一个上布置了绝对参考压力测点),其中5个测试区域测取发动机动态压力和稳态压差,总共40个高响应的Kulite动态压力传感器和40个稳态总压受感部,40个稳态总压由电子扫描压力(electronically scanned pressure,ESP)模块的低响应压差传感器测量,电子扫描压力模块采用燃油冷却以提高测试准确性;其中2个测试区域测取发动机进口总温以评价武器发射时燃气吸入的影响,共16个高响应的热电偶传感器。在8个测量耙的其中一个上布置了绝对参考压力测点。

近4年中,完成了61架次的进气道/发动机相容性试飞,获得了大量的有价值的试飞数据。试验内容包括亚声速和超声速飞行条件下进气道总压恢复、稳态和动态的周向和径向畸变,试飞结果如下:获得了空中发动机进口雷诺数与马赫数的关系,进口总压恢复与雷诺数的关系(雷诺数对于总压恢复的影响在 0.1% ~ 0.8%),获得了发动机进口换算流量与总压恢复的关系;获得了发动机进口换算流量与周向畸变、径向畸变、紊流度的关系,进行了正负迎角下周向畸变与径向畸变的相关性研究;F119 风扇的稳定性对于周向畸变更加敏感,其最小稳定裕度点一般发生在或接近于最大周向畸变情况下。

飞行试验中遇到了很多问题,这些问题增加了技术人员的工作负荷并需要大量的时间去解决。出现的问题包括:稳态总压的管路比理想中的细长,导致比绝对参考压力测量滞后较长时间;处理高响应动态压力的数字滤波器的工作不稳定;低通滤波截止频率的选取对紊流度计算的影响很大。通过这些问题的解决,进气道/发动机相容性试飞结果分析的自动化、可视化程度有了提高,为下一代战斗机的试验提供了参考。

2) 排气污染地面试验

试验在洛克希德马丁航空系统(Lockheed Martin Aeronautical Systems,LMAS)试验设备中进行,评价 F119 发动机典型工作状态下排出的气体对外界环境大气的影响,以及确定主要的污染物质和对大气有严重污染的物质。

发动机排气采样采用两种形式。在距发动机排气出口约 0.76 m(2.5 ft)的位置采用固定的十字耙。十字耙的 4 个耙体中心连接后与单不锈钢管连接,上面布置共计 12 个测点,每个测点的感受部直径是 0.32 cm(1/8 in)。混合燃气进入 12 个受感部后通过单不锈钢管转移并经过过滤后,至燃烧和稀释燃气监控系统并进行分析。在距发动机排气出口约 3.05 m(10 ft)的中心位置采用直径为 25.4 cm (10 in)的不锈钢管引出燃气进行测试,称为喷管引射采样耙。

气体排放物包括 CO、NO_x、CO_2、非甲烷碳氢化合物、颗粒物质(particulate matter,PM)、挥发性有机化合物(volatile organic compounds,VOCs)。

试验前进行了试运行,发动机工作状态为慢车、进场、中间、军用和最大状态,试运行的目的是记录燃气排放浓度、发动机空气流量,并改进燃气传输通路。试验收集了 CO、NO_x、CO_2、O_2 和非甲烷碳氢化合物。仅在慢车状态或进场状态采用十字耙进行了数据记录,为了保证十字耙不受损伤,在中间、军用和最大状态移去了十字耙,仅采用喷管引射采样耙收集燃气并进行测试记录。

试验结果表明,燃气中的半挥发性有机化合物、金属物和硫化物排放很少,燃油中的硫化物都转化成了氧化物 SO_2;慢车和进场状态下,十字耙测量的 CO 浓度大于喷管引射采样耙的测量值,原因是外界大气与 CO 发生反应将部分 CO 转化为 CO_2;慢车状态下,十字耙测量的 NO/NO_x 的比值为 0.9 而喷管引射采样耙的测量值为 0.4,原因是 NO 被空气冲淡形成了 NO_2;在进场状态以上,CO 排放量显著降低,在中间状态,NO_x 排放量开始增加;由于燃烧室技术的改进,非甲烷碳氢化合物排放量非常少。

试验结果还说明,在慢车和进场状态下,F119 发动机每消耗 1 000 lb(1 lb = 0.453 59 kg)燃油,分别生成 7.7 lb 和 17.1 lb 的 NO_x；在中间和军用状态,每消耗 1 000 lb 燃油,分别生成 0.8 lb 和 0.7 lb 的 CO。

12.1.4 出现的问题

在研制初期,F119 发动机出现过风扇在低转速下效率低,使得这一状态下油耗大,但该问题很快就得到解决[7]。

在工程研制阶段,发现压气机的第 4 级整体叶盘设计的抗外物损伤能力不够。

1993 年 1 月,F119 发动机低压涡轮导向叶片激波反射到高压涡轮转子叶片上,造成高压涡轮叶片振动,为此,普惠公司提高了涡轮转子叶片的强度和刚性,重新设计了导向叶片,增加了叶片数,减小了间隙,改进了密封。1994 年 10 月,进行了高循环疲劳试验,验证了改进后的刚性,1994 年 11 月,进行了发动机台架试验,评估了新旧涡轮。

1997 年 4 月,F-22 战斗机/F119 发动机在出厂地面试验中,出现燃油箱漏油、APU 滑油压力下降和温度上升两个故障,故障排除后,1997 年 6 月中旬重新试验,后又出现了外物打伤第三级风扇和第一级压气机的故障,致使首飞延迟 100 多天。

1998 年 3 月,F119 发动机在 AEDC 进行高空模拟试验时,由于篦齿出现高循环疲劳,引发第一级压气机密封篦齿失效,导致研制试验中断,为此加大了篦齿和蜂窝结构摩擦环的间隙。

12.2 T700 发动机试飞

12.2.1 发动机简介

T700 发动机(图 12.3)是由美国通用电气公司研制的一款涡轴发动机,最初是为美国陆军 UH-60A"黑鹰"直升机(图 12.4)设计的,最大状态功率达到 1 409 kW,功重比为 6.9,总增压比为 18.0,涡轮前温度达到 1 290℃,耗油率约为 0.285 kg/(kW·h),属于典型的第三代涡轴发动机。

T700 发动机为轴向进气、单转子燃气发生器、自由涡轮式涡轴发动机,动力涡轮轴同心前输出轴功率,发动机采用机械液压+电子控制单元的控制系统。T700 发动机本体由预旋式粒子分离器、5 级轴流+1 级离心压气机、短环形燃烧室、2 级气冷式燃气涡轮、2 级动力涡轮组成。T700 发动机是世界上首次采用进气装置与粒子分离器整体设计的涡轴发动机,集成化的粒子分离器砂尘分离效率为 85%~95%,并具有热气流防冰功能,不仅简化了压气机结构,提高了可靠性,而且降低了维修费用。

图 12.3　T700 发动机

图 12.4　配装 T700 发动机的"黑鹰"直升机

T700 采用了单元体设计，大大减小了零部件数目，与通用电气公司早期的 T58-16 发动机相比，零部件数只为 T58-16 的 68%，压气机级数减少了 40%，但增压比提高了近一倍。T700 还采用了视情维修、状态监控与故障探测等措施，无须定期维修与翻修。发动机发生故障后只需要更换单元体，设计寿命达到 5 000 h，其中包括 750 h 的 100% 起飞功率状态。T700 超长的寿命、良好的可维护性、简易的保障要求、出色的防砂和防冰能力、较大的功率和较好的操作性造就了一代经典涡轴发动机，现已成为美国小型涡轴发动机发展的基准坐标，此后研发的涡轴发动机都以 T700 为标准来评定[8]。

12.2.2 研制试验历程

1967年,美国陆军为"通用战术运输机系统"(utility tactical transport aircraft system, UTTAS)招标一种新的涡轴发动机,通用电气公司和普惠公司分别以GE12和ST9先进技术验证机参加投标,1971年12月GE12发动机中选。通用电气公司将GE12进行改进,并加上整体式粒子分离器后,改名为T700,并于1972年正式开始T700的研制,1974年首飞,1976年通过了军方的鉴定,经过两年的成熟度和寿命确认试验,于1978年3月投产[8]。发动机发展历程及里程碑节点分别见图12.5和图12.6。

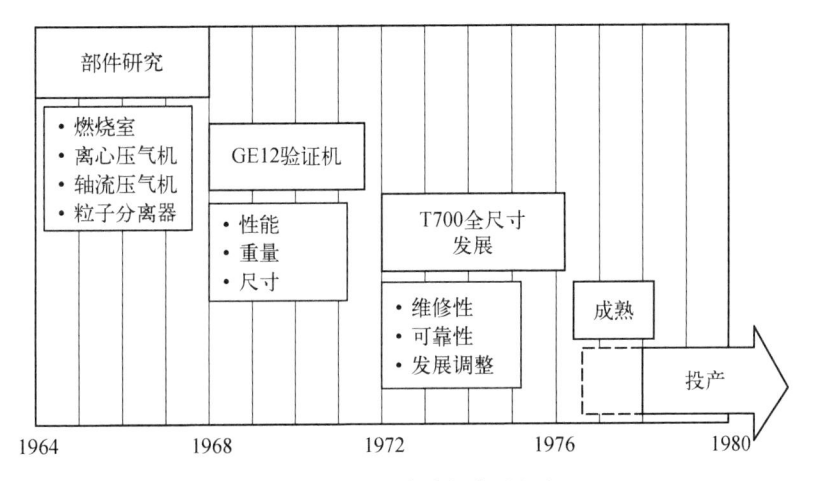

图 12.5 T700发动机发展历程

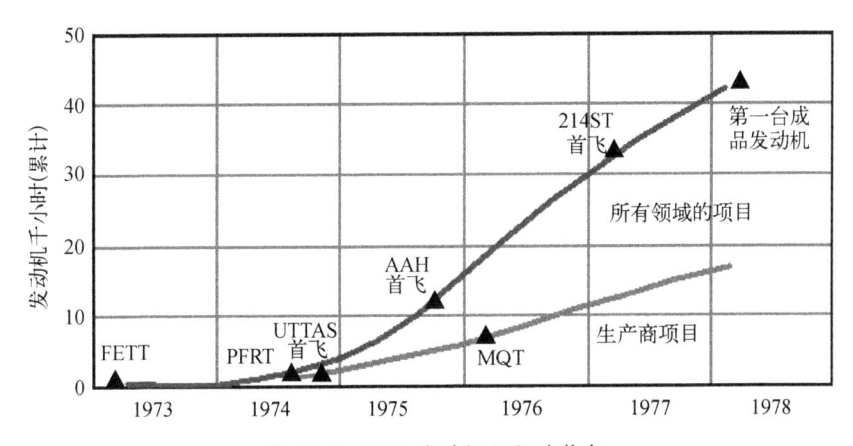

图 12.6 T700发动机里程碑节点

在T700发动机的研制过程中,美国军方的UTTAS项目以及随后启动的"先进攻击直升机"(advanced attack helicopter, AAH)项目也在同步进行,西科斯基公司和波音伏特尔公司竞争UTTAS项目,休斯公司和贝尔公司竞争AAH项目,T700发动机被军方指定为两个项目的动力装置。1974年T700发动机装UTTAS项目直升机首飞,在1975年装AAH项目直升机首飞。

基于第一代涡轴发动机在砂尘、高温、高原等环境下的使用经验教训,T700在设计时不仅注重性能达标,而且十分关注发动机的可靠性、寿命、成熟度等,为了平衡各个设计需求,T700发动机开展了大量的试验,截至首个生产型T700发动机移交,发动机完成了42 000 h的试验,包括24 000 h的飞行试验[9]。

1. 设计研究阶段

20世纪60年代中期美国军方计划发展新型运输直升机以取代HU-1"Huey"直升机,由此产生了UTTAS项目,根据新一代战术直升机的作战任务以及当时直升机的战场使用经验,提出了配装涡轴发动机的技术发展目标:1 500轴马力,油耗降低20%~30%,采用集成的粒子分离器,提高战场生存能力,较少的后勤支援服务以及维护时间缩短37%~50%。

通用电气公司在1964年就开始了下一代发动机的技术研究工作,于1967年以GE12发动机竞争UTTAS的发动机项目并完成了初步方案设计,1968年完成了详细方案设计,1969~1971年进行发动机部件和整机试验,在1971年完成了性能验证试验,共进行373 h的整机试验以及9 500 h的部件试验(主要部件试验1 256 h,控制和附件试验8 190 h)。GE12的演示验证结果基本达到了美国军方的要求,并在1971年底赢得了UTTAS项目的发动机研制合同,并命名为T700-GE-700[9]。

2. 型号鉴定试验阶段

为了达到批生产前的目标,T700发动机开展了空前的发动机/机体一体化试验,包括发动机生产商的部件、整机和成熟度试验,以及飞机制造商地面和飞行试验、用户的使用评估试验。

1) 型号鉴定试验(model qualification test, MQT)

在T700发动机进行试验时,为了紧密贴合部队使用,通过深入分析直升机的作战使用任务,确定了油门的使用、加速性以及其他影响发动机可靠性、耐用性和寿命的因素,在随后的部件和整机试验中模拟了更加接近真实使用的试验环境和条件,也更好地暴露了发动机和部件的故障模式。

T700发动机完成了300 h的加速持久试车,并完成了60 h的初始飞行前试验以为飞行试验做准备。在MQT中,T700试车循环为1950~1960年间发动机鉴定试车程序的6倍,要求发动机在最大温度状态的运转时间要达到试车总时间的48%,并且发动机要能够承受住相应的低循环疲劳、热循环以及起动。在9 000 h的发动机全尺寸试验中,采用该循环完成了大部分发动机试车。为了进一步评估发动机的寿命、稳定性以及耐久性,T700发动机还开展了正式的低循环疲劳试验,完成了包括1 750次循环试车和400 h耐久性试车(超过1 400次循环)、超过7 000次的热瞬变及1 800次起动和停车。

T700发动机采用了一体化设计的粒子分离器,要求其对C类砂子(0~

1 000 μm)的分离率达到 94%,为了验证 T700 发动机粒子分离器的分离效率,在发动机最大功率状态运转时,在 58 h 内将 78 lb 的砂子投入发动机,这相当于在砂尘环境中执行 3 000 次着陆。尽管粒子分离器的设计最初只是用于最小化砂尘吸入对发动机的腐蚀,试验和使用经验表明该粒子分离器还能够在吞鸟、外物吸入、雨、泥土、冰雹、雪片等环境下对发动机起到保护作用。

T700 发动机还完成了 155 000 h 的部件试验,包括燃油控制组件、点火系统、防冰叶片及所有其他外部附件试验,其中燃油控制系统单独完成了 41 000 h 试验。这些广泛的试验使得在发动机进入战场使用前发现并解决了一系列问题,大大提高了发动机的可靠性和耐久性。

在 T700 发动机鉴定试验中,还利用发动机与直升机的交互硬件设备开展了模拟机体操作环节的试验,主要包括以下方面。

(1) 振动试验。为了确定发动机与 UTTAS 项目和 AAH 项目直升机的耦合振动特性,T700 发动机通过安装与直升机相连接的硬件结构完成了超过 300 h 的振动试验。通过三个液压摇动器模拟产生低频直升机振动输入(4~50 Hz),并通过将燃气发生器和动力涡轮调至不平衡产生最大振幅的高频输入。

(2) 进排气系统评估。T700 发动机进排气系统试验是在发动机供应商试验阶段完成的,并采用了不同直升机平台的真实进排气结构进行试验。

(3) 抽吸供油试验。T700 发动机具备抽吸供油能力,为了评估发动机/直升机的兼容性,通用电气公司建造了一个特殊的试验设施,它能够模拟直升机缓慢和快速爬升、油门瞬变、常温至 145 °F 范围内的燃油温度条件下的抽吸供油特性。

2) 发动机地面和飞行试验

T700 发动机的投产前地面和飞行试验在 5 种不同的直升机上完成,共投入了 100 台 T700 原型发动机。

(1) 地面铁鸟台试验。在飞行试验前,在地面铁鸟台采用了完全真实的直升机系统来评估直升机的传动系统和直升机/T700 发动机的兼容性。地面铁鸟台试验在 1974 年 6 月就已开始,在 1976 年早期,已完成超过 5 300 h 的试验。

(2) 装机飞行试验。1974 年 9 月 YT700 发动机开始进行飞行试验,从发动机的角度,这些试验主要是初步验证发动机与直升机的兼容性,并对发动机进行改进和完善。

(3) 用户评估试验。T700 发动机的用户评估试验由美国军方主导,目的是在军方严格的监管下在真实的使用环境中考核 T700 发动机和原型直升机的可靠性、维护性,以便在正式投产之前尽可能地暴露设计问题或缺陷。该试验期间暴露的问题均已在首批投产 T700 发动机中进行了贯改。

3. 成熟度和寿命确认试验

在 1976 年早期完成全尺寸鉴定试验后,开始了为期 2 年的成熟度和寿命确认试验,目的是在进入投产之前进一步确认 T700 发动机的寿命、耐久性、可靠性以及成熟度水平。在 1978 年 T700 发动机投产之后,该项试验仍在持续进行,以确保试验验证远远超前于战场使用,以使与时间相关的发动机问题能够提前暴露。

成熟度和寿命确认试验中的直升机/发动机兼容性试验重点考虑了两个因素:一个是低循环疲劳;另一个是热载荷导致的压力破坏,分别开展了加速持久试车、加速任务试车和加速模拟任务试车以综合考虑低循环疲劳和压力破坏对发动机的影响,间接地评估在数千小时飞行任务中发动机的表现。

用已通过 MQT 阶段 300 h 持久试车的两台发动机,采用相同的试车谱继续进行了超过 1 000 h 的加速持久试车。

为了进一步加速寿命确认进度,开展了加速任务试车,该试验采用了根据军队任务确定的特殊的试验循环,该循环包含 10 种战场任务中最为严苛的因素,并考虑了任务中可能遭遇的环境温度条件,1 000 h 的加速任务试验可以表征发动机装机运转 5 000 h 以及超过 50 000 次的功率瞬变。

加速模拟任务试车时在加速任务试验的基础上增加直升机安装因素的影响,发动机安装上相应的直升机结构,置于特殊的试验平台上在基于直升机飞行试验确定的振动环境中运转。1 500 h 的加速模拟任务试车等价于 5 000 h 的发动机装机工作时间以及 18 000 次的功率瞬变。

1976~1978 年进行的大量的成熟度和寿命确认试验是以前的发动机研制所没有的,其原因是:美国总结了 20 世纪 50~60 年代发动机研制的教训,并通过 T700 的研制实践,对整个涡轴涡桨发动机的研制体系进行了修订。针对军用涡轴涡桨航空发动机的研制,美国在 20 世纪 50~70 年代采用的是 MIL-E-8593A-1975《涡轴涡桨航空发动机通用规范》和 MIL-E-8594~8597 等。但是,一些型号的研制教训表明,发动机的持久试车谱不能反映飞行任务剖面;由于合格鉴定阶段的持久试车短,能够给出的发动机大修间隔时间只能是持久试车时间,因此发动机寿命较短、可靠性严重不足;合格鉴定后没有使发动机寿命增长的手段,研制程序已明显不能适应发动机研制的需求。T700 系列发动机的研制实践催生了 MIL-E-008593E,因此美军标的版本更新到了 MIL-E-008593E-1984。

与美军之前的发动机研制程序相比,T700 发动机的研制程序有两点显著的变化:① 型号鉴定试验阶段的持久试车由 150 h 增加到 300 h,且试车谱采用了模拟飞行任务的加速试车谱;② 新增加了成熟期寿命确认试验阶段,相当于设计定型之后的生产定型阶段,进行了严酷的加速任务试车和加速模拟任务试车试验,使得发动机的寿命得到验证,提高了发动机的可靠性、维修性和保障性。

截至第一台生产型 T700 下线,T700 发动机共进行了 155 000 h 的部件试验、42 000 h 的整机试验(其中包含了在五架直升机上完成的 24 000 h 的飞行试验),而之前通用电气公司的发动机整机试验时间最多仅有 15 000 h。

12.2.3 试飞过程及结果

1. T700-GE-700 发动机配装 UTTAS 项目原型机试飞[10]

1) UTTAS 项目基本工程发展阶段

1974年初,UTTAS 项目进入基本工程发展阶段,同年9月,YT700 发动机装 UTTAS 项目直升机实现首飞,YT700 发动机是试飞用 T700 发动机,首飞前完成了 60 h 的初始飞行前试验,最初目的是用于有限条件下的直升机飞行试验,但试飞过程中 YT700 发动机表现出色,每台发动机的使用时间都超过了预期,UTTAS 项目中 YT700 发动机的工作小时数达到 7 670 h。此外,为了将 UTTAS 项目发展到商用运输市场,西科斯基和波音伏特尔公司各自建造了一架公司自有的直升机,YT700 发动机在两架直升机上完成了共 1 200 h 的飞行试验。

UTTAS 项目基本工程发展阶段的飞行试验目的是全面探索直升机的性能、操纵品质,获得直升机的振动特性,并进行详细的推进系统研究,这些研究包括发动机振动和应力、进气畸变、控制兼容性、短舱冷却、抽吸供油性能。

2) UTTAS 项目军方竞争试验阶段

1976年3月,UTTAS 项目进入军方竞争试验阶段,西科斯基的 YUH-60 和休斯公司的 YUH-61 均配装 YT700 发动机开展了一系列试飞,共投入6架试验机,完成了军方评估试验、性能试验、高原试验、高寒试验以及结冰试验,在10个月的试验时间里发动机的总工作时间为 3 770 h。

3) UTTAS 项目成熟试验阶段

西科斯基的 YUH-60 直升机在军方竞争试验中胜出,随后对基本工程发展阶段的地面试验设施和试飞直升机进行了有限的升级改造,包括随后安装批产的 T700-GE-700 发动机,开始了进一步试验试飞,以提高 YUH-60 直升机的成熟。该阶段通用电气公司进行了 1 500 h 的任务循环试车,试验中考虑了实际的装机振动环境以及各种任务发动机的功率需求。

2. T700-GE-700 发动机配装 AAH 项目原型机试飞[11]

1972年后期,休斯公司和贝尔公司被确定为美国军方 AAH 项目的竞选供应商,两家公司都选择 UTTAS 项目正在研制的 T700-GE-700 发动机作为直升机动力装置。1975年9月 AAH 项目直升机配装 YT700 发动机开始试飞,截至1976年5月,AAH 项目第一阶段完成(类似于 UTTAS 项目的基本工程发展阶段),YT700 发动机在两家公司试验机上累积运转超过 1 700 h。由于 UTTAS 项目此时已经进行了12个月,许多初始的发动机问题已被解决,这大大加速了 AAH 项目发动机/直升机一体化试飞。AAH 项目第一阶段的首要目的是验证直升机的性能包线和基本的操作品质,以及直升机推进系统的飞行试验验证,另外还演示验证了 2.75 in 火箭炮和 30 mm 航炮的兼容性。

1976年6~9月,AAH 项目进行了军方竞争试验,试验在爱德华空军基地以及比夏普和加利福尼亚的高原试验场,YT700 发动机累积运转 830 h。

休斯公司的 YAH-64 在军方竞争试验中胜出,随后 AAH 项目进入第二阶段,重点关注直升机的技术成熟度提升以及系统的发展、选型和集成。T700 发动机也开展了 1 500 h 任务循环试车。

3. T700-GE-700 发动机装 UH-60A 的飞行试验[12]

通用电气公司的 T700 发动机选用 HSD(Hamilton Standard Division)公司的 HMU(hydro mechanmical unit),并选用 WGC(Woodward Governor Company)公司的 HMU 作为第二方案,WGC 公司和 HSD 公司的 HMU 可以完全互换,除内外结构有所差异外,燃油流量控制以及对发动机输入信号都是完全一样的。配装 WGC 公司 HMU 的 T700-GE-700 发动机在 UH-60A 直升机上试飞时出现了熄火、油门支架干涉、油门操作差异以及慢车以下燃油流量调节等问题。通过对试飞结果的分析,通用电气公司和 WGC 公司对 HMU 进行了 6 项更改,随后由美国军方开展飞行试验,对安装更改的 HUM 的 T700-GE-700 发动机的操作特性进行评估。本节主要对该项试飞内容进行介绍。

试验机为 UH-60A 直升机(军方编号:S/N88-26015),为进行飞行试验,对 UH-60A 直升机的发动机转速基准调定系统进行了改进,从原来的动力涡轮转速调定 96%~100%,改为 94%~102%,加装了机载测试设备、前支杆空速系统,并为 10 000 ft 以上的飞行装备了氧气系统。试验机场为加利福尼亚的爱德华空军基地(海拔为 2 302 ft),以及加利福尼亚的 CoyoteFlat 机场(海拔为 9 980 ft),从 1989 年 5 月 14 日~6 月 14 日,共飞行 11 架次/15.5 h,平均起飞质量 14 200 lb,平均纵向重心 356.2 ft,高度从机场地面海高到 20 000 ft。飞行试验内容和试验点见表 12.1。

表 12.1　T700-700 发动机装 UH-60A 的飞行试验内容和试验点

试 验 内 容		压力高度/ft	指示空速/kts*
地面试验	功率杆机械特性	地面海拔	0
	发动机起动		
	旋翼转速基准调定响应		
	旋翼转速定常控制特性		
	发动机停车特性		
发动机空中起动		4 860~5 340	54~94
		10 030~10 390	67~118
		14 720~15 330	59~66
		19 180~19 960	41~64

* 1 kts=1.852 km/h。

续　表

试　验　内　容		压力高度/ft	指示空速/kts*
发动机/直升机匹配性	垂直起飞	地面至3 230	0
	消速急停	2 470至地面	133~0
	小转弯着陆	2 690至地面	135~0
	驼峰交叉	2 500~3 150	85 126~0
	挥鞭机动	4 780~4 920 10 260~10 470 15 050~15 350 20 000	117~126 73和131 63和114 54
	自转功率恢复	4 340~5 150 9 200~10 660 14 950~16 660	85~118 70~100 65~83
发动机及动力传动系统工作稳定性	模拟失效发动机功率恢复	4 160~6 490 10 220~11 670 15 100~15 930 19 010~19 930	87~118 81~112 62~79 55~63
	水平转弯中总距杆脉动	4 970~5 410 9 870~10 260 15 000~15 180 19 690~20 000	100~115 58~110 63~100 59~70
	定距转弯	5 590~7 280 8 340~12 190	128~142 80~130
	总距杆响应	10 200~10 480 14 940~15 330	129~133 100~110

1) 地面试验

T700-700发动机装UH-60A直升机开展了一系列地面试验,检查发动机的装机操作特性和功能,主要试验内容包括功率杆特性试验、发动机地面起动试验、旋翼转速基准调定响应试验、旋翼转速定常控制特性试验和发动机停车特性试验等。

(1) 功率杆特性试验。T700发动机采用停车、慢车、飞行三档控制,通过操纵功率杆实现三个状态的控制。功率杆特性试验是检查功率杆的操作特性,试验方法是以不同推杆速率将试验发动机功率杆在慢车和飞行位之间进行切换。T700试验结果表明,功率杆特性好,快速移动油门杆所需的力非常小,而且双发油门杆之间无相互影响,不存在推/收一发时导致带动/延迟另一发的问题。

(2) 发动机地面起动试验。T700发动机采用气源起动方式,来自辅助动力装置或另一发的高压气体驱动空气涡轮起动机带转发动机燃气涡轮转子实现起动。发动机地面起动试验就是考核发动机在不同地面环境(不同海拔、大气温度等)采用不同起动方式的发动机地面起动特性。T700 发动机完成了海拔 2 302 ft 和 9 980 ft 的地面起动试验,起动方式包括 APU 起动单发、APU 起动双发、另一发引气起动(或称为交叉引气起动),起动成功率为 100%,起动程序和参数正确无超限。

(3) 旋翼转速基准调定响应试验。调定的试验发动机油门杆置于"飞行"位,另一发置于"慢车"位,通过总距杆上的发动机转速控制开关将旋翼转速基准调定至 95%,保持发动机转速控制开关位置,直到达到旋翼调定转速。试验结果显示旋翼转速基准调定响应正常。

(4) 旋翼转速定常控制特性试验。旋翼转速定常控制特性试验主要是为了验证高温、地面、低距条件下,由于另一发退出"飞行"状态时,试验发动机突然加负载导致旋翼转速的下垂量。试验时双发处于"飞行"状态,设置旋翼转速基准为 100%(257.7 r/min),然后将陪试发动机置于"慢车"状态,监视旋翼转速的变化。试验结果显示在+36℃环境温度下,旋翼转速无静态下垂量,试验结果满足要求。

(5) 发动机停车特性试验。T700 发动机将功率杆收至"停车"位实现停车,而 T700 发动机停车特性试验主要是通过逐步、多次尝试等方式确定功率杆在慢车以下保持发动机不熄火的区间。功率杆收至慢车之后 13% 位置后参数(燃气涡轮后温度、燃气涡轮转速、燃油压力、燃油流量)不能保持,再往"停车"位收功率杆发动机将熄火停车,表明发动机燃油流量将中断,燃油中断前的最小燃气涡轮转速为 68%,试验表明停车特性是满足要求的。

2) 发动机空中起动试验

发动机空中起动试验高度范围为 4 860~19 960 ft,试验高度间隔大约为 5 000 ft。起动方式包括 APU 气源起动、交叉引气起动,起动成功率为 100%,起动程序和参数正确无超限,试验结果满足要求。具体结果见表 12.2。

表 12.2　T700-GE-700 发动机装 UH-60A 的空中起动试验结果

压力高度 /ft	起动气源	起动前燃气涡轮后温度最高值/℃	燃气涡轮后温度最高值/℃	到达最高燃气涡轮后温度的时间/s	稳态燃气涡轮转速/%	到达稳态燃气涡轮转速的时间/s	带转时间/s
5 110	APU	150	690	31	66	22	33
4 860	交叉引气	145	660	22	68	23	40
10 160	APU	150	660	26	67	28	50
10 110	交叉引气	150	640	27	68	27	31
15 250	APU	150	680	19	68	35	63
14 720	交叉引气	145	660	24	68	27	50

续　表

压力高度 /ft	起动气源	起动前燃气涡轮后温度最高值/℃	燃气涡轮后温度最高值/℃	到达最高燃气涡轮后温度的时间/s	稳态燃气涡轮转速/%	到达稳态燃气涡轮转速的时间/s	带转时间/s
19 350	APU	150	805	23	68	40	72
19 680	交叉引气	150	750	21	64	35	70
19 960	交叉引气	150	840	27	65	49	101

注：① 到达最高燃气涡轮后温度的时间、到达稳态燃气涡轮转速的时间以油门杆置于"慢车"开始计时；
② 带转时间以按压起动按钮开始计时直至起动机器脱开（起动指示灯亮的时间）。

3）发动机/直升机匹配性试验

军用旋翼机发动机/旋翼瞬态特性往往要求在很短时间内进行大的功率变化。发动机必须对飞行员操作做出快速的功率响应，这个操作比减小功率区间或延缓响应更有可能诱发瞬时扭振，因此要求发动机与直升机应有良好的匹配性。T700-GE-700 发动机配装 UH-60A 直升机开展了发动机/直升机匹配性试验，主要内容和结果如下。

（1）垂直起飞：分别以 5 s 和 2 s，从停机总距或某一低总距提至 95% 中间功率状态垂直起飞。

（2）消速急停：指示空速 120 kts、场高 50 ft 平飞，放总距至最低并拉杆，空速接近 0、高度快速拉平时，推杆提距维持高度。

（3）小转弯着陆：指示空速 120 kts、场高 400 ft，在降落区正上方时进入，放距至最低并配合右后杆，开始并完成右转、下降、减速、自转的 180° 转弯，航向转过 180° 之后，左压杆恢复机身横向水平并提距控制下降率。

（4）驼峰交叉：指示空速 120 kts、场高 100 ft 进入，拉杆提距达到法向过载系数+2.0g，紧接着推杆放距达到法向过载系数+0.5g。在下降过程中，当动力涡轮转速/旋翼转速达到最大值以后，提距恢复水平飞行。

（5）挥鞭机动：从平飞状态缓慢放距直至发动机防冰指示灯打开，之后迅速提距至 95% 中间功率状态，重复 1 次后维持在 95% 中间功率状态。

（6）自转功率恢复：指示空速 80 kts 自转下降，动力涡轮转速和旋翼转速的转速差分别保持在 0%、5%、10%。恢复时，以确定的速度提距至发动机 95% 中间功率状态，提距速度分别为 10 s、5 s 和 2 s。

试飞过程中最大的瞬态旋翼转速下垂（至 79%）发生在动力涡轮转速/旋翼转速相差 10% 的快速功率恢复飞行中。总距杆在 2.5 s 内从 0.6 in（维持动力涡轮转速/旋翼转速相差 10% 的总距杆位置）增加至 9.4 in（95% 中间功率状态），表明 UH-60A 直升机配装 T700-GE-700 发动机在机动过程中发动机从低扭矩状态增加至所需的大功率状态时，不良的旋翼转速瞬态下垂量是其固有缺点，也说明发动机功率恢复较慢。

4）发动机及传动系统工作稳定性试验

T700-GE-700发动机配装UH-60A直升机开展了发动机及传动系统工作稳定性试验，主要试验内容及结果如下。

（1）模拟失效发动机功率恢复：指示空速80 kts、旋翼转速110%稳定下降，陪试发动机油门杆置于"飞行"位，试验发动机油门杆置于"慢车"位，恢复时将油门杆从"慢车"位置于"飞行"位，分别以3 s和1 s两种速度移动油门杆。

（2）水平转弯中总距杆脉动：倾斜角30°，左右水平转弯，转弯过程中调节发动机功率维持定常高度。动力涡轮转速从95%~100%按1%递增。在转弯过程中，总距杆脉动，总距杆的脉动通过快速提放总距杆实现，具体方法为从配平总距杆的向上5%位置到配平位置之间脉动，其中在配平向上5%位置停留1.5 s。

（3）定距转弯：指示空速120 kts进入，左右定距下降转弯。法向过载系数分别要达到+1.5g、+2.0g、+2.5g。总距保持，航向改变，直至过载系数达到要求值后退出。

（4）总距杆响应：旋翼转速调定在95%，飞行速度以中间功率达到的最大平飞速度进入。进入后，总距杆脉动，总距杆的脉动通过快速提放总距杆实现，具体方法为从配平总距杆的向上5%位置到配平位置之间脉动，其中在配平向上5%位置停留1.5 s。

试验结果表明，对于进气条件的持续变化、操纵的脉动都能很好地维持稳定工作并自我抑制，说明发动机和传动系统稳定性好，满足要求。

12.2.4 出现的问题

T700-GE-700发动机配装UH-64A直升机试飞中发动机意外熄火。T700-GE-700(安装WGC公司的HUM原型)配装在UH-64A试飞过程中共出现4次发动机意外熄火现象，如表12.3所示，各次熄火现象都有一些共同特点，如总油量少于650 lb，燃油温度高于70 ℉，燃油增压泵处于关闭状态，并且在熄火停车前均出现了"FUEL PRESS"告警。在打开燃油增压的状态下无法复现发动机熄火现象，因此熄火原因归结于操作人员对手册中关于燃油增压泵使用的误解，在飞行手册中规定了燃油增压泵需要打开的飞行压力高度和环境温度要求，通用电气公司后来在手册中补充说明"环境温度"指的是起飞时刻地面的环境温度。

表12.3 T700-700发动机装UH-60A试飞中出现的问题

失效发动机	高度/ft	地面温度/℃	空中温度/℃	机动动作	油箱增压泵
2	14 100	32	-2.0	2发油门杆3 s内从"慢车"至"飞行"	OFF
2	15 300	18	-5.5		OFF

续　表

失效发动机	高度/ft	地面温度/℃	空中温度/℃	机动动作	油箱增压泵
1	15 000	21	-0.5	挥鞭机动	OFF
2	16 600	21	-2.0	自转功率恢复	OFF

可以看出，都是小状态熄火（燃气涡轮转速低、泵的转速也低），而且都伴随着"FUEL PRESS"告警，说明发动机增压泵的高空能力不足。但是，按照飞行手册，"FUEL PRESS"告警出现后，应该打开油箱增压泵，因此这4次熄火都归结为飞行员误操纵。

12.3　CF34-10A 发动机试飞

12.3.1　发动机简介

CF34-10A 发动机（图12.7）是由美国通用电气公司研制的大涵道比分开排气涡扇发动机，是我国自行研制的新支线飞机 ARJ21-700 的动力装置。两台发动机为尾吊式布局，分别安装在飞机后机身两侧。CF34-10A 发动机（图12.8）设计点涵道比为 5.57，设计点工作高度为 10 668 m，设计点马赫数为 0.74。发动机设计的最大飞行表速为 700 km/h，最大飞行马赫数为 0.90，最小平飞表速为 200 km/h，实用升限为 13 000 m。海平面标准天静止条件下，无飞机引气和功率提取时，发动机最大状态设计推力应不小于 8 001 kgf，单位耗油率应不大于 0.38 kg/(kgf·h)。根据发动机的主要使用要求，发动机的主要工作状态包括正推慢车、巡航状态、爬升状态、连续状态和起飞状态。

图12.7　CF34-10A 发动机示意图

CF34-10A 发动机由1级风扇、3级低压压气机和4级低压涡轮共同组成低压转子组件，9级高压压气机同单级高压涡轮组成高压转子组件。内、外涵尾喷管均为几何不可调、收敛式设计。采用双余度全权限数字控制系统，其控制组件主要包括 FADEC 计算机、燃油计量组件、高压压气机进口导向叶片加前三级可变静子叶片、增压器出口可变引气阀门、高压压气机出口瞬态引气阀门以及高压涡轮叶尖间隙主动控制阀门等。在发动机高压压气机的第5级和第9级设有引气端口，可以为飞机的环控系统、机翼防冰系统以及发动机短舱防冰提供引气。发动机均配有

图 12.8　CF34-10A 发动机在 ARJ21-700 上的安装

反推力装置并独立工作,为飞机中断起飞和着陆提供所需的反推力。

12.3.2　研制试验历程

CF34-10A 发动机是 CF34 发动机的系列化发展型号之一,如图 12.9 所示。

图 12.9　CF34 发动机系列的发展

2002 年 11 月至 2004 年 1 月,CF34-10 发动机完成了 FAR-33 取证试验和试飞。通用电气公司投入了 7 台 CF34-10 发动机进行了 15 000 h 的地面试验,然后安装在波音747飞行台开展试飞。试飞项目主要包括发动机性能、失速包线、工作稳定性、瞬态性能、空中起动、高原起飞和进气道/发动机相容性等,共计飞行23架次。

CF34-10A发动机于2002年被中国商用飞机有限公司选为新型支线客机ARJ21-700的动力。CF34-10A发动机取证试验于2007年开始。CF34-10A发动机由CF34-10E发动机根据ARJ21-700飞机的安装形式和需求改型而来,主要差异在于进气道和发动机短舱部分。由于其与CF34-10E发动机的继承性,FAR-33取证试验主要在俄亥俄州GE试验场进行了台架侧风试验,以验证风扇叶片的振动和进发相容性。2010年,CF34-10A在ARJ21-700原型机上进行了转子锁定试飞,以补充发动机获得FAR-33型号合格证的要求。2010年7月22日,美国联邦航空局为CF34-10A发动机颁发了型号合格证书。

2008年11月28日,配装CF34-10A发动机的首架ARJ21-700飞机飞上蓝天。

2009年7月1日,ARJ21-700飞机第二架试验机102首飞。CF34-10A发动机的主要试验内容安排在该架飞机上进行。

2009年7月开始,102架飞机进入研制试飞阶段,并开展发动机相关项目和系统试飞。

2010年,完成了飞机进入型号检查核准书(type inspection authorization,TIA)前必须完成的三项发动机试飞项目,分别是发动机工作特性、进气畸变及发动机控制与操纵试飞。另外,完成了发动机几乎所有的机上地面试验,试飞转入审定阶段。

至2014年,完成了飞机、发动机等所有试飞大纲规定的合格审定试飞内容,其中包括发动机性能试飞、工作特性试飞、空中起动试飞、负加速度试飞、发动机排气、控制与操纵试飞、振动及发动机振动监视组件(engine vibration monitoring unit,EVMU)功能试飞、进气畸变试飞、反推力装置试飞、短舱内冷却通风试飞、自然结冰条件下短舱防冰试飞等试飞项目,以及高温、高寒、高原、大侧风、自然结冰、雨天、溅水等特殊环境和自然条件下的发动机试验试飞等。ARJ21-700飞机型号合格审定试飞过程不但依据中国民用航空局的适航标准,同时执行美国联邦航空局的适航标准,并且CF34-10A发动机的大多数试飞考科目均有美国联邦航空局局方代表的现场目击。2014年12月31日,ARJ21-700飞机获得中国民用航空局颁发的型号合格证书。

12.3.3 试飞过程及结果

自2008年11月28日首飞至2014年12月31日颁发飞机型号合格证,按照CCAR-25条款规定,CF34-10A发动机在ARJ21-700飞机上开展了发动机性能试飞、工作特性试飞、空中起动试飞、负加速度试飞等试飞项目。

1. 发动机性能试飞

发动机性能试飞的主要目的是:提供发动机在装机条件下的性能(包括推力、

转速、排气温度等），设计方依据试飞结果对原有的发动机数学模型进行重新匹配和修正，得到真实状况下性能预测数学模型，在此基础上生成用于发动机推力管理系统的推力管理表单，并提供给飞机运营商使用。

CF34-10A 发动机性能试飞包括发动机空中推力确定试飞和起飞推力递减率试飞。

空中推力确定试飞的目的是获得发动机装机条件下准确的性能预测数学模型，并建立发动机性能与控制参数之间的联系。其试飞过程如下：

（1）正常起动发动机至地面慢车，并在地面慢车转速下暖机；

（2）检查机载测试系统、遥测系统、实时监控系统的工作可靠性，确认工作正常后，执行正常起飞程序；

（3）到达指定试验点后，调整非试验发动机油门杆角度，以及飞机操纵舵面使得飞行高度、速度达到给定值，并且变化幅度不超过规定的偏差范围；

（4）每个试验点上，在地面慢车与最大起飞功率之间选择 3~4 个转速点，调整发动机油门杆位置（执行单向操作，不允许反复操作）使得发动机在选取的转速点上各稳定至少 3 min，各采集稳定数据不少于 20 s，确认正常后可以进行下一试验点试验；一旦试验数据不满足要求，则按要求重复该试验点；

（5）所有试验点结束后正常返场着陆；必要时在发动机地面慢车或者关车后再次进行测试系统的检查、校准等工作。

起飞推力递减率试飞的目的是确定发动机在起飞阶段推力随时间、速度、发动机稳定状态等的变化特性，并演示发动机在正常工作时不超过所确定的发动机工作极限，分别采用"热态"和"冷态"两种方式起飞。CF34-10A 发动机的"冷态"是指发动机至少冷浸透 6 h，且发动机在地面慢车工作不超过 2 min；热态是指发动机在飞机着陆后停车 0~90 min 再次起动至慢车，并在慢车状态下运转至少 30 min。

采用国际较为通用的燃气发生器法进行发动机空中推力计算。通过试飞，获得了 CF34-10A 发动机的空中飞行推力结果。与美国通用电气公司给出的结果进行对比：在高度 7 500 m 以下，与通用电气公司结果最大相对偏差在 1.0%左右；在升限高度 11 887 m 时，与通用电气公司结果最大相对偏差在 3.0%左右。试飞结果与通用电气公司结果之间吻合程度较好。

2. 发动机工作特性

发动机工作特性试飞的主要目的是验证和 CCAR 25.939(1)(c)及 25.1309(c)的条款符合性。试飞主要侧重于验证飞机包线内一些特征速度点下（图 12.10）发动机在加减速、遭遇加速、贫油熄火、模拟复飞、加速等瞬态推力转换过程中发动机的工作稳定性。

试飞前，在飞机客舱加装了电负载设备，用来提取试验发动机的剩余功率，使发电机在试验时处于满载输出状态。发动机工作特性试飞中，试验发动机的电功

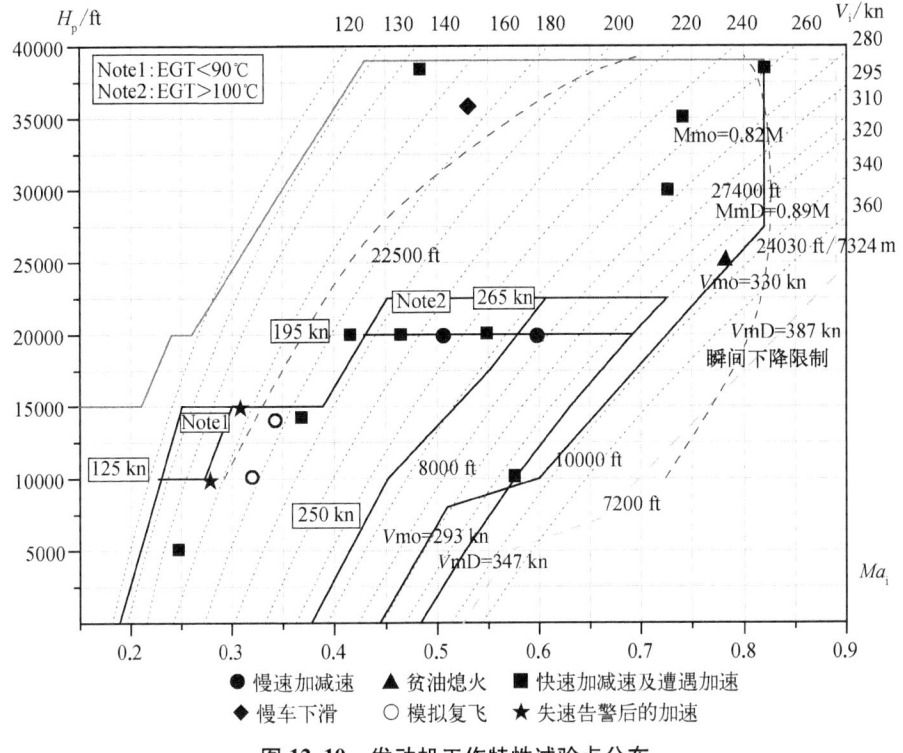

图 12.10 发动机工作特性试验点分布

率提取为设计发电机输出的最大负载 40 kVA。发动机引气负载的提取通过设置飞机的空调、防冰等引气系统构型,以达到所需的最大引气负载。

为了获得充分的验证结果,CF34－10A 发动机工作特性试飞采用了飞机左右两台发动机均为试验发动机的要求,试飞过程中共计飞行了 20 余架次,试验结果显示在飞机的各种操作需求下,CF34－10A 发动机有较好的工作稳定性。

3. 发动机空中起动

发动机空中起动试飞重点强调飞机在其整个使用包线范围内和预期的使用环境条件下的安全性。

CF34－10A 发动机空中起动试飞除了采用以往我国通用试飞方法和起动方式进行试验,还采用如单点火、EDP 不卸载、ITT 温度≤TAT+10℃等叠加的条件,使得发动机起动的保障条件裕度更低,起动条件更加苛刻。同时,升限高功率切断燃油后起动、模拟待机状态双发失效后起动、模拟全机主电源缺失情况下的冲压空气涡轮(ram air turbine,RAT)应急供电起动、转子锁定试飞均为国内首次进行,具有较高的风险性。试飞的停车高度包含全包线,如在冷浸透空中起动和高高度下降后的风车起动停车点均在 ARJ21－700 飞机的升限高度 39 000 ft。起动试验首次超越了飞行手册限制,在发动机起动包线高度以上进行,如冷浸透空中起动和高高度下降后的风车起动均选择在起动包线高度 22 500 ft 以上的 24 000 ft 高度进行。

4. 负加速度

负加速度试飞是一个高风险科目,通常要求在机场上空进行。

CF34-10A 发动机/ARJ21-700 飞机负加速度试飞通过多次模拟,采用了抛物线的方法进行负过载飞行。负加速度试飞最终通过一个有效的架次就达到了要求,飞机连续进行了三次负加速度飞行,并且达到了每次负加速度时间不小于 7 s 的要求。

5. 溅水试验

溅水试验是我国飞行试验一个全新的试飞科目,也是一项全机性试验,试验结果不仅影响的是发动机、辅助动力装置,而且涉及空速指示系统、静压系统、起落架、液压系统、机身结构等。图 12.11 为 ARJ21-700 飞机进气道溅水试验。模拟飞机在存有积水的跑道上进行滑行、起飞、着陆时,是否有危险量的溅水直接进入发动机或者辅助动力装置的进气道,导致发动机功率持续下降甚至熄火或者机械损坏。

图 12.11　ARJ21-700 飞机进气道溅水试验

ARJ21-700 飞机前起落架轮胎和主起落架轮胎的溅水均会在不同的速度和飞机构型下直接进入发动机进气道,发动机转速有明显的下降和波动。审查方认定溅水试验有直接的溅水进入发动机进气道,并且水量较大,因此未通过条款 CCAR 25.1091(d)(2) 的符合性验证。针对此问题,申请人后续开展多次研发试验,多次更换了其他规格的轮胎和压水边条。但是这种改进方案的试验结果都不理想,最终申请人采用了在起落架部位加装挡水板的方案,此问题才得以解决。

6. 动力装置液体排放

动力装置液体排放试飞主要是模拟 CF34-10A 发动机短舱内有可燃液体的任何组件失效或故障而引起油液泄漏,泄漏的可燃液体是否能够安全可靠地排出发动机短舱外,不产生积存现象,可燃液体在排放过程中不会进入飞机其他区域或者进入飞机的火区部位而产生危险。

试验前,需要在飞机客舱加装染色水喷射系统,用于模拟管路泄漏或者组件失效时产生的泄漏液体及其流量和流速。

液体排放试验时,在飞机着陆滑跑低速阶段,反推力装置打开,喷射的染色水由于反吹气流的作用,会吸入发动机的进气道,造成可燃液体的着火危险。为了避免这种危险,对飞机飞行手册中反推力展开速度为 60~140 kn 的使用条件进行了修改,更改为 70~140 kn,当飞机减速至 70 kn 时,就应该收起反推力装置,避免反吹气流导致泄漏的可燃液体进入发动机进气道。

7. 自然结冰条件下的短舱防冰

CF34-10A 发动机短舱防冰系统采用气热防冰技术。自然结冰条件下的短舱防冰试飞主要是验证在自然结冰条件下发动机短舱防冰系统的工作可靠性,测取短舱防冰在自然结冰条件下的工作参数,为设计修正短舱防冰系统模型提供数据。

为了获取实时的短舱防冰系统工作参数和结冰气象条件数据,除了在发动机进气道前缘加装了温度传感器,还在飞机的背部安装了气象参数传感器(图 12.12)和视频摄像头。气象参数传感器用于检测结冰云层的液态水含量和水滴平均有效直径,并评定结冰气象条件是否满足 CCAR-25 附录 C 的要求;摄像头实时监测飞机机体结冰和发动机短舱结冰的状态,以图像形式显示结冰形态和程度,保障试飞安全。

图 12.12　气象参数传感器外形及其在飞机上的安装

根据 CCAR-25 的要求,CF34-10A 发动机自然结冰条件下的短舱防冰系统试飞所需的气象条件必须满足 CCAR-25 附录 C 的要求。在国内其他型号的自然结冰试飞过程中,满足条件的结冰气象可遇而不可求,CF34-10A 发动机短舱防冰试飞也不例外。为了完成发动机自然结冰条件下的短舱防冰系统试飞,ARJ21-700 飞机曾经三赴国内最大的结冰试飞地乌鲁木齐的地窝堡机场,但是由于结冰气象一直未能完全满足附录 C 的要求,在乌鲁木齐结冰试飞的结果没能达到试飞大纲要求,自然结冰试飞没能完成。最终,飞机转场至加拿大五大湖地区的温莎机场进行自然结冰试飞。2014年4月4日至5日,通过两架次试飞,抓住有利的结冰气象条件,不仅完成了发动机短舱防冰在最大连续和最大间断结冰条件下的试飞,也完成了试飞大纲的全部内容。

12.3.4 出现的问题

1. 发动机侧风喘振

CF34-10A发动机研制过程中在地面台架开展了侧风试验,试验正侧风风速达到30 kn。通用电气公司给出的装机后发动机地面侧风条件为正侧风不超过25 kn,顺风不超过10 kn。2011年,ARJ21-700飞机在嘉峪关机场进行机上地面侧风试验时,下风侧发动机接连发生了三次喘振。由于装机条件和台架试验条件的差异性,侧风条件下装机后的发动机进口气流容易受到机身影响,从而导致发动机喘振。通用电气公司对发动机装机使用的侧风包线操作程序进行了修订,并增加了飞机的滑跑起飞程序。

2. 涡轮叶片断裂

2011年4月11日,ARJ21-700飞机在进行地面开车检查时,发动机显示和机组警告系统(engine indication and crew alerting system, EICAS)显示右发振动值较大,增大油门后出现低频啸叫声。经孔探、滑油油滤拆检和机匣振动传感器清洁等检查,发现高压涡轮叶片有一片在2/3处断裂,其他叶片未发现损伤,低压涡轮叶片有多处擦伤。

经过数据分析及与供应商讨论,确认试验用发动机的高压涡轮叶片为P02批产品,在设计制造晶粒取向上存在缺陷,可能出现断裂情况,并且在航线运营的CF34-10E发动机上也出现过四起类似的情况。供应商对涡轮叶片的结晶工艺进行改进,后续的发动机均采用P03叶片或者P04叶片。

12.4 TP400发动机试飞

12.4.1 发动机简介

TP400发动机是由欧洲涡桨国际公司(Europrop International, EPI)设计、研发、制造的一款涡轮螺旋桨发动机,是为A400M运输机(图12.13)配套的动力装置。其性能参数如下:最大连续功率为7 971 kW,正常起飞功率为7 971 kW,最大起飞状态功率为8 251 kW;压气机总增压比为25,其中中压压气机增压比约为3.5,高压压气机增压比约为7.2;最大起飞状态涡轮前温度限制值为997℃。

TP400发动机由三级低压涡轮带动螺旋桨、一级中压涡轮带动五级中压压气机、一级空气冷却的高压涡轮带动六级高压压气机,如图12.14所示,螺旋桨通过螺旋桨减速箱与低压涡轮匹配,燃烧室为环形燃烧室,发动机排气管采用热辐射抑

图 12.13　TP400 发动机在 A400M 运输机上的安装

制设计。TP400 发动机所采用的 FH386 型螺旋桨(图 12.15)由法国 Ratier – Figeac 公司制造,为单件金属毂心、8 片碳纤维复合材料叶片结构,可反桨,螺旋桨直径为 5.334 m,螺旋桨干重为 683 kg。

图 12.14　TP400 发动机

图 12.15　FH386 型螺旋桨

TP400 发动机采用双通道全权限数字式发动机控制系统,其不仅具备非常完善的发动机控制与动力管理功能,还具有自动功率/自动油门、自动和手动的启动程序、自动再点火、内置式测试等各种状态监测与保护功能,以确保发动机能在各种恶劣条件下安全稳定地运行。

12.4.2　研制试验历程

1. 取证条款及取证规划

TP400 发动机是首个欧洲航空安全局(European Aviation Safety Agency,EASA)

颁发合格证的大型涡轮螺旋桨发动机,也是 EASA 颁发的首个军事用途的发动机。与载机平台 A400M 一样,在试飞之初采取军用鉴定和民用取证同步进行。取证条款包括 EASA 的 CS-E 2007 年 12 月版、FAR33.90 初次维护检查、CS-34.2 发动机散热、CS-34.1 燃料排放。申请取证时间为 2003 年 6 月 5 日,取证参考日期(CSA 飞行许可)为 2009 年 12 月 17 日,取得 EASA 适航证的时间为 2011 年 5 月 5 日(TCS)。

在取证过程中进行军用方面的试验包括耐久试验、吞烟试验、防砂试验、耐腐蚀试验、电磁兼容性试验和辐射试验。基于民用的试验包括燃料排放试验、结冰试验和数控系统试验。

TP400 发动机开展了多项地面试验。在海平面地面试验台完成了吞水试验、吞砂试验、热管理、低压涡轮振动测量、150 h 持久循环试车超转、超温及其他试验;在高空台完成了操纵性能、风车性能、点火性能、空气系统、滑油系统、燃油系统、中压/高压涡轮振动等测量。在露天试车台上完成了 150 h 持久循环试车、吞鸟、螺旋桨控制、侧风和噪声测量等试验。在振动测量中采用了无接触式叶片振动测量法,即通过激光测量叶片振动,激光聚焦在叶片的一个点上,对其在叶片上不同时间的位置进行预测计算,振动是造成激光点出现晚于预测值的主要原因,计算软件用于计算变形的程度。

2. 发动机地面及台架试验

2004 年 7 月首先确定了初步的设计计划,2004 年 11 月 30 日完成了中压压气机的首次试验。5 级中压压气机选用的是发动机及涡轮联盟(Motoren-und Turbinen-Union,MTU)公司的产品,用钛合金转子来减轻重量。

2005 年 5 月 31 日完成了首次发动机的控制和监视系统(control monitor system,CMS)试验。CMS 装在人工模拟真实情况的试验台上,Snecma、Hispano-Suiza 和 MTU Aero Engines 被选作 CMS 的供应商。空客公司、EASA 及 EPI 的股东见证了本次试车。这个试验台在整机试验前经过一系列试验后验证了 CMS 的可靠性。CMS 包括电子控制系统、电子保护及监控系统、燃油泵及燃油调节器、燃/滑油散热器、高压转子可变静叶控制系统和燃油过滤器。

2005 年 10 月 TP400-D6 完成了首次地面试验,于 2005 年 12 月 28 日结束,达到了预期的目标。在地面试验中,TP400-D6 达到了最大功率,同时进行了 35 h 的试验。该试验采用的是一个新的试车台,如图 12.16 所示,变速箱前部的输出轴伸入水力测功机里,代替螺旋桨作为发动机输出的

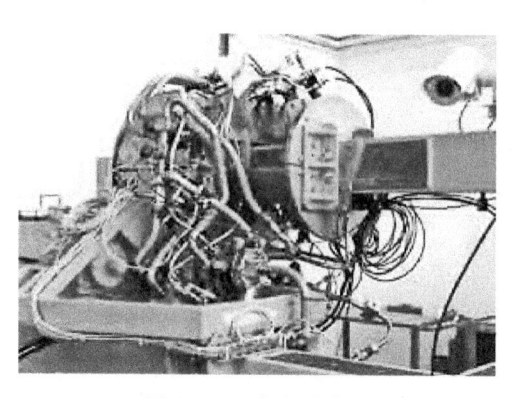

图 12.16 水力测功机

负载。新的试验台可以得到上千个测试参数,包括应变测量装置和动力测量装置。

2006年2月,TP400-D6完成了安装螺旋桨的首次地面试车,如图12.17所示。

EASA及厂家代表参加了本次试车,EPI对本次试车结果相当满意。首台发动机(包括螺旋桨)测试参数超过1 000个,同时本次试验证实了发动机的最大功率可以达到10 690马力。

图12.17 首次地面试车

2008年3月5日,EPI正式交付了4台首台A400M用的TP400-D6发动机,同时完成了发动机1 000 h的地面试车。除了飞行测试项目,TP400发动机继续进行广泛的性能和可操作性测试。试验包括验证发动机的性能及耐久性试验。

2008年5月13日,TP400发动机完成了吞鸟试验,首先完成了大鸟试验,然后完成了2只小鸟等效质量的吞鸟试验,吞鸟试验中最大鸟的质量为1.85 kg。发动机同时完成了吞水试验和有负载的150 h耐久试验。试验是在EASA的监控下进行的。

3. 飞行台试验

飞行台为马歇尔航空基地的C130"大力神"飞机。

2008年6月11日,TP400-D6发动机在飞行台上进行了首次地面运转。

TP400-D6发动机在首飞前进行了18次滑行,并于2008年12月10日完成。2008年12月17日10:30,飞行台完成了换装TP400-D6发动机后的首飞。

2009年9月11日,TP400 TP400-D6发动机完成了在C130飞行台上的全部试验,总共飞行18架次/53 h。

4. 配装A400M飞行试验

2009年12月11日,装有4台TP400-D6发动机的A400成功首飞。

2011年5月3日,EPI与空中客车公司签订了有关TP400的协议修正案。TP400发动机已经完成了所有的试飞测试,并且已经累计飞行超过5 000 h。

2011年5月6日,EPI拿到了EASA的适航证明。EASA的适航批准,是完成一系列高强度的安全性、耐久性和性能测试的结果。

12.4.3 试飞过程及结果

1. 飞行台试验

TP400-D6发动机在C130飞行台试验的难点是飞行台机身和A400M飞机不同及TP400-D6发动机为数控发动机。C130飞机为老式飞机,不包含总线系统,为此研制了电子双通道转换网络(avionics full duplex switched ethernet，AFDX)来实现试验数据的传输。同时，在C130飞机上加装指示系统，用来指示发动机状态以及火情、灭火器、引气系统工作等。

为了适应TP400-D6发动机，马歇尔基地对C130飞机进行了较大的结构更改，以容纳发动机尺寸、重量和功率增加。除了结构上的更改，对液压阻尼器也进行了调整，在上部和下部机身加入发动机支架胶垫，以减少FH386螺旋桨8片桨叶带来的力矩。相对于XV208机载发动机T56，被试2发螺旋桨为反向旋转，可能带来围绕飞机的升降舵和方向舵的气流。风洞数据结果表明可能出现的情况，而这些情况最有可能出现在首次高滑上。

在飞行之前，由于试验发动机的功率比C130的载机发动机更大，在起飞过程中需要正确设置油门位置以平衡发动机的推力，所以马歇尔基地按照TP400-D6发动机制作了飞行模拟器。

马歇尔基地对飞行台油门操纵系统进行了更改，将试验发动机功率杆放置到左侧位置，试验中1号飞行员在左侧座椅控制测试发动机和飞机偏航，2号飞行员控制飞机倾斜和滚转，使1号飞行员可以集中精力测试发动机。马歇尔基地还设计和建造了"模拟"发动机，以识别和解决试验发动机安装过程中可能出现的任何问题，最终试验发动机的安装只遇到很轻微的问题。

2008年6月11日，发动机在飞行台上进行了首次地面运转。本次试验中，只出现了飞行台座舱地板的振动问题，其余一切正常。试验后对机身可能出现疲劳开裂的地方进行了细致的检查。2008年6月26日EADS在西班牙南部塞维利亚的总装厂举行首架生产型A400M飞机的下线仪式。

马歇尔基地表示，地面运转将使工程人员对发动机的起动、发动机舱气流流动、进气道变形、发动机噪声特性以及新螺旋桨的振动应力进行试验和测量。在飞行试验台进行延迟已久的首飞之前需要进行超过30 h的地面试验。

试飞工程师通过地面试验得到发动机起动及冷却通风系统的性能，以及发动机噪声和螺旋桨振动测量。地面试车进行了150 h，是飞行试验的预先保证。地面试验主要是为了检查飞机发动机及螺旋桨。发动机将在低状态和高状态下工作，7名飞行试验工程师进行了监控工作。

12月17日，飞行台完成了换装TP400-D6发动机后的首飞。在进行首飞前，TP400-D6发动机已经完成了2 100 h的地面试验。本次飞行持续了75 min，高度达到了8 000 ft，速度达到了182 kn(337 km/h)。在试飞过程中，发动机被推至起飞功率，在空中拉停发动机后使用机上气源进行空中起动。至2009年9月11日，发动机共在飞行台上飞行18个架次/53 h，完成了在C130飞行台上的全部试验内容。

2. 配装A400M飞行试验

TP400-D6发动机配装A400M的"炎热与高空"试验在玻利维亚和哥伦比亚

进行,"炎热与潮湿"试验在圭亚那进行。炎热气候试验在阿联酋的阿尔阿因(Al Ain)进行。炎热与沙尘环境使用试验在突尼斯进行。近赤道高高空试验在墨西哥进行。高空试验在挪威位于北冰洋的斯瓦尔巴群岛进行,而高空侧风条件下的使用试验在冰岛的凯夫拉维克进行。

寒冷气候试验在加拿大、格陵兰和瑞典进行。在瑞典进行的飞机和发动机的低温适应性试验在 -38℃低温下暴露 24 h,另外试验飞机在高达 40 km/h 侧风的条件下的操作性能。TP400 发动机还通过了最小控制速度试验,在 MSN4 号飞机上经历了低至 82 kn 的盘旋速度以及 105 kn 的爬升速度。完成了 VMCG 地面最小操纵速度试验,试验中 A400M 一发进行了燃油控制,模拟起飞时一发失效停车的状态。相邻的一台发动机采用起飞自动补偿系统减推 25%。装在 MSN4 号飞机上的声学试验表明,噪声水平已经达标,这样就无须安装主动噪声消除装置,减轻了飞机的重量。MSN6 号飞机完成了全部的噪声试验。

在试飞过程中,A400M 推进系统的全权限数字控制系统一直"工作良好",但发现了一个软件次要问题影响到了一条通道,使用飞机辅助电源设备进行了内侧和外侧发动机的空中起动测试。

12.4.4 试飞及问题

在项目的早期,发动机惰齿轮出现裂纹造成了比预期大得多的振动。该问题后来得到解决,意大利阿维奥公司加厚了该齿轮的齿轮壁。EPI 集团总裁 Simon Henley 说:"我们知道出现了什么问题,并认真研究解决。现在我们的齿轮箱是完全符合要求的,阿维奥公司是一个非常值得信任的合作伙伴。"由于 TP400-D6 发动机可用的最大功率为 10 700 轴马力,而在高温高原环境下运行时会超过 11 000 轴马力,Henley 说:"所以在齿轮箱中会存在难以置信的功率密度。"

EPI 处理了在飞行试验中出现的轴承盖板问题。2012 年该问题一度中断了重要的功能和可靠性试验。公司通过在慕尼黑的 MTU 总装厂进行翻修,使 EPI 达到了发动机最大的生产能力。

参考文献

[1] 杨伟. 美国第四代战斗机 F-22 "猛禽" RAPTOR[M]. 北京:航空工业出版社,2009.
[2] 叶大荣,任光明. 第四代战斗机的强劲"心脏"——F-22 战斗机的 F119 涡扇发动机[J]. 现代军事,2006,11:56-58.
[3] Neville W E, Flarity S M. Flight testing the prototype advanced tactical fighter engine[R]. AIAA-92-1036, 1992.
[4] Robert W B. Thrust vector aided maneuvering of the YF-22 advanced tactical fighter prototype [R]. AIAA-94-2105-C, 1994.
[5] Kidman D S. Comparison of inlet compatibility results from subscale wind tunnel and full-scale

flight tests of the F/A – 22 aircraft with the F119 – PW – 100 engine[R]. ISABE – 2005 – 1169, 2005.
- [6] Peter V, Wade M D. Aircraft engine and auxiliary power unit emissions testing: Final report addendum F119 – PW – 100 engine emissions testing report[R]. IERA – RS – BR – SR – 2002 – 0006, 2002.
- [7] 梁春华. 第4代战斗机发动机控制系统和其技术特点[J]. 航空发动机, 2007(z1): 76 – 81.
- [8] 葛宁. 涡轴发动机发展与技术趋势[J]. 南京航空航天大学学报, 2018, 50(2): 145 – 156.
- [9] Dangelmaier R. T700 – modern development test techniques, lessons learned and results[C]. Cleveland: 18th Joint Propulsion Conference, 1982.
- [10] William J G. The T700 – GE – 700 turboshaft engine program[C]. Los Angles: National Aerospace Engineering and Manufacturing Meeting, 1973.
- [11] Charles H G, George J K, Crawford W J. T700 engine flight test experience on UTTAS and AAH[R]. SAE Technical Paper 760934, 1976.
- [12] Plotrowskl J I, Walsh T P, Young C J. Preliminary airworthiness evaluation of the Woodward hydromechanical unit installed on T700 – GE – 700 engine in the UH – 60A helicopter[R]. AEFA Project No. 89 – 14, 1989.

第 13 章
航空发动机试飞发展趋势

航空发动机飞行试验属于实验科学范畴,具有很强的工程应用背景。航空发动机飞行试验技术随着航空发动机技术、信息技术、测试技术的发展而发展。总体上讲,航空发动机飞行试验技术朝着以下几个方向发展:试验及测试更精准;试验效率更高;试验更贴近使用;试验更安全。可以预见的是,随着越来越多的新概念发动机的出现,随着越来越多的新技术应用于航空发动机,未来新概念发动机、发动机新技术演示验证试飞所占比例会越来越大。在传统的航空发动机试飞技术领域也有大量的技术需要开展研究。以下介绍航空发动机试飞技术领域正在开展的几个重要研究方向,当然,这几个研究方向之间也是相互有关联的。

13.1 基于试飞数据的航空发动机仿真技术

试飞数据是试飞工程周期内所涉及的数据信息集合的总称。它以试验对象为中心,是以试飞工程任务需求、设计、实施、总结等工程数据为主线组成的复杂关系集合体,贯穿试验鉴定全过程,是航空装备型号产品数据不可分割的重要组成部分,能为基于装备全生命周期的综合管理、研制与使用提供有效、可靠的信息反馈[1]。试飞数据包是试飞数据在开放与共享环境下的体现形式,它是由标准化的技术文档、数据文件、数据库文件、音视频、评估模型及软件所构成的试飞数据集,具有自描述与自包含等特征,能够完整地反映试验过程和结果[2-4]。

发动机仿真环境搭建及专业模型开发场景如图 13.1 所示,其中基于 GasTurb 平台的航空发动机模型开发是整个发动机仿真环境的关键,首先需要通过同类型发动机历史信息开发该发动机基础模型以及基础故障信息库,然后根据发动机实际飞行试验数据和模型预测数据之间的偏差,通过更新发动机模型的可调参数,实现模型在线或者离线更新,自动修正发动机基础模型,实现发动机预测参数和实测参数的匹配,其中在线更新可以通过发动机遥测实时数据进行自动更新,离线更新可以通过发动机机载数据进行事后自动更新。

不同类型发动机、不同使用条件下的发动机等暴露的故障类型均不同,通过将

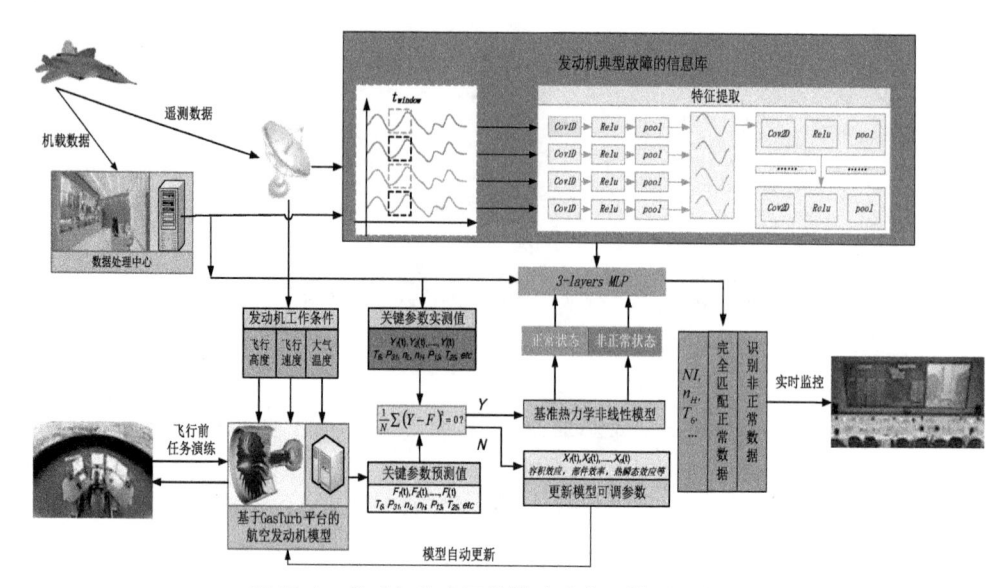

图 13.1　发动机仿真环境搭建及专业模型开发场景

发动机实际试验过程中故障信息补充至基础故障信息库，可完成发动机故障信息库的自更新和完善，在发动机飞行试验时可以通过发动机实测数据和预测数据偏差，根据基准热力学模型以及发动机故障信息库实现对发动机故障的有效检测和识别，对发动机的状态进行实时监控，实现发动机典型故障在线诊断[5]。

在发动机飞行试验前，通过发动机仿真环境模拟发动机状态以及试验环境，进行飞行前任务演练，以评估试验点的有效性，并对发动机未来使用状态进行估计预测，以及对发动机飞行试验动作、内容进行动态规划调整，合理安排后续试验点的执行次序，提高任务执行的效率。

13.2　航空发动机试飞故障诊断技术

航空发动机结构复杂，工作状态恶劣且多变，属于故障多发系统，这一特点在发动机型号试飞中尤为突出，如何在发动机飞行试验中保障其工作稳定性，提高试飞安全性，一直是发动机试飞专业长期关注的问题。采用 FADEC 系统已成为发动机控制系统技术发展的必然趋势。FADEC 系统如果出现故障，可能会导致控制失效，危及试飞安全，因此对 FADEC 系统中的元部件进行故障检查、诊断和隔离显得尤为重要。另外，发动机在使用中，由于腐蚀、侵蚀、疲劳、磨损等原因使部件性能衰退或产生故障，整机性能退化，以致其不能安全可靠工作，需进行排故与维修[6,7]。对发动机故障进行检测与诊断，随时掌握发动机的健康状态，是保证发动机试飞安全、降低维修保障费用、缩短试飞周期、提高装备完好率和任务出勤率的重要技术措施。

从故障检测与诊断角度看,航空发动机故障一般可分为发动机部件故障和控制系统故障,其中发动机部件故障又包括气路部件故障(如压气机、燃烧室、涡轮等)和转子机械故障(如传动轴、轴承、齿轮箱等)[8],实际发动机故障诊断应综合考虑以上各方面故障,利用所有可获得的检测参数来判断故障所在,其中气路部件故障往往是潜在的且难以判断的,故在航空发动机故障诊断研究中占有很重要的地位。

20世纪70年代Urban[9]提出了故障影响系数矩阵的气路诊断方法,该方法要求测量参数的数量大于或至少等于故障种类数,在实际应用中该条件常常不能得到满足;90年代以来,人们开始把神经网络等智能方法应用到航空发动机气路故障诊断中。神经网络不仅具有能存储有关过程的知识,能直接从定量的历史故障信息中学习的能力,还具有滤出噪声及有噪声情况下得出正确结论的能力和分辨原因及故障类型的能力,所以非常适合于解决发动机的故障诊断问题,多个应用表明神经网络诊断方法具有较高的诊断准确率和较好的鲁棒性[10-12]。

20世纪80年代中期,国外学者提出了设计部件跟踪滤波器来解决模型和发动机输出间的失配,把传感器检测到的发动机参数与模型之间的偏差进行频率分解,用广义逆法求出部件性能的修正因子,校正模型输出,使发动机和模型间的不一致减到最小,该方法的缺点是运算量大、实时性差[13]。80年代末期,美国提出了用发动机的五个部件偏差因子来表征发动机的非额定工作特性,但难于求取模型中对应的部件偏差因子的系数矩阵元素[14];90年代初期出现的Stamatis模型每隔若干个周期给实时模型提供根据发动机输入值及输出值计算的修正因子,对实时模型的特性线逐步进行修正,但Stamatis模型的修正周期较长,难以实时修正动态误差,同时涉及比较复杂的非线性规划问题[15]。此外,德国MTU Aero-Engine公司的Lietzau等将自适应模型用于发动机控制中,将修正后的不可测输出参数(风扇喘振裕度)作为虚拟可测参数加入控制回路,形成喘振裕度闭环控制[16]。NASA正在与其他科研单位合作进行一项集成系统健康管理(integrated systems health management, ISHM)计划,在ISHM计划中,采用信息融合技术,以故障模型、数据挖掘相关理论为基础,实现对航空发动机实时系统性能参数的测量和分析、发动机气路部件状态预测及剩余寿命预测[17]。美国空军研究实验室则基于多变量插值的径向基函数(radial-basis function, RBF)神经网络技术,设计出一种具有航空发动机故障诊断功能模块的设备健康管理系统(equipment health management, EHM)实时诊断系统[16]。澳大利亚航空航海研究实验室以F404涡扇发动机为研究对象,进行了采用概率神经网络的故障诊断研究,试验结果证明了该方法的有效性[16]。

13.3　航空发动机试飞预测与健康管理技术

目前我国的健康维护技术主要应用在民用飞机及发动机方面,主要是对飞机发动机的性能进行状态监控,大多数研究集中在系统监测方面,对整个系统的诊断模式、故障预测、知识服务等方面的研究较少。特别是,传统的健康维护技术没有考虑故障征兆阶段及隐式故障阶段,并对这两个阶段采取相应的健康维护方法,同时缺乏相应的评估策略及视情维修决策方案,无法实现系统的全面健康维护[18]。

随着故障预测与健康管理技术的研究和应用,在机械系统、网络软件监控、电力系统、航空系统等领域得到了长足的发展,开发了一些实用的PHM系统,并取得了可观的经济效益和社会效益。但是,由于受到传统故障诊断技术和方法的影响,现有的PHM技术本身也存在诸多局限,主要表现在:① PHM应用模式需要变革。现有的PHM系统针对某个特定的系统而言是有效的,但不具有普适性。目前,大多数PHM系统由设备制造商建立和运维,是一种一对多的应用模式,系统相对封闭,给资源的扩充和维护带来困难,容易导致共性技术和资源缺乏共享,不利于整个行业和企业的发展。随着全球化、服务化的发展以及设备复杂程度的提高,对设备维护的专业性、服务性、知识性、敏捷性要求也越来越高,设备用户和设备生产商都迫切需要一种公共的诊断服务平台,实现资源的集中共享。需要改变现有的一对一服务模式为多对多的服务模式,为用户提供一种面向服务的网络化设备维护和诊断模式,提高诊断效率、提升知识资源的共享程度,实现动态按需服务;② 现有PHM技术中故障诊断、性能预测的效果欠佳。PHM技术的主要目的是在系统出现故障征兆时就能监测和诊断故障,以避免造成不可挽回的损失。这意味着此时监测出的故障还属于早期故障,它还不足以使系统完全瘫痪。由于复杂装备系统本身的复杂性、高维、非线性等特点,难以建立准确的系统模型,再加上早期故障特征表现不明显,在测点有限或不可及的情况下使得获取的信息常常是不完备的,难以获取有用信息[19]。这使得复杂系统的早期故障诊断更加困难,而且目前常用的诊断方法大多表现出较低的故障诊断率。此外,系统运行过程中的随机性及预测过程中的误差使得故障预测过程中存在较大的不确定性,导致预测精度不高;③ 故障诊断知识缺乏有效的管理和应用。目前,关于PHM技术体系中对分布式、多源、异构故障知识的组织、管理和应用方面的研究较少。故障诊断和故障预测过程是基于知识的过程,知识在PHM技术中具有重要作用,涉及产品设计、制造、运行、维护等过程中的知识资源,这些资源包括结构化、半结构化及非结构化类型,如何实现对设备维护过程中涉及的多源、异构知识资源的有效管理和应用是提高PHM技术应用效果的基础和前提,也是PHM技术需要解决的难点[19]。但是,大多数关于PHM技术中知识建模方面的研究集中在故障知识推理和知识表示方面,很少从知识管理和知识服务的角度研究PHM系统中的知识资源建模和知识应用方法。

未来健康管理技术的发展趋势主要体现在以下几个方面。

(1)复杂系统状态监测与预测。航空发动机从严格意义上讲都是复杂的非线性系统,具有滞后、强耦合、参数时变等严重的非线性特征,且其数学模型太复杂、噪声统计特性不理想,并存在过程不确定和外部干扰等因素,其诊断和预测问题十分复杂,任何单一的方法都不可能很好地解决所有的问题。另外,现有预测方法大部分是针对部件级与子系统级设备,很少进行系统级的预测,且大部分是依靠经验提取的单一损伤特征指标,难以综合全面地评估设备健康程度的问题。为了实现系统运行状态下的实时状态监测、信息处理和预测,必须选取能够反映系统安全性、可靠性和经济性的损伤特征指标集,并探寻在软、硬件资源有限条件下的高效计算方法,解决航空发动机损伤特征提取的问题。

(2) 正确有效的健康状态评估方法。目前,针对航空发动机的大多数健康状态监测与评估工作只是针对单一工况环境,而航空发动机在实际使用过程中由工况切换、外部环境差异以及产品工作负载变化等造成的变工况特性将会反映到大量采集的监控信号之中,混淆了异常信号和工况切换信号,同时会影响健康状态的变化趋势,从而给飞机健康状态监测与评估工作带来困难与挑战。基于数据的方法虽不受限于航空发动机的非线性、变工况和复杂环境,能挖掘系统故障与特征之间的映射关系,但实际运行中的全景运行数据(不同工况、不同运行环境、不同健康等级)往往难以获得,致使该方法只能局部有效,且评估结果难以验证。物理模型可以揭示故障萌生与动态演化机理,可为数据方法提供先验知识和全景模拟数据。为此,迫切需要建立一种基于物理模型和数据融合的可靠有效的航空发动机健康状态评估方法。

(3) 健康维护技术中故障诊断和预测模式的综合应用。现有的健康维护技术中故障诊断和预测模式单一,系统资源相对封闭,缺乏与外界的交互,导致资源使用率低下、共享程度不够等问题,并且容易造成诊断方法、预测方法单一等现象。服务化将故障诊断资源以服务的形式进行封装和使用,在健康管理平台中进行服务的交易和共享,有利于丰富平台的知识资源、诊断方法等内容,提高资源利用率,促进健康维护技术的深入研究和应用。

(4) 基于健康状态的维修决策优化。随着航空发动机的复杂化,其各系统和设备对象的损伤与故障机理、触发条件、演化规律以及显现特征也不同以往,在多种不确定因素耦合影响下如何规划修复维修措施与维修时机对于实现航空发动机及时有效和经济的维修至关重要。通过合理评估航空发动机的健康状态,基于评估和预测结果,利用控制手段实现航空发动机运行优化和健康维护,利用预知维修决策实现维修决策的优化,以分析、评估、预测、决策技术为核心,实现飞机任务和飞机装备效能之间的最佳匹配,降低维修保养成本,是目前航空领域的发展趋势和亟待解决的问题。

(5) 故障诊断与健康维护的协同设计。随着信息技术的发展,开发基于故障诊断与健康维护一体化系统,可以提高复杂装备故障诊断的协同性和准确性,同时可以降低复杂装备的运行成本,提高企业经济效益。

（6）复杂装备系统智能化。未来的复杂装备系统智能化程度将逐渐提高，装备系统将具备自诊断、自修复功能，要求相应的故障诊断系统能够在设备运行过程中具备知识的学习和更新能力，在没有人为参与下仍然能够完成设备诊断任务。知识将在健康管理系统中扮演更加重要的角色，知识化、智能化将成为健康管理技术的发展趋势[20]。

发动机健康管理系统主要用于性能状态水平的动态评估、工作异常情况的实时监测以及故障情况下的诊断决策，以提高发动机异常预警能力、加强其自主可控能力等。针对发动机安全运行的关键性能指标，确立多退化模式耦合因素以及复杂工况对性能退化过程的影响模式，构造科学完备的层次化健康状态指标集，并建立其关键性能指标与典型性能退化模式之间的映射关系，以及航空发动机的全寿命周期健康管理系统层次化体系，实现面向不同任务需求和复杂运行工况下的动态健康管理策略，如图13.2所示。

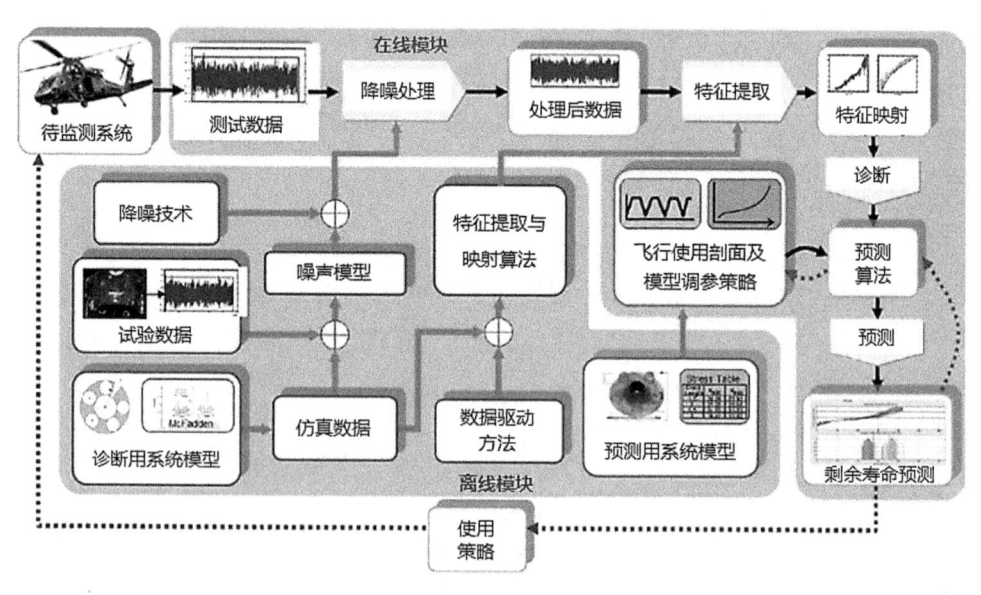

图13.2 基于模型的发动机状态监测、诊断与预测

13.4 预测→试飞→比较的试飞模式

在飞行试验的设计阶段，利用已有或建立的各种发动机模型，以仿真结果为优化试验方案、推演试验过程、预测试验结果、补充和扩展试验边界状态和试验构型等提供有利的证据。在飞行试验实施的过程中，利用试验结果迭代优化发动机模型，逐步提高模型的精度，并将预测结果作为试验结果的有效补充，以更有力地支撑

试验与评估。这种仿真与试验的迭代优化就是"预测→试飞→比较"的试验模式。

相比于"试验→排故→试验"的试验模式,"预测→试飞→比较"的试验模式不仅显著提高了试验效率,缩短了试验周期,降低了试验成本,还有效地化解降低了飞行试验的风险,使得更加快速、智能的安全监控成为可能[21-24]。同时,经过飞行试验修正的高精度的模型计算数据可作为试验与评估的重要依据。

1) 国外发展情况

美国在武器装备试验鉴定实施中,采用统一的流程,如图 13.3 所示,即"确定目标→分析预测→试验实施→结果分析→改进产品"。特别是在飞行试验中,强调"预测→试飞→比较"试验模式,美军认为建模与仿真在试验次数、测试条件等受到限制的情况下,可以提供有价值的信息,有助于提高置信水平,其数据可用于试验前后的预测和确定[25]。美国国防部鼓励在试验与评估中使用建模与仿真,把它们作为试验与评估数据的一个来源。美国 AEDC 在 F-35 和 F-22 飞机的试验与鉴定中,借助建模、仿真和分析,优化试验矩阵和设计试验支持软件,为试验提供了有力的支持。例如,采用计算流体动力学、计算结构动力学方法和各学科间的计算和工程模型等各种计算方法,为解决复杂的问题提供更快速的解决方案,如发动机传统的瞬态和稳态属性,以及喘振、旋转失速和进气道畸变等动态属性。

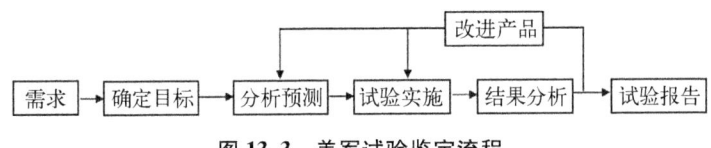

图 13.3 美军试验鉴定流程

在航空发动机建模与仿真领域,国外既开展基于部件特性的建模与仿真研究,也开展基于飞行试验数据的建模与仿真研究,模拟发动机的稳定状态、起动过程、加减速过程等,并与试验结果进行对比,形成通用的计算软件如 ATEST(AEDC turbine engine simulation technique)、GASTURBO、GSP(gas turbine simulation program)。

ATEST 软件可应用于任意形式的发动机,可仿真发动机从起动至停车的工作特性;基于部件特性的扩展,可仿真风车状态、发动机起动(风车起动、降转起动和起动机辅助起动)过程等参数预测。图 13.4 为采用 ATEST 软件仿真的典型发动机停车/起动过程与试验结果的比较[26]。

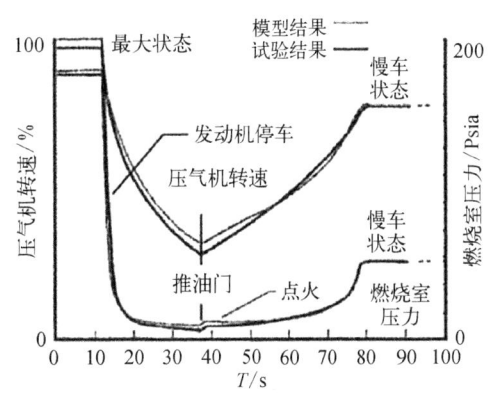

图 13.4 采用 ATEST 软件仿真的典型发动机停车/起动过程与试验结果的比较

军用发动机动态建模与仿真技术成功应用于 F100 发动机配装 F-15 战斗机的飞行试验的瞬态参数预测,预测了高度为 40 000 ft、马赫数为 0.52 的慢车至军用状态的加速过程,对用户引气和功率提取等安装影响进行了分析,建模的输入数据为燃油供油量、可变几何位置、尾喷管喉道面积,预测参数为低压涡轮出口压力、低压转速、瞬态推力等。仿真结果和试飞结果的一致性很好[27]。

GASTURBO 是分析发动机气动热力特性的软件,适用于涡喷/涡扇(混合排气/分开排气)/涡轴/涡桨等各种形式的发动机。该软件通过输入重要的有限参数,可实现发动机设计点、非设计点特性以及发动机稳定状态和过渡过程的仿真,也能够进行试验分析和状态监控。

GSP 是基于部件特性建模方式的软件,其灵活的结构允许用户对各种形式的发动机的稳定状态和过渡过程进行仿真。该软件已经在控制系统设计、发动机故障诊断、非设计点性能分析等多方面进行了应用。

国外利用建模与仿真技术获得了发动机全包线、全过程的预测和估计模型,利用模型仿真结果与试验结果进行比较,作为试验的一个有力支撑和进行全面评估的一项重要的辅助手段。

2) 国内发展情况

随着航空发动机技术的发展,国内的飞行试验逐渐向"预测→试飞→比较"的模式转变,开展了大量的研究工作。

(1) 利用飞行试验数据建立发动机稳态性能模型,以预测发动机的性能,辅助发动机性能特性飞行试验。

国内探索了利用飞行试验数据来建立发动机稳态性能模型的方法,考虑到发动机的飞行试验是在真实飞行状态下进行的,发动机的转速、排气温度、截面温度和压力等直接反映了当时飞行条件下的工作状态,与发动机真实工作条件最为吻合,利用飞行试验数据来建立发动机稳态性能模型理论上精确度最高。基于此,开展了基于试飞数据的涡轴发动机稳态性能计算模型的建模、修模技术研究,建模方法如图 13.5 所示。

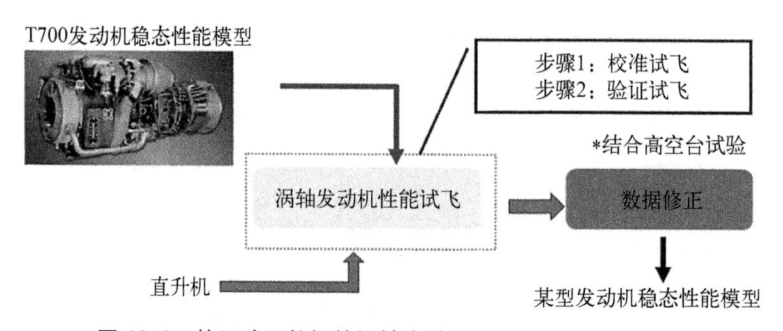

图 13.5 基于试飞数据的涡轴发动机稳态性能建模示意图

在涡轴发动机稳态"基准"模型的基础上,利用飞行试验数据使该稳态性能模型表达了实际发动机的关键性能特征,实现了考虑性能衰减的某型涡轴发动机稳态性能预测功能,探索并实践了发动机试飞模式从"试验→排故→试验"至"预测→试飞→比较"转型升级的途径。

(2) 利用飞行试验数据建立发动机状态模型进行趋势监控和故障诊断,辅助发动机飞行试验安全监控。

航空发动机飞行试验测试记录了发动机各个截面的大量数据,这些数据包含发动机工作的丰富信息,足以表征发动机的健康状态。国内在某系列加力式涡扇发动机试飞中构建了该类发动机的全状态实时监控模型,对诸如高压转子转速、低压转子转速、压气机后压力、主燃油总管压力、涡轮后总温、低压涡轮出口总压、低压可调导叶角度、高压导向叶片角度、尾喷口喉部直径、滑油回油温度等关键参数进行实时监控[22-24],对保障试飞安全、提升试飞效率等起到了重要作用。

发动机全状态实时监控模型以神经网络为基础,从发动机工作原理出发确定模型输入参数为:飞行高度、飞行马赫数、油门杆角度、作战/训练指令,同时还包含低压转速、高压转速、压气机出口压力等主要预测参数的历史数据,模型结构如图 13.6 所示。

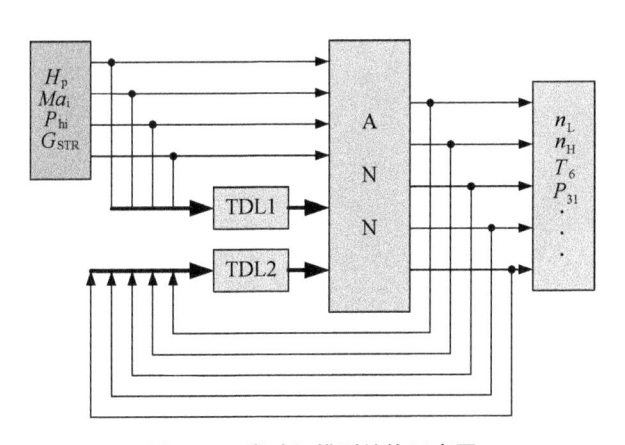

图 13.6 发动机模型结构示意图

飞行试验过程中,通过机载遥测系统将飞机、发动机测量参数实时传输至地面监控大厅,发动机监控模型根据接收到的测量数据实时计算关键参数的预测值,并确立状态监测的上下门限,发动机实际工作参数超出了给定的上下限时则预示着发动机可能出现了异常,此时就需要监控人员密切关注发动机的工作状况,并提醒飞行员采取合适的措施降低或消除严重故障的发生。实时监控模型的检测门限如图 13.7 和图 13.8 所示。

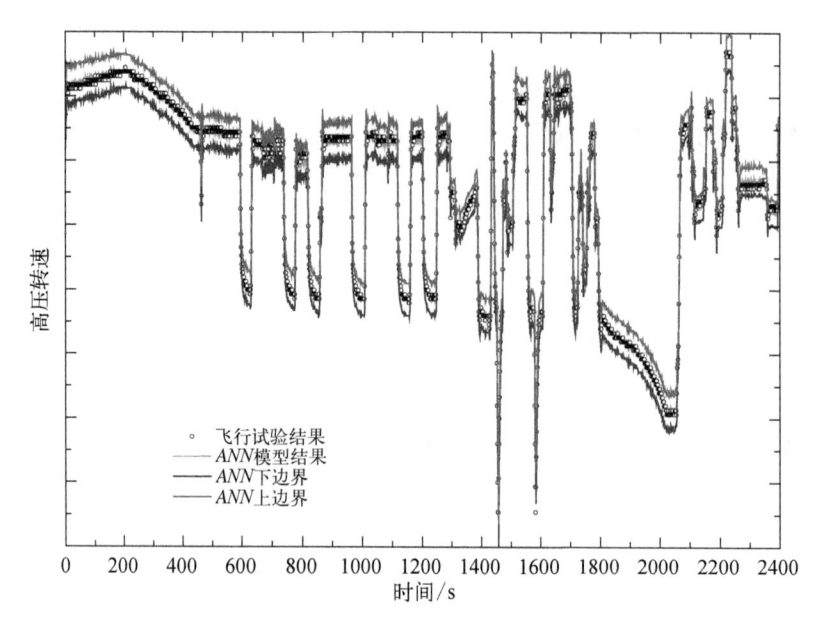

图 13.7　高压转速模型检测门限

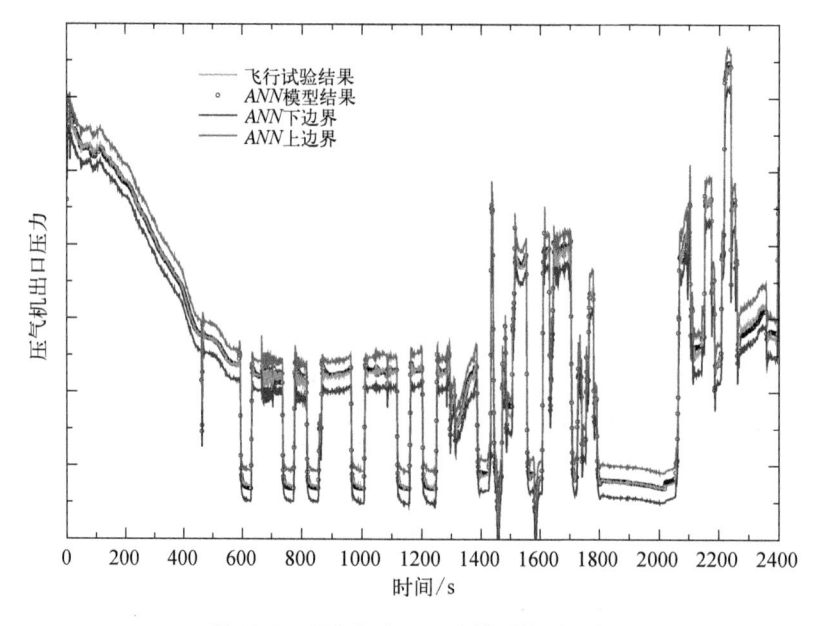

图 13.8　压气机出口压力模型检测门限

经多型发动机试飞中验证和推广，基于涡扇发动机全状态实时趋势监控模型可有效提升试飞监控的质量和效率，有力地推动了航空发动机试飞向"预测→试飞→比较"的试飞模型升级。

参考文献

[1] 周自全. 飞行试验工程[M]. 北京：航空工业出版社, 2010.

[2] 袁炳南, 霍朝晖, 白效贤. 飞行试验大数据技术发展及展望[J]. 计算机测量与控制, 2015, 23(6): 1844-1847.

[3] 陈娜. 数据挖掘技术的研究现状及发展方向[J]. 电脑与信息技术, 2006, 2(1): 46-49.

[4] 刘林山. 试验鉴定领域发展报告[M]. 北京：国防工业出版社, 2018.

[5] Kamboukos P, Mathioudakis K. Comparison of linear and nonlinear gas turbine performance diagnostic[J]. Journal of Engineering for Gas Turbines and Power, 2005, 127(1): 49-56.

[6] Burcham Jr F W, Batterton P G. Flight experience with a digital integrated propulsion control system on an F-111E airplane[R]. AIAA-76-653, 1976.

[7] 邓明, 金业壮. 航空发动机故障诊断[M]. 北京：北京航空航天大学出版社, 2012.

[8] 王冠超. 航空发动机常见故障以及处理措施分析[J]. 科学技术创新, 2016(16): 63.

[9] Urban L A. Parameter selection for multiple fault diagnostics of gas turbine engines[C]. Zurich: AGARD Conference Proceeding, 1974.

[10] Romessis C, Mathioudakis K. Bayesian network approach for gas path fault diagnosis[J]. Transactions of The ASME, 2006(128): 64-72.

[11] 范作民. Kohonen 网络在发动机故障诊断中的应用[J]. 航空动力学报, 2000, 15(1): 89-92.

[12] 叶志锋, 孙健国. 基于概率神经网络的发动机故障诊断[J]. 航空学报, 2002, 23(2): 155-157.

[13] Zhang X D, Avram R C, Tang L, et al. A unified nonlinear approach to fault diagnosis of aircraft engines[R]. ASME GT-95803, 2013.

[14] Lu F, Huang J Q, Ji C S, et al. Gas path on-line fault diagnosis using a nonlinear integrated model for gas turbine engines[J]. International Journal of Turbo and Jet-Engines, 2014, 31(3): 261-275.

[15] Stamatis A, Mathioudakis K, Papailiou K D. Adaptive simulation of gas turbine performance using improved genetic algorithm[J]. Journal of Aerospace Power, 2012, 27(3): 695-700.

[16] 张宝珍, 王萍. 预测与健康管理(PHM)技术在国外新一代战斗机发动机中的应用[J]. 测控技术, 2008, 27(增刊): 212-217.

[17] Greg P, Mike T, Ken H, et al. Integrated system health management (ISHM) technology demonstration project final report[R]. Moffett Field: National Aeronautics and Space Administration, 2006.

[18] 尉询楷, 杨立. 航空发动机预测与健康管理[M]. 北京：国防工业出版社, 2014.

[19] 曾声奎. 故障诊断与健康管理(PHM)技术的现状与发展[J]. 航空学报, 2005(5): 626-631.

[20] 上海航空测控技术研究所. 航空故障诊断与健康管理技术[M]. 北京：航空工业出版社, 2013.

[21] 刘选民, 李凡. 国外现代战斗机飞行事故[M]. 北京：航空工业出版社, 2011.

[22] 潘鹏飞, 马明明, 许艳芝. 飞行试验数据驱动的涡扇发动机模型辨识[J]. 燃气涡轮试验与研究, 2016, 29(6): 21-25.

[23] 马明明, 潘鹏飞. 航空发动机试飞关键参数趋势监控的实现及应用[J]. 航空发动机,

2017,43(1):79-84.
- [24] Ma M M. Establishment and application of aero-engine lubricating oil system model based on flight test data[R]. SAE Technical Paper, 2017-01-2215, 2017.
- [25] 石玲玲,张恒,吕博,等.美国空军装备技术体系规划及发展分析[J].国防科技,2017,5:31-35.
- [26] Chappell M A, Mclaughlin P W. Approach to modeling continuous turbine engine operation from startup to shutdown[J]. Journal of Propulsion and Power, 1994, 9(3): 466-471.
- [27] Khalid S J. Role of dynamic simulation in fighter engine design and development[J]. Journal of Propulsion and Power, 1992, 8(1): 219-226.